선물

조금 다른 아이를
키우는 분들에게 드리는

선물

김석주·박현주
부경희·한재희

새로온봄

🎁 장애 진단명과 함께 "열심히 치료받으세요"라고 말하는 의사선생님과 무미건조하고 일방적인 말 말고 정말 현실적이지만 진심이 담긴 대화를 오랜 시간 나누고 싶었습니다. 수많은 낯선 상황들에서 어떤 것이 옳고 그른지, 이 아이는 어떤 학창시절을 보내고, 성인이 되어 세상 속에서 어떤 모습으로 살아가는지 너무 궁금했지만 정작 누구와 대화를 나눠야 하는지도 알 수 없었습니다. 부모님들의 경험담이나 수기는 비교적 만나기 쉬웠습니다. 하지만 전체적인 삶을 파악하기엔 개인의 단편적인 이야기들이 대부분이었고 궁금증을 채우기엔 충분치 않았으며 부정적이고 분노가 담긴 글은 경험하지 못한 미래의 두려움만 키워줄 뿐이었습니다. 그러던 중 이 책을 만났고 읽는 내내 얼마나 고마웠는지 모릅니다. 정말 오랜 시간 찾아 헤매던 책이란 확신이 들었습니다.

선물

지적장애가 있는 둘째 딸 온유는 이제 초등학교 2학년이 됩니다. 더 빨리 이 책을 만났더라면 고군분투 하지 않고 잘 어울려 지낼 수 있었을 텐데 하는 아쉬움이 가장 먼저 듭니다. 하지만 더 오랜 시간 남은 초등학교 생활에서 선생님들의 입장을 더욱 잘 헤아리며 상황들을 이해할 것 같습니다. 또 선생님들께 어떻게 도움을 요청해야 하는지, 제 일방적인 요구들은 없었는지 되돌아보게 되었습니다. 아이를 일반 중·고등학교에는 절대 보내지 않겠다고 생각했었는데 이제는 꼭 경험하게 하고 싶다고 생각이 바뀌었습니다. '중·고등학교에서도 이렇게 즐겁게 지낼 수 있구나!' 겪어보지 않은 막연한 두려움 대신 선생님과 함께 다양한 경험을 한 듯 신나는 경험도 했습니다. 같은 발달장애 자녀를 둔 선배님의 따스하고 열정 가득한 글은 큰 위로와 공감이 되었습니다. 네 분의 선생님들께 묻고 답하며 고민을 해결 받는 경험을 했다고나 할까요. 제가 묻기도 전에 이미 제 고민을 다 아시는 분들이셨습니다.

조금 특별한 지원이 필요한 아이들과 그 자녀가 속해있는 가정의 건강하고 행복한 삶을 위해 다른 책들은 잠시 뒤로 밀어놓고 이 책을 먼저 읽어보시길 진심으로 바랍니다. 부모님들에게 너무나 필요했던 그 선물을 꼭 받으시길 바랍니다.

장누리
미술치료사, 삽화작가
《느려도 괜찮아 빛나는 너니까》 저자

🎁 지난한 겨울의 끝이 난잡하게 꼬이며 갈피를 잡지 못하고 있을 때 봄님처럼 '선물'이 왔습니다. 아주 적당한 햇살과 함께 마주 앉아 엮어가는 이야기의 힘이 어찌나 강력한지 또르르 눈물방울과 함께 마음이 정돈되며 봄 길이 보이기 시작했습니다.

유아기, 초등학령기, 청소년기에 꼭 필요한 이야기가 이어지는 이 책은 어쩌면 우리 사회에서 장애 학생들이 겪어가는 성장과 발달의 일대기를 펼쳐놓은 것과 같습니다. 오랜 시간 교육 현장에서 장애 학생들을 만나며 실천하고 고민하며 배웠던 치열한 흔적들이 고스란히 활자로 살아나 지금 우리에게 '선물이야. 잘 챙겨.' 하고 속삭이는 듯합니다.

발달심리학자 비고츠키(Lev Vygotsky)는 모든 발달 뒤에는 위기가 있고, 위기가 있어야 발달이 있다고 합니다. 인간 발달의 역사는 성장하면서 기능들이 분화하고(성장과 분화), 모든 위기 다음에는 안정적 시기가 도래하고(연령과 위기), 끊임없는 의식적 숙달로 학습하며(의식과 숙달), 내 안의 내가 서로 분열하면서 사랑하게 되고(분열과 사랑), 성 성숙 과정에서 갈등하며(성애와 갈등), 흥미에서 출발한 학습이 고등한 흥미로 재구조화되는(개념과 흥미) 과정이라고 합니다.

한 인간의 성장과 발달 과정은 장애 학생도 다르지 않다는 것을 이 책을 읽으며 다시 확인하였습니다. 어린이 옆에 있는 어른이 유아기에 해야 할 일, 초등 학령기에 해야 할 일, 청소년기에 해야 할 일이 '적실하게' 정리되어 있습니다. 그 어른은 부모일 수도 있고, 교사일 수도 있고, 또 우리 사회일 수도 있습니다. 장애 학생의 부모님뿐 아니라 자녀의 삶을 함께 살기 위해 애쓰는 모든 부모님들께 이 책을 먼저 권하고 싶습니다. 부모님의 관심과 사랑이 또 다른 차원으로 확장되는 경험을 하실 거라 감히 말씀드립니다.

겉으로는 잘 보이지 않는 내적 발달을 확인하기 위해서는 아이들의 삶의 맥락을 적극적으로 살펴야 한다는 것, 지금 내 눈에는 부족한 것 투성이로 보이지만 아이들은 지금 이 순간 발달의 최전선을 살고 있다는 것, 재미와 흥미에서 출발하는 학습이 오래간다는 것, 과정과 결과를 모두 준비하는 삶을 위해 일상을 책임지는 연습을 하도록 해야 한다는 것 모두 소중한 교훈입니다.

무대에는 거울이 없습니다. 공연을 보는 청중들의 반응이 있을 뿐입니다. 우리 아이들의 삶은 어쩌면 거울 없는 무대와 같습니다. 제 삶의 주인공인 아이의 몸짓에, 말에, 마음에 집중해주는 모습 하나만으로도 우리 아이들은 자신의 길을 만들어 갈 것입니다. 그런 모습이 파노라마처럼 펼쳐지는 이 책이 모든 부모님의 필독서가 되면 참 좋겠습니다.

귀한 책을 엮어주신 모든 분께 감사의 마음을 함께 전합니다.

한희정
초등교사, <실천교육교사모임> 회장
《초등학교 1학년 열두 달 이야기》, 《혁신학교 효과》 저자

🎁 이 책을 읽으며 그런 생각을 했습니다. 그때 내 옆에 이 책의 저자이신 선생님들이 계셨더라면, 나는 조금 덜 외로워도 되지 않았을까 하는 생각을요. 그동안 국어 교사로 일반교육에 몸담아왔지만, 그래서 오히려 내 아이가 세상에서 대다수인 비장애인들과 다를 수도 있다는 사실에 두려움이 앞서고 무엇을 해줘야 할지, 할 수 있을지 고민되었습니다.

눈뜨면 아이와 집 밖으로 나가 해가 어슴푸레하게 질 때야 돌아오는 길에, '들개'처럼 떠돌며 걷고 또 걸었던 시간 동안 아이의 손을 잡으며 항상 되뇌던 말이 있었습니다. '네가 행복하고, 내가 행복하면 지금 우리가 가는 길이 아주 틀린 길은 아닐 것'이라고 말이죠.

톨스토이는 《안나 카레니나》에서 '행복한 가정은 모두 비슷한 이유로 행복하지만, 불행한 가정은 저마다의 이유로 불행하다'고 했습니다. 장애가 있거나 특별한 지원이 필요한 아이를 키우고 있다고 해서, 아이의 존재 자체가 내 삶을 불행의 나락으로 떨어트리는 것은 아닐 겁니다. 오히려 아이를 돌보느라 잠을 잘 수 없고, 건강을 해치고, 치료비 등으로 경제적 손실이 심해진다면, 그것이 불행의 이유가 될 가능성이 높습니다. 우리 사회 대다수의 비장애인인 우리가 해야 할 일은 여기에 있을 겁니다. 부모는 아이를 사랑해주기만 하면 되는 것이고, 그들의 짐을 덜어주고 지원해줘야 하는 것은 바로 우리 모두의 몫이라는 겁니다.

이 책은 조금 다른 아이를 양육하는 당신이 행복해도 된다고 이야기하며, 특별한 지원이 필요한 아이들을 제대로 지원하기 위해서 당신이 해야 할 일들을 전하며, 동시에 당신을 지원하기 위해 우리가 해야 할 일들을 이야기하고 있습니다.

우채윤
《발달매거진》(baldalmagazine.com) 발행인

🎁 책을 읽으며 빛나는 성장을 한, 한 아이를 본다. 처음으로 엄마한테서 떨어져 어린이집으로 가는 작은 아이, 감각적 예민함으로 무대의상을 입지 못하는 아이, 그다음 해는 공연을 멋지게 해내고 파자마 파티에서 별을 보는 눈 맑은 아이, 둘도 없는 단짝을 만들어 가는 초등생, 선생님들과 맛집 여행을 다니고 바리스타 자격증에 도전하는 중·고등학생, 지하철을 타고 다니며 역명 스티커가 누락된 곳의 사진을 찍어 교통공사에 시정을 요구하고, 혼자 밥을 짓고 세탁기를 돌리고 빨래를 정리하는 집안일을 거뜬히 해내며, 지역사회에서 자립을 준비하는 푸른 청년. 그 청년이 해맑은 웃음을 지으며 말을 건다.

'남들의 눈으로 나를 보지 마세요. 이 세상 모든 사람이 나를 이해하지 못해도, 당신은 알잖아요. 내가 얼마나 착한 마음을 가졌는지, 나의 작은 능력으로 얼마나 열심히 세상을 배우려 하는지, 당신과 함께 웃으며 얼마나 행복하게 살고 싶어 하는지…….'

'전혀 예상치 못했던 장애의 세계, 소수의 사람만이 경험하는 낯선

곳'을 먼저 여행한 부모와 교사들이 이 여행을 시작한 다른 부모들이 낯선 길에서 방향을 잃지 않길 바라며 나뭇가지마다 리본을 묶는 마음이 오롯이 느껴지는 책, 부모님들의 길고 막막한 여정에 길라잡이를 해 주고 그 길을 좀 더 다채롭고 따뜻한 빛깔로 채울 수 있게 하는 책, 이 책을 기쁘고 설레는 마음으로 내가 만나는 학부모와 교사들에게 권하고 싶다. 또한, 최선을 다해 성장하고 있는 아이들, 그 아이들의 올바른 성장을 돕는 어른으로 계속 함께하고 싶다고 다짐해 본다. 이 책은 이 봄에 만난 최고의 '선물'이다.

김혜온
서울 가인초 특수교사, 동화작가
《바람을 가르다》,《학교잖아요?》,《행복한 장애인》저자

🎁 자녀가 장애가 있음을 알게 되면 이를 받아들이는 단계가 있다고들 한다. 처음에는 내 아이가 장애아일 리 없다고 부정했다가 회피할 수 없는 사실에 화를 내기도 하고 그러다 차츰 현실과 타협하여 교육과 치료를 찾아 나서게 된다. 그러나 마음처럼 변화를 보이지 않고 장애가 평생의 멍에가 될까 봐 절망했다가 시간이 지나면서 차츰 현실을 받아들이고 소소한 희망을 찾으려는 긍정을 배우게 된다는 것이다.

과연 그럴까? 마치 1층 위에 2층 있고 그 위에 3층이 있는 것처럼 한 계단씩 올라가면 결국에는 전망 좋은 풍경을 보며 가슴 뻥 뚫리는 해방감을 만끽할 수 있을까? 안타깝게도 장애자녀와 함께 하는 삶은 매 순간 도리질 치고픈 때도 있고 당장 누구라도 들이받고 싶은 순간도 스쳐 갔다가 덜컥 겁도 났다가 이 또한 지나갈 거라는 생각에 여유가 생기기도 한다. 학교에 들어가기 전에도, 학교에 다니는 동안에도, 졸업하고 사회에 나와서도 이런 맴돌이는 곳곳에 도사리고 있다. 예고도 없고 주기도 없이.

그래서 장애 자녀의 연령과 학년이 차오름에 따라 미리 알아두어야 할 내용도 많고 상황별로 만나는 상대방의 입장을 헤아려야 할 일도 많다. 이 책의 모든 글이 부모를 대상으로 쓰이진 않았지만, 특히 장애아 부모님이라면 이 책의 저자로 참여한 선생님들과 선배 부모님이 기꺼이 나누어주신 경험을 바탕으로 자녀를 긴 호흡으로 이해하는 데 큰 도움이 될 것이다. 장애 자녀의 부모가 아니더라도 장애 아동·학생·성인을 만나는 분들이나 가족과 일상을 나누는 사람들 역시 책에 담긴 섬세한 마음의 결을 믿고 따라가도 좋을 것이다.

이 책에 소개된 장애 유아, 학생과 성인의 삶은 각기 다른 광택으로 빛을 낸다. 그저 모든 인간은 빛나는 존재니까 당연히 그러하다는 비유로는 부족하다. 누군가 심지어 부모마저 미처 발견하지 못한 자녀가 품고 있는 가치를 교사가 찾아내는 여정도 담겨있다. 세상이 편견에 눈이 멀어 그 빛을 발견하지 못한 성인 장애인의 가치를 부모가 용기 있게 꺼내어 보여주는 기록도 담겨있다. 그들에게는 눈물과 땀이었을 테지만 독자인 우리에게는 감사한 선물이다. 눈물 자국과 땀 내음을 글자로 옮겨 책으로 엮어준 이들에게 고마운 마음이다.

교사나 부모는 아이에게 세상을 가르치는 게 아니라, 아이에 대해 세상을 가르치는 존재여야 한다. 이 책이 교사나 부모님들이 장애 자녀, 학생들을 가르치거나 지도하는 데 참고가 되는 데 그치기를 바라지 않는다. 궁극에는 우리의 소중한 자녀와 학생들을 품을 사회가 배우고 변화하는 데 보탬이 되는 밑거름이 되길 바란다.

정유진

행동중재 및 유아특수교육 전문가, 국제행동분석가

<소통과 지원 연구소>

아이들도
최선을 다합니다

잊을 수 없는 눈빛이 있습니다. 아이는 말을 하지 못했지만 눈물 맺힌 눈으로 저를 쳐다보며 "선생님마저…"라고 말하는 것 같았습니다. 그 학생은 나에게 눈빛으로 이야기를 했는데 그때 저는 교사 4~5년차로 그 이야기를 들을 준비가 되어 있지 않았습니다. 저는 이 정도 어려움은 참아야 한다고, 세상이 모두 너에게 맞춰주지 않는다고, 하고 싶은 일만 하면서 살 수는 없다고, 한 살이라도 어릴 때 더 배워야 한다고 생각하며 아이가 보내는 눈빛을 애써 넘기며 열심히 가르쳤습니다. 아이는 하교 후에는 부모님의 손에 이끌려 2~3개의 치료실에 다니다 늦은 저녁에야 집으로 갔고, 학교에 오면 제가 또 열심히 가르쳤습니다. 아이는 학교생활을 어려워했습니다. 아이는 계속 눈빛과 행동으로 자기의 어려움을 표현했는데 저와 부모님은 그것을 의사표현이라고 보지 못했습니다. 오히려 장애가 심해졌으니 한 살이라도 어릴 때 더 열심히 배우도록 가르쳐서 조금이라도 나아지기를 바랐습니다. 제 교직생활 중 가장 미안한 학생입니다.

20여 년 가까이 흘렀습니다. 지금 다시 만난다면 아이의 이야기를 더 잘 들어줄 것 같습니다. 그간 만나온 많은 아이들을 보며 간절히 느끼는 생각입니다. 힘들다고 행동으로 말하면 조금 쉬었다 하자고, 그래도 된다고, 인생은 길고 하루아침에 변하는 것은 없을 테니 조금씩 너의 속도대로 살아도 된다고 말할 것 같습니다.

그 학생은 산책을 좋아했습니다. 쉬는 시간이나 점심시간에 운동장에 나가서 산책을 하면 언제 그랬냐는 듯이 환한 웃음을 지으며 깡충깡충 운동장을 뛰어다녔습니다. 바람을 좋아했습니다. 버스를 타면 창문을 열고 온몸으로 바람을 느끼며 행복해했습니다. 지금 다시 만난다면 더 많이 산책하고, 함께 버스도 타며 세상 구경을 다니고 싶습니다. "오늘 날씨 참 좋지?", "산들산들 바람이 부네", "같이 산책하니까 참 좋다", "오늘 버스에는 사람이 참 많네", "동물원에 가면 어떤 동물을 보고 싶어?" 이런 이야기들을 두런두런 나누고 싶습니다.

20년이 넘는 시간 동안 학교에서 아이들을 만나면서 장애가 있는 학생들에게도, 아니 어쩌면 더 필요한 것이 이런 소소한 기쁨과 즐거움이지 않을까 생각하게 됩니다. 아이들이 일상생활에서 더 많이 웃을 수 있고, 눈빛이나 행동으로 한 의사 표현을 존중해주는 상대와 상호작용하면서 의사소통의 즐거움을 느꼈으면 좋겠습니다. 어른들의 마음대로 결정하지 않고 자신의 의사도 물어봐 주는 존중받는 경험이 쌓여서 세상이 즐겁고 살만한 곳이라고 느끼며 성장하면 좋겠습니다.

여러 기회를 통해 부모님들을 만나면서 예전의 저의 모습을 떠올리게 됩니다. 자녀가 하나라도 더 배웠으면 좋겠고, 더 나아졌으면 좋겠고, 더 건강해지면 좋겠다는 마음에 부모님들은 시간을 쪼개고, 살림을 아껴 아이에게 좋을 만한 것들을 찾아다니십니다. 부모님들의 정성을 보면 감탄하게 됩니다. 그러나 부모의 최선이 항상 아이에게도 최선이 되는 것은 아닙니다. 곳곳에 정보가 넘쳐나지만 어떤 정보가 믿을만한 정보인지 알기는 쉽지 않습니다. '이렇게 하면 아이의 장애가 나아진다.', '이런 방법으로 효과를 봤다.' 하는 광고들을 보고 찾아가기도 하지만, 그 기적 같은 사례에 우리 아이는 포함되지 않음을 알고 속상한 마음이 들기도 합니다. 왠지 아이를 제대로 뒷바라지 해주지 못한 자신의 잘못인 것 같아서 더 열심히 교육에 매진합니다. 그러면서 부모님들도 소진되어 갑니다. 제가, 그리고 또 주변의 교사들이 만나는 수많은 부모님들의 모습입니다. 그 안타까움을 줄이고 싶었습니다.

교사는 부모 다음으로 오랜 시간을 학생과 보내는 사람입니다. 일정한 시간, 특별한 장소에서만 아이를 만나는 사람이 아니라 가장 일상적으로 아이의 전체적인 모습을 다양한 상황에서 보는 사람입니다. 한 명의 아이만 보는 사람이 아니라 여러 특성을 지닌 아이들을 만나는 사람입니다. 다양한 아이들을 만나다 보면 저마다의 특성도 있지만 공통의 특성도 살피게 됩니다. 오랜 기간 동안 학생들을 만나게 되면 짧은 시간에는 발견하지 못했던 학생 본연의 힘을 발견하기도 합니다. 그런 모습을 보면서 부모님들과 아이들의 삶에 대한 이야기를 나누고 싶었습니다. 아이들이 본연의 힘을 찾아가는 과정과 유치원, 초등학교, 중·고등학교, 성인으로 커가는 과정을 부모님들과 함께 나누고 싶었습니다. 아이들의 성장을 긴 호흡으로 봐주시길 원했습니다.

이 책은 어린이집, 초등학교, 중·고등학교에서 어린이들(학생들)을 만나고 있는 특수교사와 이제는 성인이 된 자녀를 키운 부모님이 저자로 참여하였습니다. 저자들이 서로의 경험을 나누면서 시기마다 꼭 필요한 내용을 담기 위해 수차례 회의를 하고, 내용을 다듬었습니다. 각 시기별 부모님들이 궁금해 하시는 내용들을 골라 Q&A로 담았습니다.

어른들의 시행착오가 아이들의 시행착오로 이어지지 않았으면 하는 마음입니다. '누구나 부모는 처음이다'라는 말이 있듯이 자녀를 키우면서 시행착오를 겪는 것은 어쩌면 당연한 일입니다. 하지만 약간의 길라잡이가 있다면 불필요한 오류를 조금은 줄일 수 있으리라는 소망이 있습니다. 시간을 쪼개고 자신을 돌볼 틈 없이 최선을 다해 조금은 특별한 자녀를 키우시는 부모님들께 '선물'같은 책이 되면 좋겠다는 마음을 담았습니다.

이 책이 부모님들의 시행착오를 줄이고, 불안함을 줄이고, 자녀와 함께 가족 모두의 일상이 회복되는 데 도움이 되었으면 좋겠습니다. 그리고 그 누구보다도 최선을 다해서 하루하루를 살아가는 아이들이 많이 웃고, 자신만의 속도로 세상을 알아가는 데 도움이 되면 좋겠습니다.

모든 아이들에게 내면의 힘이 있듯이 장애가 있어도 내면의 힘이 있습니다. 옆에서 지켜보기에 안타깝고, 때로는 불안하기도 하지만 아이들의 내면의 힘을 믿어주는 어른이 있다면 아이들은 자신의 속도로, 자기의 방식으로 성장해 나갈 것입니다.

어른들의 눈에는 조금 부족해 보일지 모르지만 아이들은 최선을 다해 하루하루를 살아갑니다. 아이들은 자신의 인생을 사는 주인공이니까요!

이종필
이 책의 기획자
《특수교사 교육을 말하다》,《교사 통합교육을 말하다》 공저자

2장

초등학교, 설렘과 걱정 사이

3장

함께 할 수 있는 것들은 많다

4장

오늘도 나뭇가지마다 리본을 묶는다

일러두기

본문에 등장하는 인물의 이름은 가명입니다.

1장

무대에는
거울이 없다

박현주
유아특수학교에서 5년간 아이들과 함께 했습니다. 2009년부터
꿈고래어린이집을 설립해 아이들과 함께하고 있고, 부모님들과 꿈
고래놀이터부모협동조합을 만들어 장애영유아 상담 및 자문, 부
모교육을 하는 일도 하고 있습니다.
아이들이 마을에서 평범하고 행복한 삶을 살길 바라는
마음으로, 아이들을 가르치는 일과 세상을 바꾸는 일
을 함께 하고 있습니다.

장애통합어린이집은 아이들이 처음 다니는 기관인 경우가 많습니다. 조금 다른 아이를 키우는 것은 누구나 처음이라, 아이의 장애를 고치려는 데 모든 것을 바치는 부모님도 만나고, 아이의 존재를 인정하지 않으려는 부모님들도 만납니다. 그간 아이와 부모님을 만나다 보면 아이의 다름을 인정하지 않으려 애쓰느라 중요한 시기를 놓치는 것이 아쉽고, 장애 뒤에 가려진 아이의 완벽함을 보지 못하고 지나가는 것이 안타까웠습니다. 유아기는 부모님에게도 아이에게도 다시 돌아오지 않을 중요하고 아름다운 시기입니다. 이 시기에 아이를 위해 진짜 중요하고 필요한 것이 무엇인지 함께 나누고 싶었습니다. 유아교사로서 아이를 위해 부모님과 같은 곳을 바라보고 천천히 느리지만 힘 있는 한 걸음 한 걸음 함께 손을 잡고 걷고 싶은 마음입니다.

당신의 선택은
늘 옳아요

　내가 어린이집을 시작한 목적은 내 아이 때문이었다. 아이를 잘 키우고 싶어서 특수학교를 그만두고 나와 어린이집을 차렸다. 아이는 어릴 때부터 늘 나와 함께 등원하고 하원했다. 어린이집에서는 절대 엄마라고 부르지 않는 아이여서 새로 오신 선생님들은 내 자식인지 아는데 꽤 오랜 시간이 걸리기도 했다.

　이렇게 키운 아이가 다섯 살 되던 해, 나는 잠시 어린이집을 떠나 인지치료사로 일하게 되었다. 치료사 일은 오후부터 시작이라 오전에 아이를 어린이집에 보내고, 수업 준비를 한 다음 12시경 출근을 하면 오후 7시 30분까지 치료스케줄이 꽉 차 있었다. 집에 들어오면 밤 9시 무렵이 되었다. 아이는 엄마와 이렇게 오랜 시간 떨어져 지내는 게 처음이라 다섯 살이나 되었는데도 분리불안 증상이 시작되었다.

처음에는 다리를 절면서 걷지를 못했다. 진료 결과 이상이 없다는데도 아이는 일주일 이상 통증을 호소하며 기어 다녔다. 대학병원에 입원해 경과를 지켜보기로 했는데 일주일간 일을 하지 못하고 아이 옆에 붙어 있었더니 거짓말처럼 나았다. 심리적인 원인이었으리라.

다리 아픈 게 끝나고 나자 아이는 오줌을 지리기 시작했다. 하루에 30번도 넘게 소변 실수를 했다. 대소변은 24개월 되기 전에 가렸던 아이라 걱정이 앞섰다. 어린이집에서도 하루에 열 번 넘게 팬티를 적셨다. 잦은 소변 실수 때문에 아이는 점점 위축되었고 짜증이 늘었다.

엄마와 떨어지기 시작한 이래 생긴 일들이라 사람들은 심리적인 원인을 첫 번째로 꼽았다. 나 역시 마찬가지였다. 아이에게 미술치료를 시작했다. 미술치료사는 여러 가지 상황과 아이의 성향 등으로 미루어 어머니와의 갑작스러운 분리로 불안이 높으니 일을 그만두고 아이만 돌보라고 했다. 나는 일을 그만둘 수 없는 상황이었다. 주변에서 속 모르는 비난이 쏟아졌다.

나는 선택을 해야 했다. 아이의 정서적 안정을 위해 일을 그만두고 아이와 함께 하는 시간을 늘려야 할지, 일을 계속하면서 아이가 안정을 찾을 다른 방법을 찾을 것인지…. 잠시 고민하다 미술치료사에게 말했다.

"이 상황에서 내가 일을 그만두면 아이는 마음이 조금만 힘든 순간이 와도 같은 방법으로 문제를 해결하려고 하지 않을까요? 세상일들은 늘 뜻대로 되지 않을 텐데, 처음부터 아이 요구대로 되도록 만들어주는 것이 과연 현명한 방법일까요?"

나는 미술치료 수업이 끝나고 집에 오는 길에 아이에게 말했다.

"쉬 실수하는 거 아무 걱정하지 마. 괜찮은 거야. 실수는 누구나 하거든. 특히 아이들은 더 많이 실수해. 그리고 그게 나쁘고 잘못하는 건 절대 아니야. 엄마가 어린이집에 근무하지 않아도 매 순간 얼굴을 보지 못해도 엄마는 여전히 너를 제일 사랑해."

우리는 마트에 들러 팬티를 더 샀다.

"엄마, 쉬가 또 나오면 어떻게 해?"

"으응 갈아입으면 되지."

"열 번 넘게 쉬하면 어떻게 해?"

"으응, 괜찮아. 열 번 쉬하면 팬티 열 장 넘게 있으면 되고, 백 번 쉬하면 백 장 넘게 있으면 되는 거야. 아무것도 아니야."

소변 실수하는 문제로 활동을 제한하지 않으려 무던히 애썼다. 팬티를 50장씩 챙겨서 우리는 주말이면 캠핑을 다녔다. 엄마랑 함께할 시간이 별로 없다는 아이에게 아침에는 시간이 되니 네가 하고 싶은 것을 다 해주겠다고 제안을 했다. 아이는 "매일 아침 산에 가서 김밥을 먹고 싶다."고 했다. 어린이집에 함께 있을 때 산에 가서 놀았던 것이 생각난 듯했다. 눈이 펄펄 내리던 날부터 벚꽃 비가 내리던 날을 거쳐 빨갛게 단풍이 물들기 시작할 때까지 매일 산에서 아침 해를 보았으니, 거의 10개월 가까이 했나 보다. 아이가 원하는 대로 매일 아침 김밥을 싸고 산에 가서 아침을 먹었고, 비가 오는 날에는 30분 거리의 바닷가로 가

갈매기를 보면서 차 안에서 유부초밥을 먹었다. 아이는 때로 종달새처럼 재잘대며 떠들고 신났다가 때로는 상처받은 새처럼 웅크려 울었다. 우는 아이를 끌어안고 나도 함께 울었다. 가장 답답한 건 이런 아이의 마음을 알 수가 없다는 것이었다. 엄마인 내가 할 수 있는 건 함께 울고 웃어 주는 수밖에, 할 수 있는 한에서 최선을 다하는 수밖에 없었다.

어떤 선택을 해도 부모의 마음은 늘 괴롭다. 내 선택이 옳다고 이야기해주면 좋을 텐데…. 누구도 내 아이와 내 문제에 책임져주는 이는 없다. 열달 내내 도시락을 싸면서 아이의 심인성 빈뇨증으로 고통받는 주변의 부모들에게 자문도 구했다. 거의 초등 고학년이 되어도 지속되고 있다는 이야기를 들으면서 내가 잘하고 있는 것인지, 끝이 안 보이는 미로에 갇혀버린 느낌이었다. 주변의 비난은 아이의 빈뇨가 멈출 때까지 계속되었다.

미술치료는 지속해서 받고 있었다. 아이의 울음과 빈뇨가 멈춘 날, 미술치료사 선생님이 웃으면서 이야기했다.

"팬티를 오십 장씩 사는 엄마를 누가 이겨요!"

비장애아를 키우는 내가 잠시 받은 이런 비난이 장애아를 둔 부모에게는 평생일 수 있다. 준비라곤 되어있지 않던 내가 아이를 키우면서 서서히 부모가 되었다. 아이와 부대끼고 세상을 겪으면서 마음이 조금은 넓어진 듯했다. 아이의 엄마로, 힘들게 내린 내 결정을 누군가 비난해도 쉽게 상처받지 말아야지. 마찬가지로 어떤 선택을 한 부모도 최소한 아이의 삶에서 한 다리 너머인 교사인 나보다 더 많은 걱정과 고민을 했을 테니 함부로 비난하지 말아야지. 그렇게 다짐했다.

부모가 아이를 위해 내린 결정과 선택에 '나쁨'은 없다. 내가 일을 그만두고 아이와 시간을 늘렸다면 어쩌면 더 빨리 아이는 안정을 찾았을지도 모른다. 10개월간 아침 도시락을 싸지 않았을지도 모른다. 하지만 그 선택에는 얻는 것도 늘 있었다. 다른 사람들이 모르는 다섯 살 딸아이와 아침 도시락을 나누어 먹는 재미와 새벽 6시의 드라이브가 주는 신선한 아침 공기와 아침이슬이 내려앉은 보라색 제비꽃 봉우리를 보며 "엄마, 여기 아기 가지 꽃이 열렸어." 같은 다섯 살 아이의 풋풋한 재잘거림에서 얻는 행복같은 것이다. 이런 소소한 일상들의 소중함은 아이와 나만 아는 보물이었을 테다. 아이의 내면에 좋은 유년의 기억으로 새겨졌을 것이다. 어떤 선택이든 부모의 선택에서 틀린 선택은 없다. 바로 갈 수도 있고 돌아갈 수도 있다. 바로 가는 것의 이점도 있고, 돌아가는 것의 이점도 분명 있다.

결과가 좋지 않더라도 늘 값진 경험이 되어주고, 한 굽이 돌아가는 과정은 삶을 풍성하게 해준다. 그런 선택의 연속을 통해서 우리는 천천히 부모가 되어가고, 아이는 느리지만 제 속도로 자란다.

아이에게 진정으로 안 좋은 건, 부모가 늘 자신의 선택에 대해 걱정하고 자책하는 것이다. 아이가 느리고, 장애가 발견되면 수많은 비난과 조언을 듣게 된다. 부모를 향한 듯한 말들로 아프고, 만나는 전문가들마다 말이 다르다. 아이와 부모를 위한답시고 쏟는 말과 전문적인 조언이라지만, 혼란스럽게 하기도 한다.

나는 부모가 흔들리지 않기를 바란다. 비난과 조언을 무시하고 귀를 닫으라는 것은 아니다. 어떤 선택을 하던 아이는 성장한다. 설령 결과가 좋지 않은 결정을 통해서도, 좋은 결정을 통해서도 아이는 성장한다. 우리도 모두 그런 과정을 거치며 자라고 어른이 되었다. 다시 돌아오지 않는 아이의 오늘 하루는 부모의 선택에 좌우된다. 전문가나 다른 사람이 아니라 누구보다 아이의 행복을 더 깊게, 더 많이, 더 중하게 생각하는 당신의 선택은 옳다.

세상은 장애에 대해
너무 모른다

한 음식점에서였다. 밥을 먹고 있는데, 옆 테이블에 장애가 있어 보이는 아이를 데리고 나온 가족이 있었다. 그 아이와 비슷한 아이들을 돌보는 일을 해왔기에 아이의 느낌이 먼저 보였을지도 모른다. 아이는 수저통을 열어 이것저것 만졌다. 부모는 아이가 돌아다니지 않으니 적당히 만족하고 식사를 하는 듯했다. 맞은 편 테이블에서 식사하던 할머니들이 그 모습을 보고 한마디씩 거들었다.

"아니 아이가 수저통을 저리 만지는데 부모가 혼내지도 않고 쯧쯧… 요즘은 부모가 더 문제야."

할머니의 말을 의식한 듯 부모는 아이를 제지하는 듯했으나 아이는 말을 듣지 않았다. 아이가 수저를 만지는 대신 일어나 소리를 지르면서 돌아다니기 시작하자 부모는 먹는 둥 마는 둥 서둘러 자리를 정리하고 일어났다.

아이와 부모가 나가자 할머니들의 이야기가 이어졌다.

"아이고, 좀 모자란 아이였나 봐."

"아니, 가정교육을 제대로 안 시켰으니 저 나이 되도록 식당에서 뛰어다니지."

가끔 외부에서 발달장애 아이를 둔 가정을 만나게 될 때의 모습이다.

부모님 대상으로 교육을 하러 가면 늘 하는 이야기가 '평범한 일상을 영위하세요'다. 여느 가족처럼 주말에는 외식도 하고, 피곤한 날에는 아이와 찜질방도 가고, 해 질 무렵에는 아이와 놀이터에도 공원에도 가 보고, 친구와 만날 때는 아이와 함께 분위기 좋은 카페도 가보라고 한다. 그러면 부모님들은 이야기한다.

"우리 아이는 공원 화장실 핸드드라이어 소리를 너무 싫어해서 못 나가요."

"찜질방에 가면 옷 벗고 소리 지르면서 뛰어다닐 게 뻔한데 어떻게 가요?"

"음식점에 가면 음식 나올 때까지 기다리지도 못해서 먹을 수가 없어요."

"음식점에 가봤는데 다른 사람 테이블에 가서 자꾸 집어 먹으려고 해서 쫓겨나듯 금방 나왔어요."

맞다. 분명 그럴 것이다. 어린이집에서도 현장학습이나 지역사회 연

선물

계 학습을 위해 공원, 찜질방, 패스트푸드점에 가면 비슷한 상황을 늘 경험하니 소소한 일상을 영위하는 것이 얼마나 어려운 일인지 잘 안다.

"맞아요. 아이들은 삶을 더디게 배워요. 장애가 없는 다른 아이들보다 두 배 세 배 반복해야 겨우 배우기도 해요. 그런데 이런 지역사회를 이용하는 방법을 어릴 때부터 경험을 통해 가르치지 않으면 어떻게 성인이 되어서 지역사회 자원을 이용하면서 살 수 있을까요?"

이것이 어릴 때부터 부모와 함께 일상을 그냥 사는 방법을 가르쳐야 하는 이유라고 설명했다.

내 말을 끊고 한 어머님이 체념한 듯 이야기했다.

"선생님, 내 아이는 중증장애라 이용하는 방법을 아무리 알려줘도 못 알아들어요. 아까 식당 이야기하실 때 내 이야기처럼 들렸어요. 식당에서 종종 그렇게 나와 본 적 있거든요. 그 사람들은 장애아를 키워보지 않아 절대 이해하지 못해요. 내 아이는 알아듣지 못하고요. 그러면 그냥 한두 번 시도하다가 안 가게 돼요."

그 마음을 모르는 것은 아니다. 그럼에도 계속 시도해야 한다. 내가 지역사회 연계학습을 나가는 선생님들에게 늘 부탁하는 것이 있다. 선생님들이 장애아이들을 데리고 나갈 때 어린이집 버스를 이용해도 되지만 나는 굳이 시내버스나 대중교통을 이용해달라고 하고, 도시락을 지참해 조용한 곳에서 먹을 수 있지만 음식값이 들더라도 음식점에서 점심을 해결하라고 요청한다. 그러면 선생님들은 나에게 이야기한다.

"외부에서 그러면 정말 난처해요. 한번 고집부리면 뒤집어져서 울고 소리칠 텐데… 사람들이 아동학대라고 신고할까 봐도 무서워요. 아이들이 잘 알아듣는 것도 아니고…"

맞다. 실제 현실도 그렇다. 어린이집 선생님도 한 번은 버스를 타고 가다가 지연반향어(어느 정도의 시간이 지난 후에 과거에 들었던 말을 반복하는 말) "때리지마."를 외치는 아이 때문에 "어린이집에서 얼마나 아이를 때렸기에 나와서까지 '때리지마'라고 사정하느냐고 삿대질하는 할아버지를 겪은 적이 있었다. 그러니 선생님들도 불편해하고 부담을 느낀다. 그러나 내 대답은 한결같다.

"아이들을 보여줌으로써 지역사회 사람들의 인식이 바뀔 거예요."

세상은 발달장애에 대해 너무 모른다. 세상이 발달장애에 대해 무지하게 만든 데는 우리 어른들이 큰 몫을 했을 것이다. 아이들이 세상 속에서 다치지 않도록 너무 꽁꽁 싸매고 보호한 부모와 교사들의 탓도 있다.

안타깝지만 교사와 부모는 아이를 가르치는 일과 세상을 가르치는 일을 함께 해야 한다. 아이들이 더불어 함께 살아야 할 곳은 결국 이 세상이기 때문이다.

• 민준이는 불안한 상황에서 늘 교사를 톡톡 먼저 쳤다. 교사가 늘 "민준아 때리지마. 선생님 아파."라고 반응해오다보니 외부에서 불안을 느꼈을 때 교사를 때리지 못하고 빨리 "때리지마."라고 이야기를 하라는 의미로 다시 교사를 톡톡 쳤다고 했다. 교사가 원하는 말을 해주지 않자, 스스로 "때리지마(해주세요)"라는 의미로 하는 말이었음.

"그러면, 아이들이 식당에서 난동을 부리면 제가 어떻게 해야 해요?"

"이제 아이들을 데리고 외식하면서 장애에 무지한 사람들을 가르칠 때는 유체이탈 화법을 쓰세요. '○○야, 네가 말을 하지 못한다고 매너를 못 배우는 건 아니라고 엄마는 생각해'라고 해도 좋고, '돌아다니면서 먹으면 안 되는 거야. 자리에 와서 앉아. 네가 오래 앉아 있는 게 힘든 거 아빠도 알아, 하지만 식당에서 돌아다니면 안 되는 거야. 그렇게 돌아다니면 다른 사람들이 불편해해', '○○야, 전에는 1분밖에 못 기다렸는데 오늘은 좀 더 기다릴 수 있게 되었네. 역시 자주 나오니까 네가 할 수 있구나', '네가 잘 못 알아듣는다고 이렇게 하는 것을 모든 사람이 이해해주지 않아' 뭐 이렇게 이야기해도 좋아요. 사람들이 '아, 저 아이는 장애가 있구나. 기회가 많이 제공되면 조금씩 느나 보군', '장애가 있지만, 부모가 가르치려고 애쓰는군' 정도만 알게 되어도 좋아요. 그러면 사람들이 아이를 모르고 하던 비난을 멈출 거예요. 지역사회 내에서 반복되면 식당에서 순서를 양보하는 사람들도 있을 수 있고 아이의 행동을 의도적인 행동이라고 인식해 비난하던 행동을 서서히 멈추게 될 거예요. 하지만 그렇게 되기까지 수많은 변수와 마주할 테고, 부모는 그만큼 매일 괴롭고 아파야 할지도 몰라요."

세상은 점점 변해, 과거에 시설로 보내지던 아이들이 더는 시설로 분리되지 않을 것이다. 아이들은 여느 성인들과 마찬가지로 어른이 되면 동네에서 살아가게 될 것이고 복지라는 이름의 지역사회 자원의 도움을 받아 인간다운 삶을 살게 될 것이다. 부모의 바람이기도 하고, 나의 바람이기도 하며 많은 아이의 바람이기도 할 것이다. 느려 보이지만 사회의 발전 방향이기도 하다.

사실 삶은 정직해서 내가 살아온 인생에서도 세상에서 거저 얻어지는 것이 하나도 없었다. 야속하지만 내가 만나는 아이들의 삶도 그런 듯하다. 아이들의 삶도 정직하고 야속해서 거저 얻어지는 것 하나도 없을 것이다. 피해서 얻어질 것은 없고 부딪쳐야 나아지는 삶일 수 밖에 없다.

그래서 아이들보다 조금 더 야물고 단단한 우리가, 부모와 교사가 세상을 함께 가르쳐야 한다. 그렇지 않으면 쉽사리 바뀌거나 변하지 않는다. 변하지 않는, 혹은 아이들의 성장 속도보다 한없이 더디게 변하는 장애인식의 책임은 야속하고 무심한 세상 탓만이 아니라 그런 무심한 세상 앞에서 깨지고 부서지는 것을 두려워한 우리들의 책임도 50%라는 것을 잊지 않았으면 한다.

세상은 장애에 대해 너무 모르므로 아이들을 가르치려는 노력의 절반은 세상 사람들을 가르치는데 써야 한다. 무조건 세상에 보여주어야 한다.

그래서 나는 두려워 말고 "일상을 영위하라"고 거듭 말한다.

가장 빛나는 순간을
놓치는 법

토요일 아침이었다. 상담을 요청한 한 어머니가 찾아왔다. 한참 서진이라는 아이에 대해 듣고, 어떻게 키우는 것이 좋을지 이야기를 나누게 되었다. 어머니가 가져온 풀 배터리 검사(full battery test: 사람의 신경계적, 성격적, 지적 요소들을 종합적으로 측정하는 심리검사)지를 읽으면서 서진이의 강점과 약점, 학습과 일상에서 어떻게 지도하면 좋을지에 관해 이야기를 나누었다. 어머니는 마치 내 말의 토시 하나라도 놓치지 않으려는 듯 수첩에 연신 받아쓰셨다. 나는 결과지에 숫자로 나와 있는 아이가 아니라, 그냥 어머니가 키우는 아이에 관한 이야기를 듣고 싶었다. 아이와의 일과를 궁금해하자 어머니는 자신의 노력을 증명이라도 하듯 가방에서 주섬주섬 무언가 꺼내 펼쳐 보였다. 아이들이 쓸 법한 종합장이었다. 종합장 안에는 일과가 5~6장의 폴라로이드 사진으로 붙어 있었다. 1, 2, 3, 4, 5 숫자에 맞추어 사진이 한 장씩 붙어 있었다. 아이가 어설픈 글씨로 일과에 대해 쓴 간단한 단어들도 있었다.

아이는 어린이집이나 육아보육 기관에는 전혀 다니고 있지 않았다. 대신 아이는 아침 10시쯤 일어나 가까운 브런치 카페로 가 간단한 토스트와 우유를 먹은 후 치료실로 이동해 12시쯤 언어치료를 받았다. 치료수업을 받느라 조금 늦어진 점심식사 역시 치료실 아래에 있는 돈가스집에서 주로 해결했다. 다시 그룹 치료에 들어가 특수체육 일정을 소화하고 놀이터에서 잠시 놀았다. 그리고 다시 치료실에 가고 저녁은 집 근처에 있는 식당에서 먹었다.

"하루 3끼를 외식으로 하나요?"

이런 질문이 오히려 이상하다는 듯 엄마는 되물었다.

"집에서 밥하는 동안에 아이를 볼 수 없잖아요. 남편은 퇴근이 늦어서 아이를 봐줄 수 없고요."

"보육기관이나 교육기관에 보내지 않고 치료실만 이용하시나 봐요?"

어머니는 아이가 맑은 정신일 때 치료받아야 치료 효과가 좋다고 이야기했다. 그래서 과감히 어린이집이나 유치원은 포기하고 손수 데리고 치료실만 다닌다고 했다. 치료실에서 하루에 3~4과목을 받으면 경제적인 어려움은 없는지 묻자, 한 달에 순수 치료실비가 500만원 이상 들어가지만 경제적으로 어렵지는 않다고 했다.

아이가 아버지와 갖는 시간을 묻자 아버지는 경제활동을 해야 하므로 주말에만 잠깐씩 만날 수 있다고 했다. 나는 무언가 한참 잘못되었다고 생각했다.

아이가 치료실에서 '바쁘다', '나중에'를 그림으로 배우는 것 보다, 엄마가 밥을 하는 동안 "엄마 지금 '바쁘잖아'. '조금 있다가' 해줄게. 어떤 거 하면 네가 잘 기다릴 수 있을까?"라고 이야기해도 된다고 했다. 아이가 엄마 곁에서 냄비를 드럼처럼 두드리며 놀아도 괜찮고, 촉각 탐색을 좋아하면 아이에게 쌀을 한 그릇 퍼줘도 된다고 했다. 아이에게는 기다리는 것도 몸으로 배우는 학습 시간이 되고, 냄비 뚜껑을 두드리면서 무료함을 달래는 법을 익히는 것도 음악 치료실에서 악기를 탐색하는 것보다 더 자유로운 스트레스 해소의 시간이 될 수 있다. 아이가 시간을 스스로 즐기고 활동하면 성장하지 않는다고 생각하는 것일까? 그렇게 하면 방치하는 것 같은 기분이 든다면 어머니의 괜한 죄책감이 아닐까?

동호의 부모님은 늘 '숙제'를 내 달라 부탁했다. 유아교육에서 숙제라니, 이상한 부모라 생각했다. 얼마 지나지 않아 왜 '숙제'에 목을 매는지 알게 되었다. 치료실에서는 그날 했던 수업 내용을 정리해 몇 장의 과제물로 만들어 '일주일에 40분간 하는 치료 수업으로 절대 눈에 띄는 성장을 보이지 않으니 가정에서 이렇게 도와주세요.'라는 멘트와 함께 일주일 치 숙제를 냈다고 했다.

한번은 아이의 가방에 들어 있는 사설 치료실 숙제를 보게 되었다.

종이 과제다 보니 선긋기, 단어 이야기하기 같은 학습지로 매일의 분량이 정해진 듯했다. 아이를 데리러 온 부모에게 이것을 매일 집에서 하는지 묻자, 이것뿐 아니라 사설 학습지 몇 개를 주르륵 읊었다.

"그것도 전부 다 동호가 하나요?"

어머니는 다른 아이들보다 곱절은 늦으니, 두 배로 열심히 시켜도 따라갈까 말까 하는데 어떻게 노는 시간을 가질 수 있겠느냐고 했다. 흔히 있는 일이다. 고작 3살, 4살 된 아가인데 오후에 치료실을 간다고 한참 낮잠을 자는 아이를 들러업고 문을 나서는 부모들이 있다. 잠결에 온갖 짜증을 다 내는 아이를 어깨맡에 둘러업고는 토닥이는 손놀림이, 나는 미웠다.

"저렇게 졸린 데 좀 더 자게 치료 시간을 옮기는 건 어떨지…"

부모님들은 이렇게 이야기하는 나에게 가시 돋친 말을 쏟았다.

"원장님은 장애아이 안 낳아서 모르시잖아요. 제가 지금 얼마나 애타는지 모르실 거에요. 이렇게 해서라도 말을 한다면, 저는 할 거예요. 그 선생님한테 수업을 받으려면 또 몇 달을 기다려야 할지도 몰라요."

발달장애 아이들의 치료실 스케줄은 가혹했다. 고작 너덧 살 아이의 졸음이나 배고픔 같은 것을 고려하는 것은 너무나 한가한 소리인지 모른다. 집에 가서 배달음식을 시켜 먹을지언정 어머니는 열정적으로 숙제를 봐준다 했다. 얼마 전에는 프린트 학습지를 하기 위해서 프린터도 설치했다고 했다. 그런 어머니에게 나는 속이 상했다.

담임선생님이 "이제 수업할 시간이니까, 자리에 앉아보자." 이야기하고 아이들이 모여 그림을 그리거나 요리를 하거나, 유아교육에서 하는 다른 평범한 활동을 할 때에도 아이는 "선생님 공부는 언제 해요?"라고 물었단다. 선생님은 이렇게 친구들이랑 노래 부르고 그림도 그리는 것이 공부라고 이야기해주었다 했다. 아이는 정말 이게 공부냐며 환하게 웃었다 했다.

느린 아이, 장애가 있는 아이들에게는 아쉽게도 여유로운 품이 별로 없다. 엄마와 그냥, 아빠와 그냥, 왁자지껄한 형제자매들과 그냥 어우러지는 일상이 없다. 한껏 투정을 부린 날도 해가 지고 어둑한 밤이 되면 따뜻한 이불속에서 숨결을 함께 나누고, 눈만 맞춰도 늘 배부른 표정을 지어 보이는 그런 엄마와 아빠가 없다. 아이들과 매일 전쟁 같은 하루를 치를지언정 따뜻한 밥 한 공기, 좋아하는 반찬 해 먹이는 것이 먼저인 부모가 없다. 치료가 모든 것에 우선하기 때문이다. 그러니 늦은 저녁, 식사를 마친 가족이 손을 잡고 마을 어귀를 어슬렁어슬렁 바람을 쐬러 나가는 일상은 없다.

가끔은 잘하는 것 없어도 그저 날 닮은, 내가 사랑하는 사람의 모습을 닮은 내 아이기에, 무조건 예쁜 내 아이. 이런저런 소소하고 투박한 일상의 품으로 아이를 보듬을 부모가 없다. 마음이 온통 장애와 결핍에만 가 있기 때문이다.

아이의 장애를 처음 마주한 엄마들이 가장 많이 하는 질문은 "그래서, 이제 제가 어떻게 하면 되나요?"라는 것이다. 내 대답은 늘 이렇다.

"그냥 엄마만 잘하면 돼요!"

그러면 그 엄마들의 눈빛은 한없이 흔들린다. 아이의 느림을 발견한 후 병원과 치료실을 전전하며 자칭 전문가라 하는 이들을 많이 만났지만 한 번도 해주지 않은 이야기인 듯했다. 아이의 느림을 발견하는 순간 부모는 혹시 '나 때문은 아닐까?' 하는 자책과 함께, 아이를 둘러싼 주변의 무거운 시선에 불안해한다. 의사는 매번 부모가 무엇을 해야 한다고 이야기하고, 치료사들 역시 부모가 더 노력해야 한다고 말한다. 전문가들의 요구에 부모의 자책이 더해진다면, 부모는 불안하고 초조하고 압박에 지배될 수밖에 없다.

'누가 뭐라 해도 귓구멍에 들어가지 않을 시기' 유아기 부모의 심리상태를 나타내는 말이다. 이는 부모의 불안을 제대로 안아주지 못한 전문가들의 잘못 때문인지도 모른다.

그냥 주변의 엄마들을 둘러보자. 사실 요즘 같은 시대에 잘 씻기고, 깨끗하게 입히고, 영양가 있게 먹이면 최고의 엄마이다. 사실 그것만 하면 되지 않을까? 굳이 치료사를 흉내내거나 치료사 자격증을 따려고 애쓰고, 치료사의 이야기 하나도 놓치지 않으려 메모하고, 넘쳐나는 숙제를 집에서 묵묵히 아이에게 시켜야 할까? 그것이 정말 아이에게 좋은 엄마일까?

나는 아이들이 가장 예쁜 시기로 네 살을 꼽는다. 장애아이든 비장애 아이든 나는 네 살의 까만 눈망울을 사랑한다. 남들은 미운 네 살이라지만, 내게는 참 예쁜 나이다. 말 같지도 않으면서 쉬지 않고 재잘대는 네 살 아이들의 말들이 예쁘다. 자기만의 세계에 사는 네 살은 별것 아닌 일에 호랑이처럼 화를 내기도 하고 시시한 일에도 입을 삐죽이며 삐진다. 그것도 예쁘기만 하다. 아직 아기 냄새가 가시지 않은 보드란 살냄새도 좋고, 포동포동 말랑한 손가락도 자꾸만 만지고 싶게 예쁘다. 그 포동포동한 볼은 말할 것도 없다.

다섯 살 아이들도, 여섯 살 아이들도 모두 제 나이에 맞는 매력이 몇 가지씩 있다. 아이들은 굳이 나이와 상관없는 매력을 보여준다. 장애아든 비장애아든 상관없이 '아이들'은 무한한 애정을 자극하는 뭔가가 있다.

말로 다 표현할 수 없지만, 나는 마음이 한없이 지치고 힘든 날은 교실에 들어가 아이들의 까만 눈동자를 쳐다본다. 그 속에 우주가 있는 것 같은 착각이 들어 마음이 한없이 편안해진다. 간식을 먹느라 오물거리는 입만 쳐다봐도 힐링이 된다. 거기다 날 보고 배시시 웃어주기라도 하면 세상 더 바랄 것이 없는 행복감에 젖기도 한다.

아쉬운 것은, 이런 것이다. 느린 아이들도, 장애 아이들도 분명 예쁘다. 아이들의 눈동자는 깊고 빛나며, 숨소리에 달큼함이 느껴진다. 아이다움을 그 아이들도 가지고 있다. 하지만, '느림'이라는 단어에, '장애'라는 단어에 가려 아이는 어느 순간 부모의 마음속에 커다란 문제 덩어리가 되어 있다. 진정한 아이는 잘 보이지 않고 느껴지지 않는다.

내가 가장 예쁘다 이야기하는 아이다운 시기는 장애와 비장애를 떠나 모두에게 유한하다. 당장 초등학생만 되어도 어릴 때 주저 없이 물고 빨던 그 아이와는 결이 다르다. 그 예쁜 시기를 못 보고, 보고도 전혀 느끼지 못하고 지나가는 것 같아 한없이 아쉽기만 하다. 그 시기에 아이의 장애에, 느림에 매몰되어 정작 '아이다움'을 발견하지 못하고 가족이 제 역할을 하지 못하는 것이 안타깝고, 아이들에게는 미안하다. 아이의 예쁜 모습을 제대로 느끼고 보지 못하는 부모에게 아이의 장점과 가치를 찾는 것을 기대할 수 있을까?

내 큰아이는 어느덧 훌쩍 자라, 중학교 입학을 앞두고 있다. 내 삶에서 가장 행복했던 시기를 꼽아보라면 주저 없이 나는 그 아이가 포동포동한 아가였던 시기를 꼽을 것이다. 아이는 예뻤고, 우리는 가장 행복했다.

잠시 아이를 놓아두고, 자신의 모습도 돌아보자. 엄마가 된 모습, 마흔 즈음이 된 모습. 여전히 젊고 예쁘다. 아이를 키우느라 아이의 느림을 걱정하느라 '나'를 잊고 살진 않았나 되돌아봤으면 좋겠다. 아이에게 가장 예쁜 순간이 있듯이, 오늘 지금, 이 순간이 부모인 자신도 제일 젊고 아름다운 모습이라는 것을 잊지 않았으면 좋겠다.

가끔 부모들이 아이를 이유로 하던 일을 그만둔다거나 서류상 이혼을 한다거나 삶에 큰 변화가 생기는 선택을 하려 한다면 나는 대부분 하지 말라고 이야기한다. 나는 부모들이 아이의 미래를 위해서 부모의 삶을, 가족의 현재를 소비하지 않았으면 좋겠다. 부모가 삶을 착실하게 살면 아이는 그 모습을 통해 치료실이나 교육기관에서 배울 수 없는 더 큰 것, '삶의 태도'를 배울 수 있다고 믿는다. 하루하루를 즐겁게 살아내는 부모의 표정에서 삶을 바라보는 긍정적인 시각과 세상은 힘들지만 재미있는 곳이라는 것을 배울 수 있고 배워야 한다고 믿는다.

지금 아이는 행복할까? 아이와 함께하는 지금이 행복한가? 치료와 교육이라는 이름으로 평범한 일상을 잃어버린 부모들에게, 느림과 장애라는 단어에 갇혀 정작 여전히 빛나는 아이들에게서 행복을 찾지 못하는 부모들에게 해주고 싶은 말이 있다. 아이에게는 자신의 삶을 즐길 시간과 여유가, 부모에게는 일상을 누릴 마음이 필요하다. 버겁고 힘들고 쫓기는 일상이라면 조금만 덜어내주길 간절히 바란다.

무대에는
거울이 없다

어느날 아이와 엄마가 어린이집에 방문했다. 그날 처음 만난 살이 통통하게 찐 남자아이는 살짝 더위가 시작된 6월이어서 였는지 어린이집까지 걸어와서 그랬는지, 도착하자마자 거친 숨을 쌕쌕 내쉬었다. 아이는 내가 부모와 이야기를 나눌 때 엄마 곁에 얌전히 앉아 있었다. 아이에 대한 정보를 가만히 들으며 아이를 보는데 처음 방문한 어린이집이 낯설 법도 한데, 자리에 얌전히 앉아 있다가 서서히 자세가 변하더니 어느새 볼록한 배가 천장을 보게 누웠다. 이후 상담하는 내내 아이의 움직임이라고는 누워서 이리 뒹굴 저리 뒹굴 하는 게 전부였다.

별다른 움직임이 없었음에도 아이의 숨소리는 여전히 거칠었다. 아이는 움직이는 것을 좋아하지 않아 보였다. 나는 아이가 하원 후 어떤 놀이를 하면서 보내는지 물었다. 여느 아이 부모들과 다를 바 없이 치료에

선물

서 치료로 이어지는 일상이었다. 아이는 운동을 좋아하지 않는 듯해 보였는데, 어머니는 아이의 비만이 염려되어 더 많은 운동을 시키려고 아이를 받아주는 특수체육 기관이나 감각통합 치료 등을 알아본다고 했다.

아이는 고작 다섯 살이었다. 다섯 살 아이가 어린이집을 파하자마자 두세 군데의 치료실을 전전하는 것은 너무 가혹하지 않은지, 아파트에 살면 주변에 꽤 매력적인 놀이터가 여러 곳에 있을 텐데 차라리 놀이터에서 한 시간씩 노는 것은 어떤지 물었다. 어머니가 대답했다.

"놀이터를 좋아하긴 해요. 그런데 제가 가고 싶지 않아요."

"왜요? 왜 놀이터를 안 가세요?"

망설이던 어머니가 대답했다.

"보세요. 원장님. 얘는 너무 뚱뚱해요. 다리를 계단에 겨우 올리고, 미끄럼틀을 타려고 하는데 잘 하지도 못해요. 동생 같은 어린아이들이 그러더라고요. '얘는 고기만 먹어서 뚱뚱해졌어요?', '아줌마, 얘는 왜 말을 못 해요?', '이모, 얘 바보예요?' 그런 말을 들을 때마다 제가 너무 비참해요… 나도 예쁘고 똑똑한 아이를 낳아서 키우고 싶었는데… 생각도 못 했던 일이었어요."

아이의 엄마는 말을 끝내지 못하고 눈물을 주르륵 흘렸다.

솔직한 마음을 이야기해줘서 고맙기도 했으나, 사실 당혹감이 더 컸다. 나에게 하는 이야기는 얼마든지 들어드릴 수 있었으나, 옆에는 아이가 여전히 길게 누워 볼록 솟은 배가 오르락내리락 거칠게 숨을 쉬고 있었기 때문이었다. 아이가 들을까 봐 염려되었다. 아이가 당연히 이해

못 하리라 생각하고 이야기하는 어머니가 살짝 미웠다.

숨을 고른 어머니에게 물었다.

"통합어린이집을 보내려는 이유가 특별히 있을까요?"

"사회성이요."

어머니는 주저 없이 대답했다.

"사회성을 키워야 하잖아요. 어차피 놀이터도 안 가고 유치원도 안 다니는데 이제는 보내야 할 것 같더라고요. 치료실에서도 개별 수업만 하거나 어른들하고만 대화를 하니까 말이 늘지 않는 것 같아서요."

안타까운 마음이 들었다. 어머니의 마음은 이해하지만, 아이의 사회성은 치료실에서 혹은 교육기관에서 키우는 것이 아니다. 동네 아이들과 동네 놀이터에서 자주 만나고 겪어야 사회성도, 관계도 만들어지는 것인데 정작 사회성을 키울 일상의 공간은 피하면서 어린이집이나 치료실에서 키운다는 것은 모순이고, 부모의 욕심이 아닐까?

아이들의 사회성은 자기를 바라보는 부모의 눈빛으로부터 자란다. 아이의 사회성을 키우지 못하는 것은 아이의 문제가 아니라 오히려 부모 스스로가 만든 틀에 갇혀 있기 때문이었다.

처음 어린이집을 개원하고 겨울이 되었다. 어린이집의 겨울은 대부분 발표회로 마무리되곤 한다. 가장 예쁜 때인 유아기에 예쁘게 차려입고, 부모님들 앞에서 일 년 동안 어린이집에서 배운 율동이나 악기 연주 등을 한다.

장애통합어린이집이기에 우리는 장애아이들도 어떤 부분에서 참여가 가능할지 함께 고민한다. 선생님들의 고민 끝에 아이들은 모두 제 역할을 한두 개씩 찾을 수 있었다. 누워서 손가락만 까딱까딱 할 수 있는 아이는 친구들이 하는 합주 시간에 손으로 스치기만 해도 아름다운 소리를 들려주는 차임벨을 연주했고, 손뼉을 잘 치는 아이는 교사의 사인에 맞추어 손뼉을 쳤다. 어떤 아이는 연습할 때도 옷을 입지 않겠다고 고집을 부려 까슬한 공연용 옷에 적응시키기 위해 2주 전부터 발표회용 옷을 대여해 입어보는 연습을 계속 했다.

　　어린이집을 열고 처음 한 발표회는 매우 충격이었다. 48명의 아동 중 15명이 장애아인데 정작 발표회에 참여한 장애아는 단 한 명이었다. 나머지 장애아이들은 전원 결석했다. 이 충격적인 사실에 우리는 발표회가 끝나고 긴급 교사 회의를 개최했다. 늦은 시간까지 발표회에 장애아 부모가 모두 참석하지 않은 사건에 대해 분노와 연민이 쏟아졌다.

　　다음날 나는 장애아 부모들께 한 명 한 명 전화해서 상담을 요청했다. 발표회에 참석하지 않은 장애아이 가족들에게 화가 나기도 했지만, 한편으로는 어떤 마음으로 아이를 보내지 않았는지 묻고 싶었고 또 듣고 싶었다.

　　대부분의 부모님은 '죄송합니다'로 시작해 발표회에 보내지 않은 여러 이유를 나열했다. 일부 부모님들은 불같이 화를 냈다. '아무것도 할 줄 모르는' 당신의 아이를 내가 웃음거리로 만들기 위해 발표회를 강행한 것 아니냐고 따지는 분도 있었다. '동물원의 원숭이처럼 내 아이를 구경거리로 만들려는 것에 동의할 수 없다'는 모진 말도 쏟아냈다.

의외였다. 여태 장애를 이유로 현장학습에서 배제되거나 학급에서 배제해 속상해하는 부모들은 간혹 만나왔으나, 단지 아이의 장애가 노출되는 것이 부끄럽고 민망해 '동물원 원숭이'에 비교하는 것은 처음이었다. 그 말을 듣고 있자니 나는 몹시 속이 상했다.

그렇다면 장애아통합어린이집에 보내는 이유가 무엇인지 궁금했다. 타인의 시선을 의식해 장애아전문어린이집이나 유아특수학교에 보내지 않고, 잘하지 못하는 아이를 잘하는 것처럼 군이 장애아통합어린이집을 선택한 것은 아닌지 궁금했다. 내 질문에 답은 뻔하다는 듯 부모가 대답했다.

"비장애 아이들과 있으면 우리 아이가 배우잖아요. 아이들이 말도 많이 해주고, 비장애 아이들과 지내면서 사회성을 배우잖아요."

나는 왜 이런 장애아 부모의 대답이 한없이 이기적으로 들렸을까?

"그러면 비장애 아이들은 여기 왜 다닐까요? 장애아이들이랑 있으면 그 아이들은 어떤 점이 좋을 거라고 생각하세요?"

주저하던 부모님은 장애아이들을 도와주면서 바른 '인성'을 배우는 것이라 대답했다.

"아니에요. 그렇게 말씀하시면 저도 속상해요. 비장애 아이들에게 장애아이들을 도와주라고 가르치지 않아요. 그걸 바라셨다면 다른 기관을 알아보시는 게 좋을 것 같아요. 아이들이 아이들을 돕는 것은 틀렸어요. 아이들은 어른들이 도와야 해요."

"그럼 비장애 아이들은 장애아이들을 보면서 배우는 게 없잖아요. 도움을 주고받고 하는 것도 교육이잖아요. 그래야 나중에 커서도 잘 도와주고 함께 살아가죠." 그 부모님은 억울한 듯 이야기했다.

"그건 조금 더 커서 아이가 자발적인 동기에 의해서 그렇게 해야죠. 강요가 아니고요. 유아기에는 다양한 친구들을 경험하라고 통합교육을 해요. 그런데 부모가 내 아이가 잘하지 못하는 모습을 보여주는 게 마음 아파서 피하기만 한다면 그 아이들은 어디서 다양한 친구들을 만날까요? 세상 모두 잘하는 아이들만 있어야 하나요? 좀 못 하는 거 보여주면 어때서요? 이런 사람도 있고, 저런 사람도 있어. 이런 친구도 있고, 저런 친구도 있어. 잘하는 것도 있고 못하는 것도 있어. 우린 모두 다르니까. 그래도 우리는 모두 소중해. 이렇게 가르치면 안 되나요?"

나는 다소 격앙된 목소리였다. 전날 발표회에 아이들을 보내지 않은 부모들에게는 서운함이, 그리고 참여하지 못한 아이들에게는 아쉬움이 잔뜩 묻어있었다.

그날 이후 변한 게 있다면 민간어린이집 원장의 오기로 '장애아이들이 행사 2회 이상 미참여 시 퇴소하도록 한다.'라고 오리엔테이션을 비롯해 모든 부모 모임에서 공공연하게 언급했다. 그렇게 억지 부리듯 거의 반강제적으로 비장애 아이들, 비장애 부모들과 어울릴 기회를 만들어 냈다.

놀이터에서 비장애아와 놀이 하는 것, 발표회 같은 큰 무대에 내 아이가 서 보는 것. 모두 사회성을 키우는 일이다. 가끔 부모님들이 묻는다.

"내 아이는 잘하지 못하는데 어떻게 해야 자존감 높은 아이로 키울 수 있을까요?"

맞다. 잘하지 못한다. 미숙하고 느리고 자주 틀린다. 그렇지만 높은 자존감은 '잘하는 아이'만 갖는 것이 아니다. 사람들이 혹은 친구들이 "너는 왜 말을 잘하지 못하니?", "너는 왜 이것도 몰라?"라고 묻는다. 정말 몰라서 물어보는 질문이거나, 비아냥이 섞인 무시하는 태도일 수도 있다. 보통 부모가 마음이 상하는 것은 후자, 즉 비아냥 혹은 무시라고 생각하기 때문이다.

그러나 유아기 아이들이 묻는 것은 대부분 첫 번째 의도다. 그런 질문이 훅 들어왔을 때, 당황하거나 놀라지 않고 이야기해주면 된다.

"어머, 너는 말 잘하는 사람만 봤나 보구나? 내 아들은 말을 잘 못해. 세상에는 말을 잘하는 사람도 있고, 말을 잘 못 하는 사람도 있어. 그런데 마음은 다 똑같아. 좋아하고 싫어하고 사랑하는 마음이 있는 것처럼 누구나 다 똑같아. 그리고 네 부모님이 너를 멋있는 아이라고 생각하고 늘 사랑하시는 것처럼 나도 내 아들이 정말 멋있다고 생각하고 항상 사랑해."

꼭 아이가 있는 곳에서 자랑스러움을 한껏 담아 칭찬하는 것부터 해야 한다. 잘해서 사랑받는 게 아니라 그냥 아무것도 잘하지 않아도, 내 아이라 한껏 사랑스럽다는 표정과 말투로 이야기해주면 아이들은 자란다. 부모가 그렇게 간절하게 바라는 자아존중감이.

발표회에서도 마찬가지다. 내 아이를 다른 아이들과 비교하는 눈으로 부릅뜨고 보기 시작하면 한없이 부족해 보이고 때로는 내 아이가 저렇게 못 한다는 사실 때문에 부끄러울 수도 있다. 아이 발표회에 가거든 앞만 바라보고 달리는 경주마처럼 다른 시선을 신경쓸 것 없이 내 아이만 바라보면 된다. 타인의 시선 아니 타인의 마음속까지 굳이 지레 짐작해 움츠릴 필요는 없다.

우리가 알아야 할 것이 있다. 발표회 무대에는 거울이 없다. 아이들은 자신의 모습을 보지 않는다. 옆 친구와 비교도 하지 않는다. 비교하는 눈이 성장하기 전의 아이들은 '잘한다 잘한다' 치켜세워주면 정말 얼굴에 스스로에 대한 자랑스러움이 뿜뿜 묻어난다.

더군다나 앞에서 나를 언제나 사랑해주는 부모님들이 하트 가득 담은 눈으로 쳐다봐주고 있다면 아이들은 자기가 잘하는 줄 안다. 작은 손짓 하나에, 작은 몸짓 하나에 열렬히 응원해주고 인생 최고의 아이돌을 만난 듯 열광해주면 자란다. 부모가 그토록 애타게 키우고 싶어 하는 자아존중감이.

아이로 인한 불편한 상황을 피하지 말고, 내 아이의 능력을 거짓으로 포장하지 말고, 있는 그대로 만났으면 좋겠다. 아이가 잘하지 못한다고 이야기한다고 해서 내 자식을 사랑하지 않는 것은 절대 아니니까. 자존감 높은 아이에게는 타인의 평가나 세상의 잣대와 상관없이 늘 자신을 지지하고 응원하는 부모가 있다.

발표회는 여전히 해를 거듭해 진행되고 있다. 별것 아닌 것으로 보이는 이 발표회가, 우리 원에서 비장애 부모 대상으로 실시하는 '장애 인식개선 교육'이라고 느꼈던 적이 있다.

감각이 극도로 예민한 다섯 살 아이가 있었다. 장소가 바뀔 때마다 30분씩 우는 것은 기본이고 익숙하지 않은 음식에 대한 거부도 심했고 사람에 대해서도 선택적으로 반응했다. 발표회 2주 전부터 까슬한 무대의상을 적응시키고자 무던히 애를 썼으나 번번이 긴 울음을 쏟아내고 나서야 옷을 눈으로 보는 것 정도만 허용하는 아이였다. 교실에서 오랫동안 눈에 익은 옷을 한번 걸쳐 볼 수 있었으나 그때도 귀를 막고 눈을 꼭 감아야만 했다.

할 수 있을까?

발표회가 다가올수록 고민은 깊어졌다. 무대에 오른 아이는 집에서 입고 온 하얀색 타이츠와 하얀색 목 폴라티 차림이었다. 아마 다른 옷은 입지 않는다고 고집을 부렸을 터였다. 무대에 선 아이는 조명과 음향 소리에 놀란 듯 울음을 터뜨렸고, 울음소리가 다른 아이들의 공연에 방해가 될까봐 나는 조마조마했다.

그러나 오히려 아이들은 교실에서 틈틈이 봐왔던 아이의 모습이라 크게 당황하지 않았다. 아이가 참여한 무대가 절반 정도 흘러가고 있었을 때 무대 앞쪽에서 전체적인 상황을 보느라 쪼그리고 앉아 있는데 누군가 내 어깨를 툭 쳤다. 뒤돌아보니 아이의 엄마였다. 아이의 엄마는 나지막이 이야기했다.

"원장님, 아이 때문에 다른 아이들 공연을 망치는 건 아닌가 걱정이 되어서요… 괜찮다면 그만하고 데려가도 될까요?"

아이 엄마의 눈은 빨갛게 젖어 있었다.

"어머니는 마음은 어떠세요? 괜찮으세요?"

"…네, 저는 괜찮아요."

"어머니가 괜찮으시면 그냥 두세요. 분명 올해 다르고 내년 다를 거예요. 지금 데려가면 내년에도 다시 저렇게 울 거예요."

아이는 눈물 젖은 얼굴로 2번의 무대에서 소리를 지르고 귀를 막고 울다가 내려왔다. 하얀 타이츠와 목티 차림으로.

아이가 한 살 더 먹은 다음 해에는 안에 내복을 입고 무대복을 입을 수 있었다. 첫 번째 무대에서는 귀를 틀어막고 눈을 감고 서 있었으나, 두 번째 무대에서는 귀를 막은 채로 우리에게 미소를 보내주었고, 끝날 무렵에는 엉덩이도 두어 번 흔들어주었다.

아이가 고개를 들고 엉덩이를 두어 번 흔들어 줄 때, 내 의자 바로 앞에 앉은 부모의 열광 섞인 환호에 깜짝 놀랐다. 나는 아이의 부모인가 하고 유심히 보았으나 같은 반 친구 부모님이었다. 발표회가 끝나고 인사를 나누는데, 두어 분이 찾아와 자신의 아이가 아니라 그 아이를 칭찬하기 시작했다.

"너무 잘 컸죠? 이래서 통합교육 하나 봐요."

일곱 살 때는 당연히 옷도 입을 수 있었고 율동도 간간이 따라 할 수 있었다. 귀를 막는 것은 음악 소리가 커질 때 두어 번 정도였다. 아이가 졸업하던 해, 많은 비장애 부모들이 아이의 성장을 함께 기뻐해 주었다.

"우리는 어릴 때부터 봐왔잖아요. 부모 참여 수업 할 때도 보고, 산에 갈 때도 보고… 정말 힘든 아이구나 생각했는데 기회가 있으면, 포기하지 않으면 할 수 있구나. 생각했어요."

고마운 일이었다.

졸업하는 날, 진심을 담아 어머니께 이야기를 했다.

발표회마다 충분히 속상할 만한 했을 텐데도 포기하지 않고 아이와 교사를 믿어줘서 감사하다고.

존중받는 아이로
키우려면

나는 유아특수교사다. 내내 유아들만 가르쳐왔다. 그러던 내가 초등학생, 중학생, 고등학생까지 가르치게 되었다. 인지치료사로 일하며 인지치료 수업을 하게 된 것이다. 유아들이야 워낙 익숙해 가르치는 데 어려움이 없었지만, 학령기 아이들은 새로운 도전이었다. 그 경험은 나에게 특수교사는 아이들에게 무엇을, 왜 가르쳐야 하는지 깊이 또 오랫동안 고민하게 하는 계기가 되었다. 그리고 유아시기에 무엇이 중요한지 깨닫게 하였다.

내가 가르치던 민호는 발달장애가 있는 중학생이었는데, 얼굴에 여드름이 하나둘 나기 시작한 사춘기의 예민함을 가진 소년이었다. 아이에게 무엇을 가르쳐야 의미 있는 40분을 보낼지 고민하다 나는 아이와 직업에 관해 이야기를 나누게 되었다. 어떤 사람이 되고 싶은지, 어떤 일을 좋아하는지 물었다. 아이는 의사가 되고 싶다고 했다.

예상치 못한 답이었다. '아… 뭐라고 이야기해줘야 하지?' 고민했다. 아이는 중학생이었지만 받아쓰기를 하면 받침이 있는 한글은 종종 틀렸고 긴 문장을 읽고 이해하는 것은 어려워했다. 사칙연산은 할 줄 알았지만 문장제 수학은 하나도 풀어내지 못했다.

조심스럽게 이야기를 꺼냈다.

"음… 선생님 생각에는 너는 의사가 될 수 없을 것 같은데…"

"왜요?"

유아기 아이들에게 늘 '너도 할 수 있어.'라는 이야기를 주로 해왔지만, 발달장애 청소년이 의사가 되고 싶다고 한다면 어떻게 이야기해줘야 할까? 어떤 대답이 좋은 대답일지, 아이에게 이렇게 이야기해도 되는 건지… 내적 갈등이 일었다. 어렵게 말을 꺼냈다.

"의사가 되려면 공부를 잘해야 하거든. 그런데 너는 공부를 잘하지 못하잖아."

"엄마가 열심히 하면 된다고 했어요. 나는 집에서 구몬 수학도 매일 풀어요. 열심히 하고 있는데요"

아이와 의사가 될 수 없는 백 가지 정도의 이유에 관해 이야기를 했다. 그리고 아이에게 자신이 좋아하는 일을 알아 오라고 숙제를 내었다. 다음 주에 치료실로 들어온 아이는 치료사가 되겠다고 했다.

'음… 정말 미안하지만 치료사도 되기 힘들 것 같다'고 이야기했다.

그 이후에도 아이는 야구선수, 간호사, 초등학교 선생님, 공무원 등을 하고 싶다고 했다. 그때마다 나는 인터넷을 열어 야구선수가 알아야 할 규칙이나 간호사 시험에 나오는 기초적인 문제를 보여주거나 교사가 되기 위해 보는 교육학책 등을 꺼내 아이에게 정말 노력하면 이해할 수 있을지 물었다.

아이에게 장애를 직면하게 하는 이 과정은 나도 아프고 아이에게도 한없이 잔인한 일이었다.

오래 참아온 아이가 어느 날 울면서 소리쳤다.

"왜 선생님은 다 못 할 거라고 해요? 다른 선생님들은 열심히 하면 의사도 될 수 있다고 했는데 왜 선생님은 내가 의사 선생님 못 할 거라고 말해요?"

"너는 왜 되기가 어려운 일만 하려고 해? 네가 할 수 있는 일들이 여러 가지 있잖아. 그런데 왜 그런 직업은 말 안 해? 병원에 의사만 있는 게 아니라 환자를 간호해주는 간병인도 있고, 휠체어를 밀고 산책시켜주는 일을 하는 사람들도 있대. 의사만 사람을 치료하는 게 아니잖아."

아이와 직업에 관한 수업을 하면서 아이에게 어떤 것이 필요할지 고민했다. 그래서 적성검사의 하위분류를 분석해 발달장애가 있어도 할 수 있는, 난이도가 상대적으로 낮은 직업군에 대해 아이와 이야기를 나누었다. 예를 들면 사람을 돌보는 일을 좋아하면 직업군에서 '난이도 상'은 의사가 될 수 있지만 '난이도 하'는 시간제로 근무하면서 거동이 불편한 노인들을 휠체어로 산책을 시켜주는 일을 할 수도 있었고, 스포츠를 좋아한다면 야구선수가 아니라 운동장을 관리하거나 야구장을 청소하는 일을 할 수도 있다. 마트에는 사장님만 있는 게 아니라 물건을 정리하는 사람도 있고, 시식코너에서 시식을 도와주는 분들도 있다. 나는 현장에서 찍은 사진들과 인터넷을 뒤져 찾아낸 그림자료 등을 이용해서 우리 사회를 이루는 다양한 직업에 대해 이야기하며 함께 공부했다. 그런데 그때마다 아이의 반응은 미지근했다.

아이가 입을 열었다.

"엄마가 공부 안 하면 그런 거 한다고 했어요. 나는 항상 열심히 했어요."

나는 깜짝 놀랐다.

아이가 말을 이었다.

"인지치료 안 가면 치료실 앞에 있는 구둣방 아저씨 된다고 했어요. 치료실 안 가면, 구둣방 아저씨처럼 구두나 고치고 살아야 한다고 했어요. 엄마가 학교 안 간다고 하면 사장님 못되고 마트에서 바닥이나 닦고 살아야 한다고 했어요."

아이는 나와 수업하기 전부터 사칙연산과 한글을 집중적으로 가르치던 인지치료 수업을 싫어했다. 그때마다 엄마보다 덩치가 큰 아이는 매번 치료실 입구에서 실랑이를 벌였고 엄마는 홧김에 "너 치료실 안가면 저 아저씨처럼 구두나 닦으면서 평생 살아야 해!"라고 소리쳤단다.

모든 부모가 그러진 않을 것이다. 직업에 대한 편견이 있는 어느 부모가 아이가 열심히 치료실을 다니며 장애를 극복하길 바라는 마음에서 한 말이었을 테다.

수업이 끝나 아이를 보내고 부모와 상담을 했다. 그날 수업에 관해 이야기를 했다. 아이가 어떤 직업을 가질 수 있을 것이라 믿고, 어떤 삶을 살기 바라는지 묻자 어머니의 눈시울이 빨개졌다. 곧 눈물이라도 쏟을 것 같은 어머니에게 나는 잔인하게도 이 아이가 정말 구둣방 아저씨보다 좋은 직업을 가질 수 있다고 믿는 것인지 물었다.

어머니의 눈에서 눈물이 툭 하고 떨어졌다.

"아이가 의사가 될 수 없다는 것은 알고 있어요. 치료실 앞 구둣방 아저씨보다 좋은 직업을 가지리라는 보장이 없다는 것도 알고 있어요… 그렇지만 아이에게 그렇게 이야기하고 싶지 않았어요. 열심히 노력하면 잘 할 수 있을 거라고 이야기한 것이 잘못은 아니잖아요."

어디서부터 잘못되었는지, 어떻게 풀어나가야 할지 가슴이 답답해져 왔다.

민호의 이야기지만 사실 내가 가르치는 모든 아이의 이야기였다. 안타깝게도 내가 아는 대부분의 발달장애 아이들은 의사가 될 수 없을 것이다. 그리고 사회에서 좋은 직업이라 부르는 선생님, 몇십 억대의 연봉을 받는 유명한 운동선수 같은 직업을 갖지 못할 것이다. 아직도 발달장애인이 진출하는 직업군은 아이들의 적성에 맞추어 고르기엔 너무나 빈약하게만 확보되어있다. 그 직업을 가져도 몇 개월 이내 그만두거나 해고당하는 일이 일상다반사인 상황이기도 하다.

왜 아이들이 고등학교 졸업 후 직업 유지 기간이 고작 6개월밖에 되지 않는지, 어떻게 해야 아이들이 직업을 가지고 일상과 행복을 누리며 사회의 한 구성원으로 살아갈 수 있을지 고민이 되었다. 아이들을 만나고 아이들이 꿈꾸는 직업과 현실적인 발달장애인의 직업을 보면서, 어쩌면 아이들이 직업을 오래 유지하기 힘든 이유 중 하나가 '자기가 가진 직업에 대한 낮은 직업의식'이 아닐까 생각이 닿았다. 의사나 교사처럼 많은 사람이 존중하는 직업이 누가 봐도 매력적이라는 인식을 20년 가까이 품고 사회에 나왔는데, 기껏 자기가 갖게 된 직업이 한없이 비루해 보인다면 발달장애인이 아니라 누구라도 일하고 싶은 맛이 사라질 것이다.

그래서 나는 유아기부터 부모가 준비해야 한다고 강조한다.

'부모가 아이를 둘러싼 모든 사람을 존중하는 모습을 보여주는 것'

고작 네댓 살인 우리 아이에게 직업이라는 것은 너무나 먼 이야기 같아 보일지 모른다. 그렇지만 어떻게 성장할지 모르는 내 아이에게 모든 직업을 존중하는 것은 보험처럼 가지고 있어야 할 가치이기도 하다.

부모가 먼저 좋은 사람이 되는 것.

부모가 먼저 모든 사람을 존중하는 것.

마트에 가서 물건을 정리하시는 분을 만나면 꼭 소개해주길 바란다.

"우리가 물건을 편하게 찾을 수 있게 정리해주시는 분이 계셔서 정말 다행이야. 고마우신 분이야."

"미용실 바닥에 머리카락이 많이 있으면 지저분할 텐데 이렇게 치

위주는 분이 계셔서 우리가 깨끗한 곳에서 머리를 자를 수 있어. 고마우신 분이야."

"구두가 망가졌을 때 고쳐주는 분이 계셔서 오래 구두를 신을 수 있어. 구둣방 아저씨는 구두 의사 선생님이야. 고마우신 분이지."

"무거운 택배를 배달해주시는 분이 계셔서 멀리까지 가지 않아도 편하게 물건을 살 수 있어. 고마우신 분이야."

어릴 때부터 가르쳐야 할 것은 삶에 대한 감사이다. 시선을 아이의 삶에 맞추다 보면 겸손과 감사를 배우게 된다. 일상 속에서 소소한 것에 대한 감사를 가르쳐야 한다. 그래야 부족한 내 아이가 성인이 되어 작지만 사회에서 제 역할을 해내고 살아갈 때, 본인 자신의 가치를 높이 평가하는 아이가 될 수 있다. 이는 중학생, 고등학생이 되어서 가르친다고 갑자기 생기지 않는다. 왜냐하면 아이에게 감사를 가르치는 그 과정은 부모 자신이 먼저 일상에 대해 감사를 표현하는 것이 어색하지 않은 사람이 되고 나서야 가능하기 때문이다. 직업에 대한 편견이 있다면 부모 자신의 가치관을 바꾸는 것이 먼저다. 그래야 자신의 아이가 사회와 타인들에게 받아들여지고 존중받게 된다. 나중에 어떤 곳에서 어떤 일을 하더라도 존중받을 수 있고, 스스로 존중받으려 노력하게 된다. 부모가 가치관을 바꾸는 시간과 노력이 필요하다.

고백하건대 부모만큼 교사의 삶의 모습도 마찬가지다. 나는 아이들을 가르친다고 하지만, '특수교사'라는 이름은 나를 조금 더 인간답게 만들어주는 단어이기도 했다. 사랑하는 아이들이 살아갈 세상을 위해,

내가 사는 세상을 바꾸려고 먼저 움직여야 했고, 아이들이 어른이 되었을 때 여느 사람들과 다를 바 없이 행복한 삶을 살게 되길 바라며 내 삶에서 작은 행복을 찾는 연습을 무던히 하게 만들었다. 내가 가르치는 아이의 모습으로 사는 세상 곳곳의 사람들에게 자세를 낮추고 눈을 맞추고 감사를 표현하는 연습을 하게 만들었다.

부모가 타인을 대하는 태도가 곧 다른 사람들이 자신의 아이를 대하는 태도다. 아이의 가치는 부모가 세상과 타인을 인식하는 가치와 다르지 않다. 나는 아이들도 어디서 어떤 일을 하든 스스로 존중받는다 느끼길 원한다.

"원장님, 저 지능검사 다시 해보고 싶어요"

이제 막 성인이 된 나연이가 나에게 말했다. 나연이는 지적장애 3급의 발달장애인으로 우리 어린이집에서 아이들의 차량 지도를 도와주는 일을 하는 어엿한 직원이다.

"아니, 왜 갑자기?"

"저는 제가 장애인이 아니었으면 좋겠어요."

나연이는 자기가 장애인이 된 것이 못마땅한 듯했다. 이야기를 나누다 보면 학교 다닐 때 반에서 자기보다 공부 못하는 아이들도 있었는데 그들은 장애인이 아니라고도 했고 '장애'라는 꼬리표 때문에 사회에서 불이익을 받는다고 늘 생각했다.

"그래? 그런데 만약에 말이야. 네가 장애인이 아니었다면 나는 너를 채용하지 않았을 것 같아."

나연이가 눈을 동그랗게 뜨고 나를 쳐다봤다.

"왜요?"

"너는 일을 잘 못 하잖아. 보육교사 자격증을 딴다고 해도 학급을 맡기거나 하기는 조금 어려울 것 같아. 네 생각은 어때? 다른 선생님들처럼 15명 아이의 알림장을 쓰거나, 아이들이 배워야 할 것들을 준비해서 수업을 진행하거나, 아이가 다쳤을 때 적절하게 대응하거나 하는 것들을 네가 잘 해낼 수 있을까?"

나연이는 고등학교 3학년 때부터 한 달에 한 번 정도 일정을 빼서 어린이집으로 방문했었다. 나연이는 기능이 좋은 아이였다. 시간이 오래 걸리긴 했지만, 손재주가 있어서 웬만한 어른들보다 그림을 잘 그렸고, 버스 노선을 모두 외워서 혼자 장거리 여행을 다녀올 수도 있었다. 대부분의 경증장애인이 그러하듯 나연이도 잘하는 것이 많았다. 민호는 근처의 장애인들이 일하는 작업장에 취업했으나, 나는 나연이가 어린이집에서 일해도 참 좋을 것 같다고 생각했다. 사실 나의 장애인식 역시 그리 세련된 편은 아니라 발달장애인들의 결혼과 출산 등 긴 삶의 여정을 고민할 때, 옆에서 도움을 줄 수 있는 곳이 어린이집은 아닐까 생각을 하곤 했다. 어릴 때부터 지켜봐오던 나연이였으니 욕심이 난 것도 사실이었다.

좀 더 양질의 일자리를 만들어 주는 일, 내가 원장이기에 가능한 일이기도 했다. 그런데 내 마음이 그렇다고 해서, 쉽게 결정할 일은 아니었다. 발달장애인의 취업률은 높지 않은 편이고 그마저도 오래가지 못하고 이직률이 높다. 나는 이들의 높은 이직률을 '좋아하는 일과 잘하는 일을 구분하지 못해서'라고 생각한다.

많은 발달장애인이 잘하는 일을 좋아하는 일이라고 착각하면서 살아간다. 잘 해내면 칭찬을 받고 기분이 좋아지는 것은 당연하다. 그러다 보니 정말 본인이 좋아하는 일이 무엇인지에 대해 고민을 하지 못하는 듯했다.

나연이를 어린이집에 취업시키기 위해서도 나연이가 좋아하는 일인지 확인하는 일이 필요했다. 한 달에 한 번 아이들을 직접 만나고, 교실에서 아이들과 시간을 보내게 했다. 물론 일을 완벽하게 잘 해내지는 못했다. 식사 지도 후 테이블 정리를 부탁하면 자기 앞 테이블만 닦았고 바닥에 흘린 밥풀을 줍지 못했다. 하나하나 매일같이 알려줘야 어느 정도 수행이 가능했으나, 분초를 다투며 흘러가는 어린이집의 일상에서 매번 꼼꼼하게 지도할 수는 없는 노릇이었다.

나연이는 아이들을 무척 좋아했고, 다정했다. 그러나, 아이들을 효과적으로 다루지를 못하니 아이들이 하면 안 되는 일을 했을 때 혼내는 것이나 칭찬받고 싶어 할 때 칭찬해주는 등의 주도적인 일은 어려웠다.

보조 교사로서는 손색이 없어 보였다. 우리 원은 장애통합기관이라 차량 노선이 타 원보다 꽤 긴 편이다. 차량이 한번 나갔다 오는데 1시간씩 걸리니 오후 일정과 수업을 준비해야 하는 담임교사가 나가는 것은 늘 부담스러운 일이기도 했다. 나연이에게 차량 보조 교사직을 부탁했다.

나연이를 보조 교사로 채용해 차량 지도를 하는 일을 시키겠다고 했을 때 운영위원회에서 부모들의 조심스러운 이야기가 있었다. 아이들의 안전을 전담하는 역할인데 지적장애인이 과연 해낼 수 있을지에 대한 염려였다. 내가 부모라도 그런 걱정은 당연했다. 운영위원회의 이런 열린 의사소통의 과정이 있어 다행스러웠다. 나연이에 관해 설명하고, 2주간 수습 기간을 갖기로 했다.

아이들이 차에 타면 나연이는 가방을 벗기고 안전벨트를 매어준다. 그리고 차량이 도착한 곳에서 아이의 벨트를 풀고 인사를 시킨 다음 내려주면 된다. 나연이는 2주 동안 실수 없이 잘 해냈고, 부모님들은 자신의 생각에 편견이 있었다고 고백했다. 우리는 이렇게 함께 성장 중이었다.

나연이가 다시 말했다.

"원장님 지능검사 다시 하면 저 장애인복지카드 취소할 수도 있을까요?"

나는 마음 한구석이 아팠다. 내가 그 삶을 살지 않아도 '장애인'이라는 단어의 무게가 만만치 않음을 알고 있기 때문이었다. 얼마나 싫을까, 얼마나 무거웠을까 하는 생각이 들었다.

"그런데, 미안한데 다시 검사해도 지적장애로 나올 것 같아."

나연이가 멋쩍은 듯 웃었다.

"'지적장애인'은 너를 설명하는 수백 가지, 수천 가지 단어 중의 하나일 뿐이야. 너의 전부가 아니야. 너를 설명하는 더 많은 단어들이 있잖아. 그 단어가 가진 불편한 점과 이로운 점을 잘 구분해서 지혜롭게 써먹었으면 좋겠어. 장애인이면 좋은 게 뭐가 있을까?"

나연이는 최근 주택청약을 넣으면서 장애인이라 선정될 것 같다고 이야기했다. 또 어린이집에서 적절한 역할을 찾아 취업한 것, 교통비와 여러 가지 혜택들에 관해서도 이야기했다.

나는 '장애'라는 단어가 삶의 태도에 있어 요령을 피우는 방패가 되어서는 안 되지만, 타인이 너를 이해하고 네가 가진 역량만큼 업무를 나누어 주는 등 사회생활을 하는 데 큰 도움을 줄 수 있다고 설명해 주는 것도 잊지 않았다. 무엇보다 있는 그대로의 자신을 존중하기를 바랐다.

사실 유아기 아이를 주로 만나는 나는 나연이와의 이런 대화가 마냥 편하지만은 않다. 어떻게 대답해주는 것이 현명한 것인지, 이렇게 돌직구를 날리는 것이 정답인지 나 역시도 고민스럽다. 그런데도 나연이의 말이 오랫동안 내 마음에 맴돈다.

직업에 대한 고민, 좀 더 나은 자신으로 살기를 바라는 마음. 여느 청년들과 다를 바가 없다. 다만 이런 고민을 세상에 잘 풀어내고 나누기에는 너무 열악한 사회인 듯하다.

발달장애인들이 충분히 역량을 펼칠 수 있는 양질의 일자리가 좀 더 많이 만들어져야 하고, 발달장애인들에게도 좋아하는 일과 잘하는 일을 구분할 수 있도록 어릴 때부터 좋아하는 것을 찾아보는 경험들이 누적되어야 한다.

무엇보다 중요한 것은 어떤 일이든 사회에 필요하고 가치있는 일이며, 존중하고 존중받아야 마땅하다고 여기는 일이다. 우리 아이들이 사회 곳곳에 당당하게 진출하고 또 그 누구에게도 무시받지 않고 존중받기를 간절히 바란다.

보호막이
장애물이 된다

　우리 어린이집은 만 3세(우리나라 나이로 5세)가 되면 파자마 데이에 참여할 수 있다. 아이들은 그날을 무척 기다린다. 그렇다고 다른 어린이집이나 유치원에서 하듯 화려한 프로그램이 있는 것은 아니다. 그저 하원 후 집에서 씻고 저녁을 먹고 잠옷으로 갈아입은 다음 7시 30분 즈음 다시 어린이집으로 온다. 한 손에 푹신한 베개와 이불을 들고.

　아이들은 친구들과 베개 싸움도 하고, 반짝이는 조명 아래에서 댄스 파티도 하고, 작은 랜턴을 들고 어두워진 동네를 돌아다니는 경험을 한다. 소소한 일이지만 아이들은 친구들과 어두운 밤 시간을 함께 보내는 것을 그렇게 좋아한다.

　처음 파자마 파티에 대한 안내가 나갔을 때, 장애아 부모님들은 유난스러울 정도로 아이들을 마음 놓고 맡기지 못했다. 부모들은 불안한 목소리로 아직 밤 대소변을 완전히 가리지 못한다고 이야기하거나, 부모의 팔꿈치나 머리카락, 가슴 등을 만져야 겨우 잠드는 습관이 있어서 부모 없이는 잠을 자지 않을 거라며 불안해했다.

밤 중에 소변을 가리지 못하는 문제는 장애아만의 문제는 아니다. 비장애 아이 중에도 일곱 살, 여덟 살이 되어도 밤에 기저귀를 차고 잠을 자는 경우도 종종 있다. 밤에 모여서 놀이하는 '파자마 파티'를 하지 않았다면 모르고 지나갔을 아이들의 모습이었다.

초여름이 시작되는 6월, 여느 때와 다름없이 파자마 파티가 시작되었고, 불안을 느낀 장애아 부모 중 몇몇이 어린이집 인근 카페에 모여 앉아 아이가 엄마를 찾아 울 때까지, 선생님이 포기할 때까지 기다리기로 했단다. 아이들의 파티가 시작되고 몇 가지 프로그램을 즐긴 후 9시 넘어 이불을 깔고 제자리를 찾아 하나둘 누웠다. 선생님은 낮잠을 재울 때와 다를 바 없이 아이들을 토닥이며 재우기 시작했다. 아이들이 하나둘 잠들었다.

아이들이 모두 순한 양처럼 잠드는 것은 아니다. 비장애 아이들도 부모와 헤어져 자는 것이 처음인 경우에는 흐느끼거나 이불을 쓰고 간혹 울기도 한다. 장애아이들도 비장애 아이들과 마찬가지로 우는 아이도 있고, 잠자리에 잘 드는 아이도 있다. 예전에 근무했던 특수학교에서 내가 가르쳤던 다섯 살 아이는 무척 예민해서 1박 2일 가족캠프에서 2시간 넘게 업고 돌아다녀야 겨우 잠이 들었다. 걸음이 멈추면 귀신같이 잠에서 깼다. 아이의 부모는 아마 그렇게 날마다 잠을 재웠으리라.

내가 하룻밤 겨우 2시간 아이를 업고 돌아다니느라 힘들었다 해도 하루하루가 일상인 부모만큼은 절대 아니었을 것이다. 그런 의미에서 파자마 데이는 부모와 교사가 공감을 나누는 접점이기도 했다.

파자마 파티에 대한 두려움은 아이와 부모 모두에게 있다. 우리는 스트레스에 대해 부정적인 면만 늘 들어온 탓에 아이가 어떤 불행한 사건을 경험했을 때 받을 스트레스가 지워지지 않는 트라우마로 남게 되지 않을까 지나치게 의식해 조금 위험하다 싶은 것들, 조금 불안한 것들은 애초에 기회조차 주지 않는다. 그게 아이를 위한 것이라고 굳게 믿으면서 어미 닭처럼 날개 속에 병아리들을 품으려고만 한다. 부모의 보호막은 어미 닭의 날개처럼 좁았다가 점점 지경을 넓혀나가야 한다. 젖먹이를 품고 키우는 것은 당연하지만 걸음마를 마치고 세상이 궁금한 아이를 더는 품고 있으면 안 된다. 아이가 세상을 접하고 경험하며 배울 기회를 당연히 주어야 한다. 최대한 안전한 환경에서 부모에게서 독립하고 홀로 서는 기회와 경험이 많을수록 좋다. 그런 경험이 있어야 아이도 세상에 도전할 힘과 자신감이 키워지지 않을까?

적당한 스트레스는 정신건강에 도움이 된다. 인간은 스트레스를 극복하면서 내면의 자아를 강하고 여물게 만들어 왔다고 해도 과언이 아니다. 조금 어려운 문제 앞에 주저하고 돌아가는 것만 가르칠 수 없다. 아이를 위해 이 위기를 어떻게 지나갈 것인지, 어떻게 맞아야 덜 아플 것인지 고민해야 한다. 그게 아이를 여물게 키우는 방법이라 확신한다. 부모와 분리되는 파자마 데이와 같은 일이 부모뿐 아니라 아이에게도 스트레스를 주는 것은 마찬가지다.

호연이는 밤중에는 기저귀를 찬다고 했다. 부모는 이런 이유로 파자마 파티 참석을 주저했다. 다른 친구들은 팬티를 입고 자는데 자기만 기저귀를 차면 속상해할 것 같다고 했다. 부모의 의견은 그랬으나, 아이는 며칠 전부터 행사에 대해 설명을 하며 기대를 함께 키워준 탓에 쉽게 포기하지 못했다. 아이는 파자마 파티에서 친구들과 함께하고 싶어 했다. 우리는 기저귀를 따로 챙겨 보내되, 꼭 필요하면 다른 친구들이 모르게 채워보겠다 이야기했다.

저녁 시간이 되어서 아이들이 하나둘 자리에 누웠을 때 교사가 아이만 데리고 원장실로 왔다. 기저귀를 채우려고 하자 아이는 의외로 쭈뼛거렸다. 왜 그러냐고 묻자, 아이는 기저귀를 차지 않고 자고 싶다고 했다.

"그래! 기저귀를 차고 자지 않아도 괜찮아. 혹시 실수를 해도 괜찮은 거야. 선생님한테만 살짝 이야기해주면 돼. 그럼 오늘은 기저귀 차지 않고 잠들어 볼까?"

아이는 다소 긴장된 표정이었지만 환하게 웃어주었다. 그날 아이는 기저귀를 차지 않고 잠이 들었다. 교사는 밤중에 아이가 실수하면 다른 아이들이 깨기 전에 정리해주려고 아이 옆에서 잠을 청했다 했다. 다음 날 아침, 자리에서 일어난 아이를 바라보는 교사의 표정은 세상 자랑스러웠다.

물론 모든 아이가 성공적인 결과를 보이는 것은 아니다. 그리고 한

번에 성공하는 것도 아니다. 그러나 시도했으니 성취할 수 있었을 것이다. 어떤 아이는 기저귀를 사용하지 않았음에도 바뀐 잠자리에 대한 긴장감 때문에 소변 실수를 하기도 했고, 또 다른 야뇨증이 있는 아이는 기저귀를 친구들 몰래 채워주기도 했다.

아이들이 겪는 모든 일에 실패라는 것은 없다. 아이들은 경험을 통해 성장하기 때문이다. 그러니 늘 성공적인 경험, 좋은 경험만을 제공할 필요는 없다. 오히려 아이들은 불편했던 경험을 통해 문제를 해결하는 법을 배우고, 아팠던 경험을 통해 자신과 타인의 마음을 좀 더 잘 이해할 수 있을지도 모른다. 즐거운 경험만 주고 싶은 부모의 마음이야 백번 이해하지만 그렇게 한다고 아이가 건강하게 자라지 않는다.

분명 파자마 파티는 아이들과 부모에게 크고 작은 스트레스임이 분명하다. 스트레스는 만병의 근원이라고 알려졌지만, 순기능 역시 존재한다. 적당한 스트레스를 이겨내면서 내적 탄력성이 자란다. 쉬운 일에 도전했을 때보다 어려운 일을 해냈을 때 더 큰 성취감을 얻는 것과 같다. 파자마 파티는 작은 예일 뿐이다.

자신의 능력치보다 어려운 문제를 직면했을 때, 피하는 아이가 있고 반대로 늘 도전하는 아이가 있다. 잘하지 못하면서도 지는 것을 끔찍하게 싫어하는 아이도 있다. 쉬운 것, 자신이 아는 것, 잘하는 것만 반복적으로 하려고 하는 아이들은 실패에 대한 두려움을 가진 아이들이다. 늘 이기려고만 하는 아이 역시 실패에 대한 두려움을 가진 아이들이다.

우리가 알 듯 도전의 결과는 늘 성공이 아니다. 그럼에도 도전하는 아이로 키우려면 '과정이 즐거운' 경험을 하게 해야 한다. 더불어 실패가 아이의 정체성을 결정짓는 것은 아니라는 부모의 유연한 태도가 필요하다. 우리는 결과에 따른 칭찬에만 익숙해 있어서 이기거나 과제를 완수하면 칭찬을 하고 지거나 과제를 성공적으로 완수하지 못하면 칭찬을 하지 않는다. 그렇게 반복하다 보면 어느새 존재에 대한 칭찬은 자주 잊는다. 존재에 대한 칭찬을 받지 못한 아이들은 '과제의 결과가 곧 나'라는 왜곡된 인지구조를 갖게 된다.

그렇다고 해서 실패를 성공으로 포장하려고 노력할 필요는 없다. 보드게임을 하면 늘 져주는 부모가 있었다. 아이가 이기고 싶어 하기 때문이란다. 친구들과 하면 늘 질까 봐 시도조차 하지도 못하는 모습이 늘 안타까웠다 했다. 그렇지만 아이들은 과제를 성공하면 자신감을 얻을 테고 실패하면 자기조절력을 배운다. 둘 다 세상을 살아갈 때 배워야 하는 태도이다. 나쁜 결과는 없다. 나쁜 접근이나 과정이 있을 뿐이다.

결과가 아니라 과정을 즐겁게 해내는 아이를 바라보자. 그런 눈으로 아이를 보자. 그리고 이런 문제들 따위와 상관없이 언제나 자랑스러운 내 아이라고 늘 이야기해주자. 그러면 아이들은 자란다. 건강하게.

보이지 않는다고
성장하지 않는 것은 아니다

"아니 글쎄, 2년 동안 그 치료실에 시간과 돈을 쏟아부었는데 치료실 옮기고 딱 4개월 만에 말을 트더라고요. 이전 선생님이 역시 실력이 없었나 봐요. 그동안 들어간 돈을 생각하면…"

이렇게 말하는 부모의 표정은 씁쓸함이 가득 차 있었다. 그도 그럴 것이 2년이면 꽤 긴 시간인데 그 시간 동안 말을 트게 하겠노라고 들였을 돈을 생각하면 그럴 수도 있겠다 싶었다. 하지만 곧 내가 첫 교생 실습 때 유치부 선생님이 하신 말씀이 생각났다.

"저는 제가 아주 유능한 특수교사인 줄 알았어요. 5살, 6살 말도 못하던 녀석들이 내가 맡은 7세반이 되면 몇 개월 지나지 않아 말을 했거든요. 그래서 나는 내가 유능한 줄 알았지요. 그런데 이런 일이 한 해 두해 반복되자 그제야 알게 되었어요. '말할 때'가 되었다는 걸요. 그동안의 자만이 무척 부끄러웠어요."

10여 년 아이들을 만나고 부모님들에게 조금 다른 아이를 설명해야
하는 순간이 오면 나는 장애아와 비장애아의 차이를 컵에 비유하곤 한
다. 비장애 아이들은 투명한 유리컵이다. 주전자로 물을 따르면 얼마나
채웠는지 눈으로만 봐도 쉽게 알 수 있다. 장애아이들, 혹은 느린 아이
들의 컵은 불투명한 도자기 컵 같다. 아이가 가진 컵의 크기를 알기 어
려워 주전자로 물을 열심히 따라보아도 얼마나 채워졌는지 알 수 없다.
혹은 도대체 물은 정확하게 들어가고 있는지, 채워지고 있는지, 얼마나
들어가고 얼마나 다른 곳으로 흐르는 것인지 알 수가 없다. 이 도자기
컵은 눈으로 보아서는 짐작하기 어렵다. 이 도자기 컵에 물이 채워지고
있는지 알 수 있는 순간은 오직 컵 밖으로 물이 차고 넘칠 때이다.

그래서 비장애 아이들이 성장하듯 엄마 아빠 맘마를 거쳐 조금씩
문장을 구사하는 것이 아니라 뒤죽박죽된 도자기 컵 안에서 스스로 다
듬어지고 만들어져 넘치는 순간이 다르다. 그러다 보니 말을 못하던 아
이가 갑자기 문장으로 말하기도 하고, 어느 날 갑자기 전혀 관심 없던
장난감에 관심을 보이기도 하고, 갑작스럽게 퍼즐을 맞추기도 한다.

우리의 감각은 사실 둔하고 둔해 아이가 얼마나 채워졌는지 알지
못해 늘 불안하다. 눈에 보이는 것으로만 아이의 성장을 파악하려고 하
니 늘 답답하다. 그래서 지친다. 같은 속도로 같은 빠르기로 물을 채워
넣기 어려운 이유이다.

그렇다고 아이에게 물 따르는 일을 멈춰서는 안 된다. 아이의 속도를 찾아 아이에 맞게, 아이가 소화할 수 있을 정도의 느긋함으로 물을 부어주면 되는 일이다.

우리가 잊지 말아야 할 것은, 눈에 보이는 아이의 성장은 '아이 본연의 성장'이 일등 공신일 수 있다는 것이다. 그리고 때가 되었다는 것이다. 훌륭한 치료사와 교사를 만나는 것은 물론 아주 좋은 일이다. 하지만 아이 발전의 모든 공덕을 그들에게 돌리지는 말자. 아이의 성장에 가장 큰 노력을 한 이는 아이 자신이다. 교육의 힘도 치료의 힘도 무시할 수는 없지만, 아이의 발전에서 가장 많은 응원을 받아야 할 이는 아이임을 잊지 말아야 한다. 아이는 제 속도로 받아들일 수 있는 것을 최선을 다해 학습했고, 자신을 키워왔다. 보이지 않는다고 혹은 한없이 느리다고 노력하지 않은 것이 아니다.

느린 아이들의 성장 곡선을 보면 비장애 아이들처럼 완만한 경사를 이루는 것은 아니다. 정체기가 이어지다 계단처럼 갑자기 툭 솟아오른다. 그리고 다시 지루한 정체기가 이어지다 다시 한 계단 툭 오른다. 느린 아이들의 성장 곡선은 계단 모양이다.

계단 같은 성장 곡선이라고 하지만, 우리의 눈이 정교하지 못해 그렇게 보인다는 뜻이 더 적합하다. 평가도구와 우리의 눈은 아이의 성장을 아이만큼 자세하게 알지 못한다. 그렇기 때문에 우리에게 필요한 것은 계단 같은 그래프가 완만하게 보일 만큼 멀리, 멀찌감치 떨어져서 아이를 보는 것이다. 크게 또 길게 보는 것, 전 생애를 통틀어 볼 만큼 뒤로 물러나 보면 계단 같은 아이의 성장선이 한 점으로, 또 완만한 부드러운 곡선으로 보일 것이다. 애달픈 마음에 너무 가까이서 볼 필요가 없다. 사실 이렇게 백만 번 이야기해도 유아기 부모들에게는 귓구멍에도 들어가기 어렵다는 것을 잘 안다. 그래서 아이의 성장선을 볼 때 지칠 만 하면 툭, 가르침을 포기할 만하면 툭 튀어 오르는 아이의 그래프를 성장의 기쁨을 알 수 있게 읽는 방법을 소개하고자 한다. 아이의 성장선을 곡선으로 그리기 위해서는 세세한 눈이 필요하다. 전문가들이 이야기하는 '스몰스텝(일상에서 꾸준히 할 수 있는 작은 습관)'으로 아주 작게 나누고 쪼개는 것이 부모들에게도 필요하다.

"아직 아무것도 못 알아들어요. 아무리 말해도 몰라요. 얘는…"
조부모와 함께 온 아이는 24개월을 막 지나고 있었다. 불러도 대답이 없었고, 상담이 끝나갈 때까지 자동차 블록의 바퀴만 만지고 있었다. 이름을 불러도 대답이 없다 했다. 머리가 희끗희끗한 노부부는 딸이 출산해 귀한 손자를 얻었는데 아이가 최근 병원에서 '자폐증'이라는 청천벽력같은 소리와 마주해야 했다. 노부부의 눈은 금방이라도 눈물을 쏟을 듯 슬픔이 가득했다.
아이가 어떤 것을 했으면 좋겠냐 물었다. 노부부는 간단한 심부름이나 이름 부르면 다가오는 것, 손잡고 걷는 것 같은 또래 아이들이 쉽게 해내는 몇 가지를 이야기했다. 여태 어떻게 시도해보았는지 묻자 여느 부모가 하듯 말로만 지도해 왔다고 했다. 그리고 말을 알아듣지 못하니까, 못하는구나 하고 쉽게 포기했다 했다.

자폐 성향이 있는 아이들의 경우 시각적 집중력이 청각적 집중력보다 좋다. 어떤 말을 할 때 몸으로 함께 해주는 것이 필요하다. 말을 이해하기가 어려우니 동시에 그것이 무엇인지 몸으로 체득할 수 있게 알려주는 과정이 필요하다. 특히 어떤 과제를 제시할 때 아주 작은 단계들로 나누어 시작하는 것이 성취를 촉진한다. 노부부에게 무오류 학습(모방능력이 낮은 자폐아동에게 모방 기술을 가르치기 위해 틀린 것을 지적하지 않고 대신 좋은 선택을 보상하는 방법)을 소개했다. 학습의 시작은 무조건 '성공감'이기 때문이다.

기저귀 버리는 것을 가르친다고 생각해보라고 했다. 기저귀를 갈아서 아이의 손을 함께 잡고 기저귀를 집는다. 그리고 그 기저귀를 같이 들고 쓰레기통으로 간다. 쓰레기통 뚜껑을 열고 안에 기저귀를 버린다. 이 과정을 아이의 손을 잡고 함께 한다. 윽박지르거나 화를 내는 것이 아니라 함께 손을 잡고 같이 한다. 기저귀를 버리고 나면 "잘했어" 칭찬한다.

"그게 아이가 버린 건가요? 내가 버린 거지" 노부부는 씁쓸한 듯 웃었다.

아이는 아마 기저귀를 버리러 가는지도 모른 채 노부부에게 손을 잡혀 그곳까지 갔을 테다. 저항 없이 갔다면 그것마저 칭찬받아 마땅하다. 어찌 되었건 '기저귀 버리기'의 첫 관문에 함께했으니 칭찬받는 것이 당연하다. 이 과정을 설명하면서 말을 가르쳐야 한다. "기저귀", "잡아", "쓰레기통", "안에", "넣어" 이런 필수적인 어휘를 아이에게 가르친다고 생각하고 곁에서 이야기해줘야 한다.

아이의 수용 정도에 따라 짧게는 몇 번, 며칠, 길게는 1~2주 정도 이렇게 지도한 다음 단계를 높인다. 계단처럼 갑자기 높이려 하지 말고 아주 조금 높인다. 그다음 주에는 지난 번과 같게 반복하되 아이의 손목만 잡고 가는 것이다. 그 다음 주는 팔꿈치, 그다음 주는 어깨만 잡고, 그다음 주는 옆에만 서서, 그다음 주는 조금 떨어져서 걸으며, 그다음 주는 가까운 거리에서 말로만, 그다음 주는 조금 더 멀리서 말로만. 신체적인 도움은 줄여나가고 최종적으로는 말로만 했을 때도 말을 이해하고 따를 수 있도록 한다. 다시 노부부가 대답했다.

"선생님 말씀대로 그렇게 하면 가르칠 수는 있겠는데 그렇게 오래 걸리는 게 좀 슬프네요. 이웃집 아이는 그냥 돌만 좀 지나면 몇 번 안 가르쳐도 갖다버리던데…"

맞다. 늦게 배운다는 것은 때로는 마음이 지치는 일이다. 하지만 다시 생각해보면 아이가 걸음마를 시작해 지금까지 "'기저귀' 버리고 와"를 가르쳤음에도 하지 못하고 있다고 생각해보면 12개월 동안 못 배운 것을 단 한두 달 만에 습득할 수 있게(지도와 습득의 기간에 개인차는 있다) 지도하는 훌륭한 방법이며, 아이도 훌륭하게 학습하는 것인데 비장애 아이들과 비교하는 것은 늘 지치게 한다. 그래서 더불어 내 아이만 바라보는 매직 같은 안경이 필요하다. 내 아이만 바라보고 내 아이의 성장만 생각해야 아이도 부모도 지치지 않는다.

아이는 자신의 속도대로, 아이답게 잘 성장하고 있다는 믿음의 눈으로 바라보는 것이 필요하다. 다른 아이와 비교하지 말고, 느리다고 실망하지 않고, 아이도 자신의 성장에 맞추어 마음도 조금씩 키워나간다고 믿는 태도가 필요하다.

선물

아이가 부모에게
따라 배우는 것들

아침 등원할 때 아이 어머니의 낯빛이 어두웠다. 무슨 일이라도 있는지 물었지만, 따로 전화하겠다는 말만 남기고 사라졌다. 전화가 온 것은 며칠 뒤였다. 그날의 어두웠던 낯빛과 상관없이, 아이를 위해 사회성 그룹치료를 해주는 곳이 있는지 물어왔다. 나는 여섯 살 난 그 아이가 사회성 그룹치료가 없어도 충분히 또래들과 어울려 놀 수 있는 아이라 생각했다.

학기 초에 아이는 어울리지 못했다. 학기 초 무엇이 아이의 놀이를 방해하는지 놀이시간에 열심히 관찰했다. 아이는 블록 영역이나 역할 놀이 영역에는 얼씬도 하지 않았다. 주로 하는 놀이는 도서 영역으로 소파에 앉아 무심히 동화책을 넘기며 친구들의 놀이를 열심히 관찰하는 것이었다. 아이는 기능이 좋은 편이었다. 한글도 곧잘 읽었고, 숫자도 또래들만큼 해냈다. 주제에 맞게 이야기하는 것은 어려워했으나 교사의 질문에 간단하게 대답하는 것은 잘 해냈다. 아이가 블록이나 역할놀이에 쓰이는 경찰 옷 등에 관심이 전혀 없어 보이지는 않았다. 동화책을 손에 든 채로 늘 그쪽에서 놀이하는 친구들만 쳐다보고 있었으니 말이다.

협력기관인 치료실 선생님과 개별화교육 회의 시간에 이야기를 나누었다. 치료실에서는 의외로 블록도 만들어내고, 상호작용 놀이와 역할 놀이도 곧잘 한다고 했다. 물론 치료사 선생님과 함께였다.

아이가 왜 교실에서는 그런 모습이 보이지 않는지 함께 고민했다. 정답을 찾을지는 확신할 수 없었으나 그렇다고 어떠한 시도도 안 할 수는 없었다. 놀이치료실의 블록 종류와 역할놀이 교구는 어린이집의 것과는 달랐다. 이런 것들이 일반화를 방해하는 것일지도 모른다는 생각이 들어 놀이치료실에 갈 때마다 아이의 통합교실에 있는 블록이나 역할놀이 교구를 들고 가도록 부탁했다.

효과는 바로 나타났다. 아이는 치료실에서 실 블록으로 축구공을 만드는 걸 배웠다며 블록 바구니를 들고 경쾌한 발소리를 내며 교실로 들어갔다. 친구들이 보는 앞에서 축구공을 멋지게 만들어냈다.

"와, A도 블록 좋아하는구나!"

"축구공이네, 이거 어떻게 만들었어? 나도 만들고 싶다…"

아이들의 반응은 즉각적이었고 한껏 기분이 좋아진 A의 표정은 우리를 보람차게 만들었다. 이후에도 A가 수업 시간에 한 카드놀이에 참여하지 못한 날이면 개별 치료실에서 같은 카드놀이를 연습해보는 등 여러 방법으로 아이가 친구와 놀이할 수 있도록 지원했다. 때로는 '또래치료 협력대상자(협력기관인 치료실이 어린이집 바로 옆에 있기 때문에 비장애 아이들 중 원하는 아이들과 부모동의를 받아 장애아이들이 함께 소그룹으로 치료에 참여하는 것. 교실보다 조금 더 작은 그룹에서 연습할 수 있는 이점이 있었다)'를 모집해 함께 손잡고 치료실에 다녀오게도 했다. 데면데면하거나 별 관심이 없던 아이들도 함께 치료실을 다녀오는 둘, 셋만의 특별한 경험이 누적되다 보니 교실에서 말 한 번 더 걸어주고, 그렇게 조금씩 함께하면서 알게 된 A의 특징적인 모습을 친구들에게 자연스럽게 소개해주는 등 서로에게 친밀감을 드러냈다. 1학기가 끝날 무렵에는 자유선택 시간에 교실에서 아이가 "나랑 카드놀이 할 사람 여기 여기 모여라~"를 외쳐 우리를 웃음 짓게 만들었다.

이런 눈부신 성장을 보여주었던 아이였기에 갑자기 아이의 '사회성' 때문에 그룹치료를 받고 싶다는 것이 무슨 의미인지 되물었다. 아이는 아이의 속도대로 잘 자라고 있는데 어떤 부분이 염려되는 것인지 궁금했다.

"지난 주말에 아이와 함께 놀이터에서 놀았어요. 미끄럼틀에서 다른 아이들이 어떤 게임 같은 것을 하고 있었는데 가만히 보니 같이 놀고 싶어 하는 것 같았어요. 놀고 싶으면 '나랑 같이 놀자'고 네가 먼저 가서 이야기해보라고 했어요. 아이는 놀이터를 빙빙 돌기만 했거든요.

딱히 이상한 행동을 한 것도 아니었어요. 몇몇 남자애들이 와서 말을 걸었는데 아이가 아무 말도 못 하는 거예요. 바보처럼 물끄러미 제가 있는 곳만 쳐다보고, 아이들이 제 쪽을 쳐다보고는 '이모, 애 말 못 해요?' 물어보는데 '아니야, 말할 수 있어. A야, 너 친구가 물어보는데 왜 대답을 안 해?' 그랬더니 정신이 나간 애처럼 깔깔대면서 웃는 거예요. 다른 엄마들도 애가 막 웃으니까 다 쳐다보고… 너무 부끄러운 거예요."

어머니는 말을 이었다.

"그래서 미친 것처럼 웃고 있는 아이의 손을 잡고 정말 질질 끌고 집으로 들어와 버렸어요. 집에 들어왔는데 그제야 미안하기도 하고, 안 타깝기도 하고…."

"어머니가 속상하신 것만큼 A도 놀랐겠어요."

"네, 놀이터에서 노는 것을 아주 좋아하는데 이제는 제가 나가기 싫은 거예요. 그 아이들 부모들이 매일 거기서 노는데 다시 데리고 나가기 부끄러웠어요. 며칠 안 나갔더니 A가 묻더라고요. 왜 놀이터에서 못 노느냐고요."

"뭐라고 대답하셨어요?"

"친구랑 노는 것 연습하고 오자고요. 그래서 사회성 그룹치료 있으면 한번 해보려고 해요."

아이는 잘 몰랐을 테다. 아마 새로움에 적응하는 데 시간이 걸리고 시간 못지않게 세세하고 계획적인 접근이 필요했던 A였던지라 동네 아이들이 새로운 놀이를 하는 그 풍경이 어색했을 것이다. 한편으로는 놀고 싶었을 것이다. 선뜻 말을 꺼내지 못한 것은 '놀 줄 몰랐기 때문'이지 않았을까 하는 생각이 들었다. 이야기를 가만히 듣고 있던 나에게 어머니가 물었다.

"만약 원장님이었으면 어떻게 했을 것 같나요? 내 행동이 바르지 않다는 것은 알겠는데, 어떻게 해야 할지 모르겠어요."

그 상황에서 아이의 표정과 감정을 읽을 수 있었다면 아마 나는 "어떻게 놀이하는지 잘 모르겠으면 저기 가서 '나 너희랑 같이 놀고 싶은데 어떻게 노는 거야?'라고 물어봐도 괜찮아."라고 했을 것이다. 필요하면 같이 아이들 곁으로 다가가 예닐곱 살 되는 아이들이 설명하는 놀이 방법을 내가 먼저 들어보고 '아, 이렇게 저렇게 하는 놀이구나!'라고 아이가 알아들을 수 있는 말로 몇 번 더 설명해주었을 것이다.

엄마의 부끄럼도 이해하지 못하는 바는 아니다. 내가 저렇게 해줄 수 있다고 이야기하는 것도 나는 선생님이기 때문에 가능한지도 모른다. 아이와 어머니는 정서적으로 매우 긴밀하게 결합되어 있다. 그래서 더 힘들었을 테다.

"나는 엄마인데도 왜 이렇게 지혜롭지 못할까요?"

"엄마니까요!"

나는 당연하다는 듯이 말했다. 어머니들은 원래 그렇다. 뱃속에서 열 달을 품었다 세상에 나왔는데 아직 도움이 필요한 아기. 먹여야 하고 재워야 하고 입혀야 하는 그 시기를 오롯이 함께했다. 손길이 닿아야만 꽃처럼 활짝 웃었던 아이를 기억할 것이다. 아이가 크면서 점점 손을 놓아야 하지만, 나이를 먹어도 여전히 손길이 필요한 아이다. 분리가 쉽지 않은 이유이다. 아이가 민망한 순간은 곧 부모의 민망한 순간이었을 테다. 그런 부모의 부끄러움 역시 아이의 부끄러움이 되었을 테고.

"아이가 부끄러워서 온전한 판단을 못 할 것 같은 상황에서는 주문을 외우세요. '저 새끼는 내 새끼가 아니다. ○○이(남편) 똑 닮은 새끼다.' 그리고 조금 마음이 편해지면 남의 집 아이 가르치듯 친절하게 알려주세요. 남의 집 아이니까 열 받지도 말고 화내지도 말고 때리지도 말고, 친절하게요."

어두운 낯빛으로 상담하던 어머니가 소리 내 웃었다. 우리는 다시 아이의 사회성에 관해 이야기를 나누었다. 결론만 이야기하면 사회성은 그룹치료를 받는다고 좋아지는 것이 아니다.

"어머니 사회성이 아이 사회성이에요. 어머니 사회성은 좋은 편이세요?"

뜻밖의 질문이었는지, 어머니는 한참 생각을 했다.

"아가씨 때 직장생활 할 때는 좋았죠. 그런데 어느 순간 아이 낳고 아이가 잘 못 하니까 아랫집에도 폐 끼칠까 봐 죄송합니다 죄송합니다 소리를 달고 살고. 그러다 보니 점점 움츠러든 것 같아요. 놀이터에서 그냥 아이들이 '이모, 얘 왜 이래요?'라고만 물어도 눈물이 나고… 애들이 그냥 하는 질문인 거 알면서도… 잘 안 돼요. 그러다 보니 사람들도 점점 안 만나게 되더라고요. 내 아이를 나만큼 이해해주지 않으니까."

"어머니, 아이는 부모의 사회적 행동을 보고 그대로 따라서 행동해요. 아이의 사회성은 그래요. 아마 놀이터에서 '이모, 얘 말 못 해요?'라고 물었을 때, 아이의 기분은 어땠을까요? 나는 A도 부끄러웠을 것 같아요. 뭐라고 이야기해야 하지? 엄마가 뭐라고 이야기해줄까? 생각했을 것 같은데요. 아이는 부모의 사회성을 따라 배워요."

"A의 기분은 생각 못 했어요. 내 기분이 너무 안 좋아져서 그것만 생각한 것 같아요… A는 못 알아들었을 수도 있잖아요…"

아이는 아마 엄마가 자기를 부끄러워한다는 것을 알았을 것이다. 우리 아이들도 똑같이 안다. 지능이 높고 낮고, 말을 잘하고 못하고와 상관없이 촉이 있다. "저 사람은 나를 좋아하는구나. 좋아하지 않아 하는구나.", "저 사람은 내가 자랑스럽구나, 저 사람은 나를 부끄러워하는구나."를 촉으로 안다. 그 상황과 분위기, 태도와 표정, 말투에서 드러나기 마련이다. 어른들이 흔히 하는 실수 중 하나이다. 지능이 낮으니, 언어 이해력이 낮으니 모르겠지라고 생각하는 것은 어른들의 교만함이다.

"어머니 표정을 보고 어머니가 자기를 부끄러워한다는 것을 알았을 거예요. 나는 어머니가 그 순간 조금 자랑스럽게 아이를 대변해주었으면 좋았을 것 같아요. '응, A는 말을 잘하지는 못하지만 하고 싶은 말은 할 수 있어. 그런데 낯선 사람들에게는 말을 잘 안 해. 매일 만나는 어린이집 친구들에게는 잘 하거든. 너랑 매일매일 놀고 좀 익숙해지면 조금씩 할 수도 있어. 말이야 뭐. 하기 싫으면 안 할 수도 있지만, 말을 못 한다고 해서 나쁜 건 아니지 않아?"

자아존중감. 자신을 스스로 존중하는 마음. 똑똑하다고 해서 자아존중감이 높고 장애가 있다고 해서 모든 아이가 자아존중감이 낮지는 않다. 남들보다 느리고 때로는 못하는 것을 알지만 여전히 자기 자신을 사랑하는 마음은 있다. 이를 더 키워줄 것인지, 위축시킬 것인지는 가장 가까이서 날마다 대하는 사람의 태도에서 비롯된다. 그러니 부모가 먼저 아이가 존중받도록 대해주면 된다. 잘 못하는 것을 잘할 수 있다고 그럴싸하게 포장하는 것은 안 된다. 나중에 그 포장지를 벗겼을 때 아이가 자신의 모습과 만났을 때 괴리감이 있으면 안 되니까. 있는 모습 그대로 사랑해주는 것, "그래 맞아, 너는 그런 거 잘 못 해. 그렇지만 나는 여전히 사랑해. 그러니 너무 속상해하지 않아도 괜찮아."라고 늘 이야기해주는 것. 아이의 자존감을 키우는 영양분이 된다.

아이에 관한 어떤 상황에서도 부모가 당황하지 않고, 눈물짓지 않고, 화내지 않고 침착하게 자신의 아이에 대해 저 정도로 말해줄 수 있으려면 부모 역시 성장해야만 한다. 아이를 키우려면 부모가 먼저 어른이 되어야 한다.

아이의 사회성은 부모의 사회성을 닮는다.

미안해하지
말아요

특수학교에 근무할 때였다. 아침 일찍 목이 꽉 잠긴 목소리로 전화가 왔다. 한 아이의 엄마였다. 몸이 아파 등교 준비를 시킬 수 없어 결석하겠다는 전화였다. 아이는 힘든 아이였다. 아픈 엄마가 아이 뒤치다꺼리까지 하면서 아픈 몸을 추스를 수 있을지 염려되었지만, 어떻게 할 방법이 없었다. 알겠다고 이야기하고 차량 선생님에게 전달했다. 그런데 못 온다고 했던 그 아이가 등교했다. 어떻게 된 일인지 묻자 차량 보조 선생님이 그러셨다.

"몸도 아픈데 애를 데리고 어떻게 쉬어요. 말도 안 되죠. 다행히 아침에 5분 일찍 도착해서 초인종 누르고 들어갔어요. 엄마가 아무것도 못 하고 누워있더라고요. 애는 밥도 못 먹였다고 그러고. 그래서 그냥 대충 입혀서 데리고 왔어요. 좀 추스르고 병원 다녀오시라고, 애 데리고 병원도 못 갈 텐데…"

내가 할 수 없는 일을 선뜻 해주셔서 정말 감사했다. 며칠 뒤 회복한 엄마가 차량 선생님에게 감사의 인사를 전했다 했다. 그날 아침 전화로는 극구 괜찮다고 이야기했지만, 초인종 소리에 눈물이 울컥 났다 했다. 고맙다고 여러 번 인사를 하고 가셨단다.

지은이는 빛의 속도로 움직였다. 고작 네 살인데도 잠은 왜 그렇게 없는지 낮잠을 안 자는 것은 물론 집에서도 자정을 훨씬 넘겨서야 잠이 든단다. 그것도 고작 서너 시간 자고 나면 귀신같이 깨서 자는 식구들을 깨우고, 일어나지 않으면 주방의 기물들을 꺼내 놀거나 쌀통과 밀가루를 꺼내 오감놀이를 하고 있단다. 아주 이른 새벽 시간에.

이런 날들이 반복되자 어머니의 얼굴은 나날이 초췌해져 갔다. 어느 날은 잠이 부족해서인지 빨갛게 눈 안에 실핏줄이 다 터지고 입술 양쪽이 다 터진 얼굴로 힘겹게 아이를 등원시켰다. 아이는 차량 노선이 제법 먼 곳이라 오후 2시면 하원 차를 타야 했다. 담임선생님이 찾아와 물었다.

"아침에 만난 엄마 얼굴이 너무 안 좋아서요. 오늘 2시 차 말고 종일반 차 태워 보내면 안 될까요? 아이 없는 동안에 좀 주무시라고 이야기를 했는데 쉬기에는 짧은 시간인 것 같아서요…"

나는 담임선생님의 그 말이 정말 고마웠다. 같은 마음으로 기사님에게 오후 노선이 변경되었다고 이야기하고 아이를 늦게 보냈다. 평소 자신의 아이라면 먼저 나서서 '미안합니다'를 입에 달고 사는 부모였다. 민폐가 될까, 아이가 힘들까 고민하면서 어린이집에 오랜 시간 보내려고 생각조차 하지 않았던 부모였기에 더 마음이 쓰였는지도 모른다. 다행이 "오늘 너무 힘들었는데 아이를 오후 차량을 태워 보내주셔서 고맙다"고 기쁘게 이야기해주셔서 감사했다.

특수학교에 근무할 때 결혼하고 첫 집들이에 우리 반 아이들과 가족을 초대했다. 부모님들은 아이들을 놓고 갈 수 없는데 왜 집들이에 초대하는지 물으며 신혼부부에게 오히려 민폐가 될 것이라고 사양하셨다.

"민폐도 능력이에요. 아이들에게 예의를 가르치는 데는 경험할 기회를 주는 것밖에 없고요."

다섯 명의 아이들과 그 아이들의 형제자매, 부모님들이 우리 집으로 왔던 날 저녁 작은 아파트가 요란했다. 거실에 앉아 음식을 코로 먹는지 입으로 먹는지 알 수가 없었다. 부모님들과 나, 모두 잠시도 궁둥이를 붙이고 진득하게 앉아 먹을 수 없었다. 그럼에도 우리는 함께 밥상을 치우고, 차를 타서 테이블에 둘러앉았다. 아이들은 죽이 되든 밥이 되든 한 방에 몰아넣었다. 쌍둥이 녀석은 베란다로 달려 나가 11층 아래로 수도꼭지를 틀어 물을 흘어 뿌렸다. 그것도 몹시 추운 겨울날이었다.

부모님들은 처음의 안절부절못하던 모습에서 얼마 후 체념한 듯 아이들을 바라보았다. 부모가 안절부절못하니 제대로 훈육도 할 수가 없었는데 시간이 지나 달관한 듯한 표정으로 아이들을 하나둘 바라보기 시작하자, 나도 다시 집들이하는 새색시가 아닌 선생님의 모습으로 돌아와 단호하게 훈육하기 시작했다. 아이들이 교실에서처럼 완벽히 행동하지는 않았지만, 처음보다는 훨씬 안정된 모습이 되었다.

아이들에게는 기회가 필요하다. 매너를 배울 기회. 그래서 타인의 불편함도 감수해야 한다. 세상 모든 아이는 완성체가 아니다. 아이들은 과정에 있으며 훈육을 통해, 경험을 통해 세상을 배운다. 느린 아이를 키우는 데는 더 많은 경험(그것이 성공적이든, 아니든)의 기회와 더 많은 성취감과 더 많은 격려와 일관된 훈육이 필요할 뿐이다. 아이가 어려운 행동을 한다고 경험의 기회를 빼앗으면 안 된다.

여느 아이와는 다른 느린 아이, 장애아이들을 키우는 부모에게는 도움을 요청하는 것도 도움을 선뜻 기쁘게 받아들이는 것도 힘겨운 일로 보인다. 작은 도움을 주는 것도 상대방이 불편할까 봐 제안하지 못하고, 도움을 받았을 때도 '죄송합니다' 소리를 입에 달고 사는 부모를 만나면 마음이 아프다.

"어머니, 맨날 뭐가 그렇게 죄송한데요?"

"어쨌든 내 아이잖아요. 키워봐서 알잖아요. 힘들었을 텐데…"라는 답변이 들려온다.

시대는 변하기 마련이고, 변화에 맞춰 생각도 바뀌어야 한다. 저출산 시대에 출산과 육아에 대한 우리의 인식이 바뀌어야 하듯 장애아에 대한 인식도 예외는 아니다. 부모의 좁은 울타리 속의 '내 아이'가 아닌 함께 키우고 보살펴야 할 '우리의 아이'이다. 더군다나 손이 많이 가는, 마음이 더 많이 가야 하는 아이들은 온 마을과 국가가 함께 키워야 하는 것은 당연한 일이다.

나는 장애아이, 느린 아이의 부모님들이 '죄송합니다', '미안합니다' 말보다 '고맙습니다'라는 말을 더 많이 했으면 좋겠다. 도움을 요청하고, 도움을 받아들이는 것은 미안해할 일이 아니다. 단지 고마운, 감사한 일일 뿐이다. 도움을 부탁하는 것도 도움을 받아들이는 것도 능력이다.

흔히 봉사자들의 '오히려 내가 더 많이 성장했다', '내 삶이 풍성해졌다'는 후기는 빈말이 아니다. 인간은 자신이 가진 것을 나눔으로써 인간다운 삶을 살 수 있다. '아이를 위한 도움을 받아들이는 일은 타인과 세상을 좀 더 따뜻하고 온정적으로 만들어주는 데 큰 역할을 한다'는 거룩한 생각과 사명감을 가지고 과감히 도움을 요청해도 좋다. 진짜다.

때때로 도움이 필요할 때, 혹은 혼자만의 시간이 갖고 싶을 때, 아이를 지인에게 부탁하고 아이를 맡겨보자. 그 과정이 자신과 아이, 그리고 이웃에게 작은 스트레스라고 하더라도 괜찮다. 스트레스를 넘어서면서 인간은 성장하니까.

아이와 몇 년째 딱 붙어 함께 하는 일상을 이어왔다면 '나만의 시간을 가진다'는 말만 들어도 달콤하다. 하지만 일거수일투족 손길이 필요한 아이를 키우는 부모라면 이 말에 냉소적인 웃음을 떨지도 모른다. 그래서 타인이 필요하다. 오드리 헵번이 아들에게 들려준 시에서 '한 손은 너 자신을 돕는 손이고, 다른 한 손은 다른 사람을 돕는 손'이라고 했다. 우리도 다른 사람들에게 손이 두 개인 이유를 가르쳐주자.

학습, 무엇이 중요하고
무엇을 배워야 할까?

초등학교 4학년 여자아이였다. 아이는 청각장애를 인정하지 않으려는 부모 때문에 수술이 늦어져 꽤 늦은 나이인 최근에야 와우 수술을 했고, 청능 훈련과 함께 뒤처진 학습 부분을 따라잡겠노라고 인지치료를 받게 되었다. 아이의 학습 정도는 1년 가량 늦어 있었다.

아이의 학습 태도는 매우 불량했다. 수술을 했음에도 아직 잘 듣지 못하나 싶을 정도로 늘 안 들리는 척했고, 연필이나 지우개 등을 일부러 바닥에 떨어뜨렸다. 처음에는 실수로 떨어뜨린 줄 알고 '조심해야지'라면서 주워주곤 했는데 몇 차례 반복되자, 아이가 일부러 떨어뜨린다는 것을 알게 되었다. 내가 아이에게 연필을 주우라고 이야기하자 아이가 말했다.

"선생님이 주우셔야죠. 선생님이 수업하셔야 하잖아요. 나는 어차피

40분 지나면 집에 가요."

한없이 얄미운 표정으로 아이는 입을 샐쭉 내밀었다. 40분만 지나면 수업이 끝나는 것을 알고 있는 아이는 어떻게 해야 수업을 성공적으로 피할 수 있는지 잘 알고 있었다. 정상적인 지능을 가지고 있고, 개인 과외부터 가정학습까지 부족함 없이 시킨 이 아이가 학습 부진을 보이는 이유는 이런 '마음'에 있었다.

아이들은 장기적인 안목이 부족하다. 공부를 해야, 한글을 알아야, 숫자를 알아야 내 삶이 조금 더 편안해지고, 안락해질 것이라는 생각도 부족하다. 이런 아이들을 데리고 머릿속에 구겨 넣듯 학습지를 풀어대는 그 시간이 나는 무척 아까웠다.

이 아이의 학습지연 원인은 '동기 부족'이라는 결론을 내렸다. 부모님과 상담해 아이에게 40분의 학습시간 대신 분량으로 전환하자고 제안했다. 빨리 하면 빨리 끝내고, 늦게 하면 남아서 수업을 계속하자고 했다. 다음 수업 아이에게 피해가 없도록 당분간은 마지막 시간에 수업을 하기로 했다. 몇 회는 수업 시간을 훌쩍 넘겨 끝나기도 했다. 아이가 분량만큼 하지 않으면 끝나지 않는다는 것을 인지하고 나서야 집중력이나 속도 등에서 눈에 띌 만한 변화가 일어났다. 아이와의 수업은 학습지가 전부가 아니었다. 때로는 그림도 그렸고, 때로는 이야기도 나누었다. 왜 공부해야 하는지, 왜 한글을 바르게 써야 하는지, 왜 덧셈, 뺄셈, 곱셈 등을 해야 하는지 이야기하고 필요를 알게 하기 위해 편지를 쓰기도 했고, 때로는 피자를 시켜 먹기도 했다.

'학습 동기'는 학습을 시작하는 데 있어 매우 중요하다. 유아들의 학습동기 역시 마찬가지다. 많은 선생님과 부모님이 이야기한다.

'아이가 자동차만 가지고 놀아요.'

'아이가 퍼즐 놀이만 해요.'

아이가 특정 장난감만 가지고 노는 것은 이상하거나 나쁜 것이 아니다. 성향과 기호의 문제일 수도 있다. 그러나 우리가 다양한 장난감을 가지고 놀게끔 지도하는 이유는 특정한 놀이에만 몰입하느라 다른 활동의 참여가 제한되어 결국 학습의 손실, 경험의 손실을 주기 때문이다. 동기부여는 별다른 게 아니라 '하고 싶은 마음'이 들게 하는 것이다. 자동차만 가지고 노는 아이라면 블록에 좋아하는 자동차를 프린트해 붙여 놓아 '블록에 있는 자동차도 한번 만져볼까?' 하는 마음이 들게 하면 된다. 퍼즐을 좋아하는 아이라면 생활 속 곳곳에 퍼즐을 활용하면 다른 영역의 학습으로 확장할 수 있다. 커다란 캐릭터 스티커를 반으로 잘라 신발 속에 붙여놓으면 아이가 퍼즐 맞추듯 오른쪽 왼쪽 신발을 바르게 맞춰 신을 수 있다. 친구들의 이름이나 교실 반 이름 같은 것도 퍼즐로 만들어 놓으면 자연스럽게 자모음의 관계도 익힐 수 있다.

아이들의 학습 동기를 움직이지 않고 부모나 교사에 의해 구겨 넣는다고 아이들에게 들어가지는 않는다. 부모들이 잊기 쉬운 것 가운데 하나는 유아들의 한글 수 학습에서도 마찬가지로 아이의 '동기'는 매우 중요하다는 것이다. 유아기는 '공부'에 대한 기초 개념을 형성하는 시기이다. 이 시기 학습에 대한 태도가 평생의 학습을 좌우한다고 해도 과언이 아니다. 아이를 밀어붙여 머릿속에 욱여넣는 학습을 하고 있다면 멈추기를 권한다. 유아기에 학습해야 하는 가장 큰 개념은 '공부는 즐겁고 재미있는 것'이라는 것이다. '공부는 좀 더 편리하게 살기 위해 하는 것'이라는 개념은 초등 이후에 필요하다.

비장애 아이들은 엄마에게 '사랑해요'를 쓰기 위해 교사에게 "'해'는 어떻게 써요?", "하트는 어떻게 그려요?" 묻고 또 묻고 반복하고 반복한다. 자발적인 동기에 의해서.

유아기 학습은 동기와 유아의 흥미를 빼놓고 이야기할 수 없다. 네모난 깍두기공책에 글쓰기, 숫자 쓰기를 무한 반복하고 있다면 아이는 이제 네모난 공책만 봐도 학을 뗄지도 모른다. 밖으로 나가 흙바닥에도 써보고, 아이의 몸으로 글자를 만들어 사진을 찍어 전시도 해보자. 화장실에서 비데를 켜놓고 함께 10까지 세어보거나 계단을 오를 때 숫자를 세어보자. 모두 다 아이가 한글, 수와 관련해 배우는 즐거운 놀이가 된다.

유아기에 치료실이나 교육기관에서 그림카드나 사진 등으로 사물을 학습하고 개념을 익히고 있다면, 가정에서의 학습은 똑같은 방법으로 반복하는 것이 되어서는 안 된다. 아이는 나가서 세상을 보고 느끼고 만지는 체험의 기회를 가져야 한다.

'같다', '다르다', '많다', '적다'의 비교 개념과 수와 양의 개념, '높다', '낮다', '옆에', '앞에' 같은 위치 공간 개념 등을 학습지로 배운다고 완전히 익힐 수는 없다. 우리는 사물을 통해 세상을 배운다. 우리는 다양한 감각을 통해야 세상을 좀 더 잘 이해하고 받아들인다. 예를 들어 '당근'이라는 말과 글을 익히고 주황색 당근이 그려진 그림카드로는 완전히 '당근'을 알 수 없다는 뜻이다. 당근은 흙이 조금 묻어있고 잔 뿌리털이 나 있기도 하다. 싱싱한 당근은 초록색 잎사귀가 제법 푸르게 돋아나 있고, 잎사귀를 잘 잘라 물에 담가 놓으면 하루하루가 다르게 쑥쑥 자라는 것을 볼 수도 있다. 푸릇한 당근 잎이 화초처럼 잘 자란다. 막 자른 당근에서는 신선하고 풋풋한 향이 나기도 한다. 생당근을 한입 깨물어 먹으면 아삭아삭 소리가 나고, 오래 씹으면 특유의 달큼한 맛이 난다. 푹 익힌 당근은 말캉말캉하면서 당근 특유의 향이 난다. 말에게 잘라 주면 커다란 이로 쑥 빼서 잘근잘근 씹어 먹고, 토끼에게 길게 잘라 주면 앞니로 야금야금 먹는다. 오물거리는 모습이 귀엽고 예뻐서 아이들은 눈을 떼지 못한다.

이처럼 아이들은 경험과 맞물려 사물을 학습할 때 더 많은 것을 배운다. 이 과정에서 설령 '당근'이라는 이름을 못 외운다고 하더라도 더 많은 것을 느끼고 경험하며 배운다.

유아기 아이들에게 네모난 단어 카드로, 네모난 깍두기공책으로 세상을 알려주어서는 안 된다. 아이들은 더 많은 것을 보아야 하고, 경험해야 한다. 이것이 공부이고 학습이다. 그래야 아이들의 학습에 대한 동기를 한껏 키워줄 수 있다. 글이나 숫자 등의 상징적 기호 체계는 이런 세상을 좀 더 효율적으로 알려주기 위한 방법일 뿐이지 결코 학습의 전부가 아니다.

1. 유아기 식습관 지도 왜 해야 하나요?

한국인의 기대 수명은 82.4세라고 합니다. 그러나, 등록 장애인의 평균수명은 74.2세, 발달장애인은 53.5세라고 합니다.(국립재활원, <2016년도 장애와 건강 통계>, 2018) 의료기술이 발달하는 데도 장애인, 또 발달장애인의 평균수명은 비장애인보다 매우 짧습니다. 그 이유를 많은 전문가는 건강을 지키는 기본적인 식습관, 건강검진 등이 잘 지켜지지 않기 때문이라고 합니다. 물론 다른 이유도 많겠지만, 식습관 지도의 중요성은 분명해 보입니다.

의식주를 다루는 자조기술은 신체발달이나 성숙과는 상관없이 연령에 맞추어 지도해야 합니다. '습관'이기 때문입니다. 아이들이 행복한 삶을 살기를 바라는 마음으로 어릴 때부터 지도해주세요. 먹는 즐거움을 알게 되는 것도, 또 오래 사는 것도 우리 모두 누려야 할 삶의 즐거움입니다. 장애가 있다고 다르지 않습니다.

장애아를 두었다고 비장애 아이와 식습관 지도가 많이 달라지지는 않습니다. 영아기에는 자기주도 이유식을 시작해보세요. 기존 이유식 형태와 달리 무르게 익힌 채소와 작게 만들어진 주먹밥 위주로 아이가 스스로 손을 이용해 집어 먹을 수 있게 도와주는 방법입니다. 식사의 주도권을 받은 영아들은 좀 더 음식을 자유롭게 탐색하고 스스로의 결정에 의해 식사량을 조절하는 등 식사에 주도적인 모습을 보인다고 합니다. 아이가 좀 더 성장했다면 마찬가지로 다양한 반찬을 제공해주는 것과 함께 기관과 연계해 가정 내 식사 시간을 분명히 알려주는 것도 지도할 때 도움이 됩니다. 식사 시간에 텔레비전을 틀어주거나 인스턴트를 자주 주는 것은 식습관을 망치는 방법입니다. 식사 시간에 먹기 싫어하는 반찬이 있더라도 가급적 한 번씩은 맛볼 수 있게 도와주세요. 식사시간은 아이에게 성공감을 주는 시간이어야 합니다. 예를 들어 깍두기를 먹기 싫어한다면 아주 작게 8조각 정도로 자른 다음 한 조각만 먹으면 다 버려준다고 이야기를 해보세요. 한 조각을 어렵게 먹었다면 약속대로 나머지는 아이가 보는 데서 버려주세요. 그리고 아이의 용기와 성공감을 무한 칭찬해주는 겁니다. 아이들의 식사량이 적다면 간식시간을 조절하는 것도 방법입니다. 선행사건에 앞서 아이의 배경 사건은 더 중요하니까요. '배고픔'만큼 좋은 식습관 지도의 동기는 없습니다. 아이에게 제공하는 간식은 식사 후에 제공해주세요.

2. 자유놀이 시간이 왜 중요한가요?

어린이집이나 유치원에서는 일과 중 자유놀이 시간이라는 것이 있습니다. 2019년 누리과정의 개정으로 유아들의 자발적 놀이는 더 중요하게 인식되고 있습니다. 그렇지만 혼자 놀이밖에 되지 않는 장애아의 부모라면 불안은 더 높습니다. 스스로 놀이를 확장하지 못하는 아이에게 '자유놀이' 시간이 행여 방치되는 시간은 아닐지 걱정이 앞섭니다. 자유놀이 시간이라고 하면 의도적으로 치료실 스케줄을 잡아 참여시키지 않으려고 하기도 합니다. 그러나 자유놀이 시간은 분명 장애가 있는 아이들에게도 필요한 시간입니다.

치료실에서, 교실에서 배운 기술을 '스스로 연습'하는 시간이기 때문입니다. 일정대로 움직이기만 하던 유아들은 자기 마음대로 할 수 있는 시간이 주어지면 처음에는 무엇을 해야 할지 잘 모릅니다. 기능이 조금 좋은 아이들조차도 자유놀이 시간에 "선생님, 뭐 하고 놀아요?" 따라다니면서 묻기 일쑤입니다.

아이들이 스스로 하고 싶은 것을 고르는 데까지는 시간이 오래 걸립니다. 부모와 교사의 역할은 적절한 자극을 제공하면서 '기다려주기'입니다. 시작은 혼자 놀이라고 하더라도 스스로 놀이를 선택하는 것, 아주 작은 부분이지만 성인기 '자기 결정력'을 키우는 첫 단추이기 때문입니다. 그리고 이 과정을 거쳐야 비로소 다른 아이들과 어울려 노는 힘이 자랍니다.

3. 말을 못하는데 기저귀를 뗄 수 있을까요?

네, 뗄 수 있습니다.

자조기술은 아이의 언어발달, 인지발달의 영향을 받기는 하지만 그것이 절대적이지 않습니다. 언어발달과 인지발달, 운동발달이 꼭 먼저 되어야할 필요는 없습니다. 유아기는 배우면서 성장하는 시기이기 때문입니다.

예를 들어 아직 바지 내리기를 못한다고 대소변 지도를 가르칠 수 없다고 단정지을 수 없습니다. 바지 내리기를 가르치면서 대소변 지도가 동시에 이루어질 수 있습니다. 유아기는 화장실에서 대소변을 가리는 성공감을 심어주는 시기입니다. 시간에 맞춰 화장실을 데려가는 시기라는 뜻입니다.

스스로 '쉬하고 싶어요'라고 요의를 느껴서 화장실을 자발적으로 이용하면 아주 훌륭하겠지만, 그렇지 않더라도 대소변은 충분히 가릴 수 있습니다. 유아기는 교사와 부모가 관찰을 통해 대소변 스케줄을 파악하고, 시간을 지켜 화장실에 데려가는 것만으로도 충분합니다. 쉬는 시간이 별도로 주어지는 초등학생 때는 요의를 느꼈을 때 화장실을 이용해야 실수를 하지 않겠지요.

4. 장애아이에게 유치원이 좋은가요? 어린이집이 좋은가요?

유치원과 어린이집은 부모의 요구에 적합한 곳으로 선택하면 됩니다.

다만 유치원은 교육부 소속으로 '의무교육' 규정을 준수해 운영하기 때문에 모두 유아특수교사로 배치되어있고, 어린이집은 3학급당 1명 이상 유아특수교사 배치를 의무화하고 있지만, 실제 현장에 모두 배치가 되어있지는 않습니다. 유치원은 교육 시간이 어린이집의 보육 시간에 비해 짧기 때문에 가정에서 돌볼 여력이 크다면 유치원이 더 좋을 수 있습니다. 그러나 가정의 요구가 맞벌이나 기타 장시간 보육을 요한다면 어린이집이 좋을 수도 있습니다.

직접 기관을 방문해보고, 상담해보고 내 아이에게 적합한, 그리고 우리 가족의 라이프스타일에 적합한 기관을 선택하는 것이 무엇보다 중요합니다. 아이를 위한 통합 환경과 운영 방안들이 세심히 마련되어 있으면 좋겠지요. 기관과 충분히 상담하고 선택해 가족이 모두 행복한 첫 교육을 시작해야 합니다.

5. 아이가 대변을 가지고 놀아요. 어떻게 하면 좋을까요?

아이들에게는 기저귀를 떼는 동안 벗겨 놓거나 또는 느낌이 이상해서 손을 기저귀로 가져가는 경우가 흔합니다. 전혀 이상하게 생각하지 않아도 됩니다. 소변이나 대변이 '더럽다'라는 생각은 본능적으로 아는 개념이 아니라, 학습해야 할 사회적인 가치입니다. 아무런 가치 판단을 하지 않고 대변을 바라본다면 뜨끈하고, 구수한 냄새가 나며 물컹한 촉감을 가진 물체일 뿐입니다. 아이들이 관심을 보이고 만지고 싶어 하는 여러 가지 요소를 고루 갖추었다고 해도 과언이 아닙니다. 아이가 대변을 가지고 논다면 이제부터 '더러운 거야', '만지면 불편할 거야'라는 인식이 생기도록 지도하면 됩니다. 변을 가지고 놀이할 때 안 된다고 단호하게 이야기해주거나, 다소 불편하더라도 스스로 닦을 수 있게 혹은 만진 손을 거칠한 때수건으로 박박 닦아주는 등 교정을 해주는 것도 도움이 됩니다.

6. 비장애 형제자매에게 아이의 장애를 어떻게 설명해야 할까요?

'별것 아닌 듯, 무심하게'라고 이야기하고 싶습니다. 부모에게 "장애"는 무겁고 아픈 단어입니다. 하지만 아이들은 부모의 태도를 보며 장애가 있는 형제자매에 대한 태도를 학습합니다. 부모가 지나치게 장애에 매몰되어 있다면 그걸 보고 자란 아이는 장애란 무섭고 두려운 그 무언가라고 생각할 것입니다. 장애가 있는 아이를 같이 키우는 이상 장애는 아이의 생활이 되고, 우리의 삶이 됩니다. 삶의 태도가 무겁고 아플 필요는 없습니다. "○○이에게 장애가 있는 거야?"라는 질문은 언젠가 아이와 부모가 마주해야 할 과제입니다. 별 것 아닌 듯 대답해주세요. "응, 노력해도 잘하지 못하는 것이 있는 사람이 있어. 하지만 그 사람들이 행복하지 않거나 아픈 건 아니야." 형제자매의 장애에 대해 과장되게 표현하거나, '네가 조금만 더 말을 걸어주면 말할 수 있어'라든지, '치료실에 열심히 다니면 나을 수 있다'는 희망 고문을 아직 어린 형제자매 아이들에게 하지 말아주세요.

7. 아이들이 조금 느리고 잘 하지 못하는 내 아이를 보고 '얘 장애인 이에요?'라고 물으면 어떻게 대답해야 할까요?

아이들이 '장애'에 대해 알고 있는 것은 매우 적습니다. 편견이 없다는 뜻이기도 합니다. 사람들이 "장애인이에요?"라고 묻는 경우는 두 가지 경우입니다. 한 가지는 순수하게 '조금 다른 것 같은데'라는 순수한 궁금증에서의 질문이고, 또 한 가지는 놀림의 의미일 수 있습니다. 하지만 유아기에는 이런 조롱의 의미로 장애를 묻지 않습니다. 어른들이 편견에 싸여 아이들의 순수한 질문의 의도를 곡해하고 혼자 괴로워하는 경우를 종종 만납니다.

'장애'는 아이의 상태를 가장 경제적으로 표현하는 말입니다. 그 이하도, 그 이상도 아닙니다. "으응, 내 아이는 발달장애가 있어. 발달이 느리거나 너희들이 쉽게 해내는 것도 조금 오래 걸린다는 말이야. 하지만 크게 달라지는 건 없어. 너희가 너희집에서 사랑받는 아이들인 것처럼 나도 내 아이를 사랑하지."라고 설명해주어도 좋습니다. '장애'라는 말 한마디면 "말은 잘 못하는데 그래도 조금 알아들어서 한 가지 심부름은 할 수 있고, 친구랑 노는 건 아직 어려운데 그래도 옆에서 노는 걸 좋아하긴 해요." 같이 길게 설명하지 않아도 되는 단어가 '장애'입니다. 장애라는 단어가 불편하고 아픈 건 우리가 장애인의 삶을 살아보지 않아서 지레 불행을 예측하는 편견 때문일지도 모릅니다. 장애라는 단어의 편견을 버리세요.

2장

초등학교,
설렘과 걱정 사이

부경희
초등학교 특수학급에서 10여 년 근무하고, 특수교육지원센터에서
학부모와 아이들의 심리 정서를 돌보며 10년째 일하고 있
습니다. 이화여대에서 특수교육을 전공하고, 가톨릭대
학교 대학원에서 심리학 석사, 박사학위를 받았습니다.

10년째 특수교육지원센터에서 근무하며 많은 부모님을 만났습니다. 그러다 보니 아이와 부모마다 다르면서도 공통적인 필요와 요구를 접하게 되고 함께 해결책을 찾게 됩니다. 초등학교 특수교사로 근무했던 경험을 바탕으로 아이와 부모, 부모와 선생님, 가정과 학교, 학교와 지역사회를 잇는 일을 하는 셈입니다. 다양한 사람, 각기 다른 입장과 배경, 요구와 주장들 속에서 휘청거린 만큼 '소통을 위해 노력하는 사람'을 소망하게 되었습니다. 답을 찾아가 보는 마음으로 비슷한 고민이나 질문, 또 초등시기에 생각해봤으면 하는 이야기를 나누고 싶어 글에 담았습니다.

가볼 만한 학교
초등 입학 준비의 시작

　　매년 6~7월이 되면 초등학교 입학을 앞둔 아이들의 부모님과 상담이 시작된다. 특수학교로 가야 할지, 일반 학교로 가야 할지, 일반 학교로 간다면 특수학급과 일반 학급 중에 어떻게 선택해야 하는지 해마다 무거운 부담감을 호소한다. 입학 유예를 하면 어떨지 묻는 경우도 많다. 삶에 정답이 없듯이 그 어떤 결정이 맞다 틀리다고 단정지을 수는 없다. 정답이 있는 문제는 아니기 때문이다. 다만 그간의 경험을 통해 보면 부모님들이 적절한 결정을 하기 위해서는 중요한 한두 가지를 중심에 두고 판단하는 것이 필요하다.

　　특수학교와 일반 학교를 두고 선택하는 기준을 한마디로 정리하기는 어렵다. 그래도 내 생각에 가장 중요한 기준은 의사표현을 어느 정도 할 수 있는가가 아닐까 싶다. 말로 표현하지 못하더라도 표정, 행동,

손동작 등으로 좋고 싫음, 도와달라거나 화장실을 가고 싶다는 표현을 할 수 있다면 일반 학교를 고민해볼 수 있다고 생각된다. 일반학교는 의사소통이 어느 정도 되지 않으면 아이에게 적절한 지원을 해주기 어렵고 아이들도 자신의 필요와 욕구를 충족하기 어렵다. 그러다 보면 결국 학교에서 받게 되는 과도한 스트레스로 아이 스스로 발전할 수 있는 내부 동력을 잃게 될 수 있다.

많은 분은 일반 초등학교 입학을 앞두고 아이들의 한글 교육에 집중 투자를 한다. 그러나 일반 학교에서는 한글을 읽고 쓰는 것보다 자조기술이 더 중요하다. 착석 능력도 중요하다. 최근에는 공격적인 행동의 유무가 매우 중요한 기준이 되고 있다.

학교를 선택할 때 현명한 방법 가운데 하나는 자신의 아이를 대그룹 상황에서 지도해본 유치원, 어린이집, 그룹치료 선생님과 의논하는 것이다. 그분들의 생각에 따른다기보다 그동안 교육하며 느낀 생각과 가능성, 준비할 것들에 대해 충분한 의견을 듣고 참고하는 것이 도움이 된다.

아이를 특수학교에 보낸다면 하교 후 가정과 지역사회 환경 속에서 자연스럽게 통합을 접하게 하는 데 초점을 두어야 하고, 일반 학교를 보낸다면 하교 후에는 학교에서 쫓아가려 애쓰느라 누적된 스트레스가 해소될 수 있도록 하는 것이 가장 중요하다고 생각된다.

일반 학교를 선택했다면 거주자의 통학구역(학구)대로 배치되는 것이 일반적이다. 특수교육운영위원회에서 학교를 배치하는데 예외조항을 점차 축소하고 대부분 통학구역의 학교에 배치하고 있다. 참고로 거주 지역의 교육청 특수교육지원센터를 통해 지난해 배치 기준을 확인해보면 큰 틀에서 어느 학교로 갈지 효과적으로 준비할 수 있다.

"학교 선생님들이 비교적 젊어서 좋다던데요"

"교장 선생님이 우리 아이들에게 관심이 많아서 좋다고 해서요"

"특수학급이 만들어진지 오래 돼서 학교 분위기가 안정적이라고 하더라고요"

"학급당 학생 수가 적어서 꼭 보내고 싶어요"

"혁신학교라서 꼭 보내고 싶어요"

입학 상담을 하다 보면 이처럼 다양한 이유로 통학구역 외 특정 학교 배치를 희망하는 학부모님들을 뵙게 된다. 개인마다 중요하게 생각하는 면이 다르겠지만 나에게 학교 선택에서 중요한 것을 하나만 꼽으라고 한다면 도보로 다닐 수 있는가다. 초등학교 6년 동안 독립 등하교가 최종 목표가 되는 것이 중요하다고 생각한다. 왜냐하면, 그 외의 것들은 항상 변화하는 것이고 장점뿐만 아니라 단점도 있기 때문이다. 1~3학년 때는 함께 등교하더라도 4학년 때부터라도 독립적으로 등하교를 할 수 있게 되면 수많은 경험을 할 수 있는 지역사회라는 공간을 통째로 아이에게 선물하는 셈이 된다.

어느 학교로 갈 것인가의 문제를 너무 오래 신경 쓴 나머지 더 중요한 것을 간과하게 되는 예도 있다. 입학 준비에서 사실 가장 중요한 것은 초등학교를 우리 아이와 어떻게 준비해나갈 것인가다.

입학 준비의 핵심은 우리 아이가 초등학교를 갈 만큼 성장했다는 사실을 가족 모두가 축하하고 격려하는 분위기라고 생각한다. 그중에서도 제일 먼저, 이만큼 아이들을 키워내신 우리 부모님들이 자신에게 그리고 배우자에게 큰 박수를 보냈으면 한다. 아이의 어려움을 알게 되는 순간부터 고통스러운 진단과정, 수많은 치료실, 어린이집과 유치원 등 말로 표현할 수 없는 부모님들의 인내와 노력이 있었기에 초등학교 입학은 그 자체로 귀한 시간이다.

특수교육지원센터의 지난 학부모 집단상담에서 자녀 입학을 앞두고 그동안 애쓰신 어머니들을 함께 격려하고 축하를 나누는 시간이 있었다. '걱정과 불안 때문에 마땅히 누려야 할 행복과 기쁨을 우리 스스로 패스하면 안 된다, 그러면 반칙'이라는 선배 어머님들의 말씀에 한바탕 웃음꽃을 피웠다. 다음 모임에서, 한껏 축하를 받으셨던 한 어머니께서 그동안 아이의 치료비를 버느라 애쓴 남편에게는 특별 용돈을, 본인에게는 예쁜 외투를 선물했다는 말에 우리는 모두 감격했다. 특별 용돈을 받은 남편의 반응은 어땠을까? 순간 정적이 일고 웬일이냐는 눈빛에 미소와 함께 "당신도 고생했다"고 하셨단다. 그리고 1주일이 지난 지금까지는 남편이 아주 훌륭하다고 전해주셨다. 멋진 어머님이셨다.

다음으로 매우 중요한 것은 학교가 다닐만한 곳이라고 우리 아이가 생각할 수 있도록 준비과정을 같이 즐기는 것이다. 초등학교 입학을 앞

둔 유치원과 어린이집 7세반의 1년은 아이들에게 엄청나게 큰 존재인 '초등학생'이 되는 과정으로 달리게 된다. 그렇지만 안타깝게도 아이들 모두가 뿌듯함이 가득한 입학생 느낌을 갖는 것은 아니다. 어른들의 불안감에 무리하게 한글과 숫자를 익히고, 자신의 물건을 구별하고 챙길 수 있는 인지와 자조 능력을 너무 강하게 지도받은 경우에는 초등학교가 긴장과 불안감 그 자체가 된다. 공부가 제일 걱정이라는 초등학교 1학년 아이들도 의외로 많다. 필통을 꺼내놓으면 운다는 아이도 만나봤다. 학교가 아이들에게 고통스러운 공간이 된다면 공부도, 사회성도, 그 무엇도 한 발짝 나아가기 어려울 것은 분명하다.

반면에 초등학교라는 단어 자체로 미소 짓는 아이들도 있다. 미소 짓는 아이들의 뒤에는 틀림없이 부모님의 따뜻함이 있다. 부모님의 표정과 닮아있다고 하면 제일 적절할 정도로 부모님의 표정을 보고 우리 아이들이 큰다는 말을 실감한다. 아이의 어려움이 가볍거나 심하거나의 차이와는 상관없이 아이의 현재 모습에 감사하고 충분히 머물러주는 부모님이면 입학식 그 짧은 순간에도 따뜻한 온기와 행복함이 전해진다. 가족들이 모여 '입학' 축하 파티를 하며 축하를 한 몸에 받게 되면 아이들은 초등학교 교문에 들어서면서부터 얼굴에 뿌듯함이 한가득하다. '학교'와 '입학' 자체를 성공적인 것, 칭찬할 것, 뿌듯한 것과 연결해주면 가장 큰 성공적인 입학 준비가 될 것이다.

나도 초보 교사일 때는 입학식부터 불안한 마음과 긴장으로 가득했다. 학교의 선생님들께 우리 아이들도 일반 아이들과 똑같이 대해달라고 수없이 말하면서도 나 역시 불안하고 걱정되는 눈으로 우리 아이들을 맞이했던 시간이 있었다. 순간순간의 아이를 놓치고 목표만 있던 시절이었다. 당시 나에겐 아이의 수준에 따른 공부와 성취가 먼저였다. 아이들의 마음을 만나고 교감하는 것, 서로를 편안히 받아들이고 신뢰하는 것이 더 중요한 것이라는 것을 놓치고 있었다. 알고 보니 좋은 목표는 사람에서 출발하는 것이어야 했다. 교육과정이나 달성해야 할 다른 것이 아니라 우리의 귀한 아이, 그 존재 자체라는 것을 미처 알지 못했다. 우리 부모님들도 혹시 나와 같은 실수를 하시지는 않을까? 염려된다.

아이가 학교에 설레는 것이 최고의 준비다. 나는 부모님들이 인생 최대의 선택을 하듯 아이와 어떤 책가방을 고를지, 어떤 필통을 고를지를 고심하며 천천히 준비하면서 함께 설렜으면 좋겠다. 걱정은 뒤로, 나중으로 저 멀리 미뤄놓고…. 공책에 이름을 쓰려고 힘든 시간을 갖는 대신 좋아하는 캐릭터를 붙여서 표시할 수도 있고 좋아하는 자동차 스티커로 구분을 지어도 좋다. 입학 전에 아이와 함께 학교를 둘러보고 함께 걸어 오가면서 맛있는 아이스크림을 사 먹는 것도 좋은 추억과 학교를 연결하는 엄청 훌륭한 준비이다. 초등학생으로 성장한 것을 자랑스러워하는 부모 마음이 전달되는 것 자체가 우리 아이에게는 가장 큰 선물이 될 것이다.

학교에 잘 적응하는데 일상의 준비가 필요한 것도 있다. 바로 기상과 취침 시간을 규칙적으로 만드는 것이다. 5분이 빠듯한 아침 시간, 서두르고 허겁지겁 하지 않고 여유롭게 등교하는 것은 아이의 학교 적응력을 높일 수 있는 아주 좋은 방법이다. 식판을 이용한 식사도 기분 좋게 연습해보면 좋다. 자기 물건 챙기기, 하루 5분씩이라도 책상에 앉아서 규칙적으로 과제 수행하기도 좋은 연습 과제다. 무엇보다 화장실을 가고 싶거나 힘들고 도움이 필요할 때 행동 이전에 어떤 식으로든 표현할 수 있도록 꾸준하게 익히는 것이 중요하다.

특수교육대상자로 선정이 되려면 대부분 생활연령보다 두 살 이상의 발달 차이를 보여야 한다. 그렇게 본다면 우리 아이들은 초등학교에 입학할 때 발달연령은 높아야 5~6세 수준일 것이다. 그렇다면 빠른 속도와 내용을 쫓아가야 하는 학교 상황에서 어떻게 하면 우리 아이들이 지치지 않고 꾸준하게 자기 속도로 걸어가게 할 수 있을까? 학교가 가볼 만하구나라는 생각을 갖게 할 수 있을까?

초등학생에게 그것은 단연코 '재미'일 것이다. 재미는 관심이기도 하고 즐거움이기도 하다. 재미에는 좋아하는 활동을 할 때, 맛있는 음식을 먹을 때, 좋아하는 사람을 만날 때 생기는 좋은 감정을 포함한다. 샐러리맨들이 '월급 받는 재미'로 고단한 한 달을 버틴다면 어쩌면 우리 초등학생들에게는 '재미'가 월급은 아닐까?

학교와 연관해 가정에서는 어떤 재미를 만들 수 있을까? 학교에서의 재미는 부모가 만들어낼 수 있는 영역이 아니라 하더라도 학교와 연관해 가정에서 할 수 있는 영역에 집중하는 것은 필요하다. 내 경험에서는 하굣길, 학교 앞 문방구에서의 소소한 군것질과 집에 도착했을 때 어머니께서 준비해주셨던 간식과 고생했다는 말이 참 좋았다. 외할

아버지께서 일찍 돌아가시면서 내 어머니는 공부할 기회를 길게 갖지 못한 아쉬움을 갖고 계셨던지라, 책가방을 메고 학교에 가서 공부하는 것은 굉장히 힘든 일이라고 생각하셨다. 그래서 내게 항상 힘들지 않은지, 공부하느라 수고했다는 진심이 담긴 말씀을 해주셨다. 그것이 내게는 큰 위로와 격려가 되었다. 생각해보니 어머니와 시장을 갈 때도 장보기를 마치고 먹는 호떡이나 붕어빵, 핫도그가 어린 나에게는 세상 제일 큰 재미였다.

"선생님, 우리 아이가 학교에 재미있게 다닐 수 있을까요? 어렵게만 느껴질까 봐 걱정이에요."

얼마 전에 입학 상담을 오신 어머님께서 이렇게 말씀하셔서 참으로 반가웠다. 내 답은 이렇다. 학교 안에서의 재미는 우리 아이가 천천히 찾아갈 것이라고 아이를 믿는 것에서 출발하자. 우리는 하교하는 아이를 꼬옥 안아주고 아이가 행복하도록 "보고 싶었어", "수고했어"라고 진심이 담은 그 마음을 최선을 다해서 전하면 된다. 잘했는지 못했는지 묻고 확인하고 점검하고 싶은 불안한 마음을 꿀꺽 삼키는 것이 가장 중요하다. 하교하는 순간 수고하고 애쓴 우리 아이에게 제일 큰 재미와 행복은 묻지도 따지지도 않고 반가워하는 엄마의 얼굴과 진심일 것이다.

선물

아이의 사회성을
키우려면

아이들에게 학교는 처음 만나는 거대한 사회다. 그곳에서 아이들은 자신과 타인의 경계를 만나고 관계를 맺으며 성장한다. 성장에는 여러 진통이 따르기 마련이다. 아이들은 진통을 겪으면서도 자신을 지키며 다른 이들과 어울리며 커간다.

어른이고 교사인 나도 여러 진통을 겪으며 학교에 적응하며 성장해 왔다. 대학에서 책으로 배운 특수교육을 학교 현장에 적용하는 데는 좌충우돌했고, 생각이 많아졌다.

20여 년 전 첫 학교에서 나는 우리 아이들을 지켜야 한다는 마음이 무엇보다 컸다. 학교는 통합교육이 충분히 준비되지 않은 환경이었다. 나는 아이들을 위해서라면 무엇과도 싸울 '비장함'으로 힘이 잔뜩 들어가 있었다. 혹여 누가 우리 아이를 차별하지 않을까?, 어느 구석에서 슬프게 울고 있는 것은 아닐까? 주시했다. 얼굴에는 미소를 띠고 있었지만, 특수교사인 내가 조금만 잘못해도 마치 특수교육 전체가 부정되는 듯 마음속에는 긴장이 가득했다. 아이들과 관련해 하나도 놓치지 않겠다고 가시를 세운 고슴도치 같은 모습이었다. 흠이라도 잡힐세라 특수학급 일뿐 아니라 학교 업무에도 과도하게 몰입을 했다. 나도 학교의 한 구성원이니 역할을 다하면서 소리를 내겠다는 심정이었다. 아이들의 통합과 특수교육을 위해서 권리와 원칙을 들이대며 시시비비를 가리고 싸워 이겨야 한다는 생각이 강했다. 대학교 때 책으로, 글로 배운 특수교육을 유일한 잣대로 품었으니 바꿔야 할 문제가 산더미처럼 느껴져 이곳저곳에서 주장하고, 옳지 못하다고 따지고, 강력하게 목소리를 내면서 갈등을 겪는 일도 많았다.

그런 와중에 어린 내 눈에도 유연하고 지혜로워 보였던 50대 선배 선생님을 만났다. 교장 선생님과 독대 후 흥분한 나에게 "교장 선생님께서 선생님 말씀은 왜 당연히 들어줘야 한다고 생각해요? 경력 많은 나도 세 번은 말씀드려야지 하는데… 옳은 일인데 왜 당신들은 들어주지 않으냐는 느낌을 주면 일단 상대방은 참으로 당황스럽지, 옳은 말만 하는 도덕 선생님 느낌은… 사람을 어렵게 만드는 것 같은데…"

그분은 힘을 주지 않으면서도 해내야 하는 것은 성취해내는 분이었다. 첫 학교의 5년은 사회와 조직이 규범과 옳음으로만 설득되고 굴러가는 것은 아니라는 것을 알아가며 성장하는 시간이었다. 날을 세우고 목소리를 높인다고 사람들을 움직이거나 바꿀 수 있는 것은 아니었다.

다양한 사람이 모인 사회와 조직에서 '유연성'에 대해 고민하게 되었다.

두 번째 학교에서는 첫 학교와는 반대로 학교 일을 가급적 피했다. 마치 돌아오지 않는 짝사랑을 다시는 하지 않으리라 하는 살짝 삐친 심정이랄까? 신설학급을 만들고 3년째에는 증설도 하게 되면서 특수학급 일만 해도 바쁘기는 했지만, 학교라는 큰 사회 속에서 심정적으로 한 발을 빼고 살았다. 특수학급과 우리 반 아이가 속한 통합학급 친구들, 통합학급 선생님들과 개별적으로 좋은 관계를 유지하는데 집중했다. 무엇이 우선인지는 잘 모르겠지만 아이들의 통합 수준은 확실히 통합학급 선생님과 특수학급 교사인 나의 관계에 비례하는 듯 느껴졌다. 그렇다면 과제는 교사인 나의 사회성인가? 그렇지만 너무 개인적인 측면에 의존하는 듯한 느낌이어서 답을 내리기엔 무엇인가 부족했다. 한편에 무력감과 한편으론 내 일만 충실히 하자는 마음으로 지낸 5년이었다.

세 번째 학교는 아파트 재개발로 인해 휴교했다 다시 여는 학교였다. 교실 배치, 필요 물품, 역할 배정 등 많은 것들이 새롭게 정해지는 과정을 거치면서 나는 내 사회성의 민낯을 보게 되었다. 그것은 바로 이미 내가 특수교육과 그 외로 모든 것을 나누고 있다는 사실이었다. 다양함을 인정하는 것이 얼마나 중요한지를 그렇게 떠들던 사람이 내 의견과 다른 경우 틀린 것으로 치부하고 있었고, 하나의 의견으로 보는 것이 아니라 사람 자체를 내 편 혹은 다른 편으로 나누고 있었다. 왜 이렇게 나누고 있을까?

"선생님, 제가 장애인이에요?"

3학년 해린이의 질문에 나는 당황해 얼버무렸다. 내가 왜 그렇게 당황했을까? 애써 숨기려고 했던 것을 아이한테 들킨 심정이었다. 생각해보면 "선생님 제가 어린이예요?" 이런 질문에는 당황하지 않는데… '장애인'과 '어린이'에는 무슨 차이가 있을까? 그런 생각에 다다르면서 내 마음 깊은 곳에서는 모든 것들을 좋고 나쁘고, 옳고 그르고의 잣대로 나누고 있고 분명한 구별을 하고 있다는 것을 비로소 깊이 인정하게 되었다. '있는 그대로 인정하라고, 존재 자체로 모든 것은 귀하다'고 머리로는 또 교과서로 배워서 알고 있지만 내 마음속 깊은 곳에서는 차별적인 판단을 하고 있었다.

옳고 그른 것으로 평가를 먼저 하게 되면 이후의 대화는 당신이 틀렸으니 잘 알고 있는 내가 설명하겠다는 모드가 되고 설득하는데 힘이 들어간다. 평가하지 않고, 판단하지 않고 그대로 인정을 하게 되면 나와 생각이 다를 때 왜 그렇게 생각하는지 궁금해지고 담백하게 묻고 듣게 된다. '특수교사라서 또 누락을 시켰구나', '특수교사라고 무시를 하나', '특수학급이 아니어도 이럴까?' 상대방이 틀렸다는 생각에서 출발하니 당황스러운 상황에서 화가 먼저 나고, 담백하게 물어서 서로 주고받는 소통이 이뤄지기 어려웠다. 차별, 편견과 싸우다 내 안의 선입견을 마주한 느낌이었다. 누가 뭐라고 하지 않았는데도 스스로 모자라거나 부족하다고 여기는 마음, 바로 이런 것이 자격지심이 아닐까?

학교 업무만 하더라도 누가 시키지도 않았는데 과하게 열심히 했다가 홀로 한 발을 뺐다가… '우리 아이들이 피해를 준다고 생각해서 그렇게 과하게 학교일을 했던 거구나, 그런데 또 그만큼 존중받지 못해서 삐진 마음에 두 번째 학교는 내 안으로 들어갔구나. 내가 일반교사여도 그랬을까?' 하는 생각에 미치니 '특수', '장애'란 단어를 나 또한 있는 그대로 받아들이지 못했구나… 하는 내 안의 목소리를 발견하게 되었다.

특수교사가 되고 10여 년이 흘렀을 때 첫 학교 선배님이 말씀하셨던 도덕 선생님이란 표현이 다시금 떠올랐다. 그 이후 옳다 그르다, 맞다 틀리다, 좋다 나쁘다라는 논리가 아니라 있는 그대로를 받아들이고 인정하면서 너무 힘이 들어가지 않는 모습을 찾으려 노력하고 있다. 그것을 나는 유연함이라고 부르고 있다. 판단하지 않고 있는 그대로에서 출발하고 힘을 더하거나 빼려고 하지 않고 편안하게 그때그때의 내 감정을 읽어가게 되면서 비로소 조금씩 우리 아이들에게 온전히 집중할 수 있게 되었다. 그러고 나니 그리 섭섭한 것도 없고 화가 나는 것도 많이 줄었다. 왜냐하면 내 마음속에 쌓이기 전에 그때그때 표현하고 소통하려고 했기 때문이다.

'아~ 이런 단어에 내가 화가 좀 나는구나!', '그렇지 이 말에는 내가 좀 예민해지지', '이런 모습을 보면 내가 좋아하는구나!'

이렇게 내 마음을 먼저 읽으면 순간 마음이 조금 편안해지고 내 마음을 가볍게 상대방에게 전달할 수 있게 된다. 그것이 편안한 소통의 시작이 되었다.

학부모님들에게는 우리 아이들이 초등학교에서 배웠으면 하는 것 가운데 '사회성'이 가장 우선순위에 있을 것이다. 교사인 나 역시 아이들이 교실에서 친구들, 선생님과 잘 지내고 있는지가 최고의 관심사다.

사회성이란 무엇일까? 나는 유연한 소통능력이라고 생각한다. 옳고 그르고, 틀리고 맞고, 좋고 나쁘다는 판단이 아니라 있는 그대로 받아들이기, 그래서 상대방과 유연하게 함께 주고받기를 할 수 있는 능력이다. 다양한 사람들과 그럭저럭 어울려 살아갈 수 있는 능력이다.

몇 년 전 학부모 집단상담에서 만났던 현지 어머님이 생각난다. 최근에 어려웠던 점을 말하는 시간에 같은 유치원의 학부모님들이 자기에게는 같이 가자고 권하지 않고 그들끼리만 차를 마시러 가는 것 같다며 눈물을 흘리셨다. 같은 유치원 엄마들이지만 비장애 아이의 엄마들 앞에서 스스로 작아지는 여린 모습이었다. 그렇지만 찬찬히 살펴보니 현지 어머니를 일부러 빼려고 했다고 보기는 어려웠다. 문제는 스스로 작아지면서 편을 나눴던 그 마음이었다. 집단상담에서 서로 그 마음을 알아주고 격려를 받고 난 1주일 후, 현지 어머니는 같이 가자는 말씀을 먼저 건네셨고 즐거운 수다 시간을 갖게 됐다며 웃으셨다.

5학년 자녀의 의견을 묻지 않고, 수련회에 불참 의사를 표현하신 부모님도 있었다. 아무래도 같은 반 친구들과 선생님에게 신경 쓰게 할 것 같다며 먼저 움츠러드는 모습이었다. 수련회란 것이 누구나 갈 수 있고 가지 않을 수도 있지만 가장 중요한 건 당사자인 우리 아이의 마음과 의지가 아닐까? 아쉽게도 부모님은 주변 사람들이 부담스럽게 생각할 것이라는 판단을 혼자, 너무 빨리 한 탓에 학교와 함께 준비할 수 있는 기회조차 버린 것이다. '함께 가려면 어떻게 준비하면 될까?' 이렇게 시작하면 우리는 함께 준비할 수 있는 사람들을 만나게 되지 않을까? 그리고 만나게 된다. 함께하도록 교육하는 것이 학교의 일이기 때문이다.

하굣길 학교 앞에서 우리 학생이 기분 나쁜 일이 있었는지 흥분해서 횡단보도에서 길을 건너오고 있는 낯선 고등학생의 이어폰을 낚아채는 사건이 있었다. 상대방 고등학생은 깜짝 놀라 격분하고 우리 학생을 한 대 때렸다. 천만다행으로 주먹이 빗나가면서 큰 상처가 나지는 않았고 아이가 놀라 다시 학교로 뛰어 들어오면서 특수교사에게 연락이 닿았다. 선생님께서는 큰 상처가 나지는 않았다고 판단해서 서로 사과를 주고받는 선에서 마무리를 하셨다. 그런데 부모님께서는 특수교사가 사건을 은폐한 것이 아니냐며 민원을 내셨다. 살펴보니 특수교사가 서로의 연락처를 기록하고 부모님께도 바로 알려서 의논해야 하는 것을 놓쳤고, 이 부분이 부모님 입장에서는 당황스러우셨던 것 같았다. 특수선생님은 아직 경험이 짧아서 그런 것 같다며 놓치신 것을 인정하고 깊이 사과를 하셨지만, 어머니께서는 이미 틀림없이 은폐라고 판단하고 계셨다. 왜 갑자기 은폐라는 단어를 사용하실까 하는 생각에 조금 시간이 흐른 후 이야기를 하다 보니 중학교 때 학교에서 그런 일이 있었다는 말씀을 듣게 되었다. 그제야 앞뒤 상황이 이해되었지만 그 특수선생님은 마음에 큰 상처를 받고 특수학교로 전보를 신청하셨다. 그렇게 어른들의 소통이 되지 않으면서 가장 중요한 우리 학생에 대한 지원은 한 달이 지나서야 시작될 수 있었다.

아이들만큼 아니 아이들보다 어쩌면 더 중요한 것이 우리 어른들의 유연한 사회성이 아닐까 싶다. 판단과 평가속에서 생겨나는 긴장과 불안은 아이에게 전염된다. 날카로운 말과 매서운 눈빛으로 누군가와 싸울 수 있고 굴복시킬 수는 있지만 소통하거나 마음을 움직일 수는 없다. 마음을 움직이는 것은 강한 바람이 아니라 따뜻한 햇볕이라는 것을 우리는 알고 있다.

우리가 유연한 소통능력을 갖추게 된다면 우리 아이들은 분명히 우리를 닮아갈 것이다. 내가 무언가를 할 때 활성화되는 뇌의 부위가 보는 사람에게도 자동으로 활성화된다는 거울뉴런세포 이론은 학술적으로도 이미 인정되고 있다. 특히 공감능력을 설명할 때 항상 이야기되는데 우리 아이들이 통합 환경에서 모방을 통해 배워가는 것도 설명할 수 있다. 아이들은 우리의 정서와 모습을 통해 배운다.

입학과 함께 '내가 아니면 누가 우리 아이를 지켜주겠는가?' 하는 긴장감이 가득한 부모님들을 종종 뵙게 된다. 그 모습에서 첫 학교 때 내가 떠오른다. 그 긴장감은 바로 옆에 있는 사람에게도 전해진다. 또, 많은 부모님이 아이의 목표와 역할에만 무게를 두는 것은 우리가 아이들을 부족하다고만 생각하고 그래서 채워야 할 것들이 많다고 보는 차별적인 관점 때문은 아닐까? 그리고 아이에 대해 아직 충분히 준비되지 않은 학교는 모두 옳지 않다고 너무 빨리 판단하고 있는 것은 아닐까?

부모의 눈에 학교와 교사는 완고해 보이거나, 변화와 융통성, 유능함이 부족해 보일 수도 있다. 그러나 교육에 종사하는 사람들 중에는 (모든 상황, 모든 이가 그렇지 않더라도) 아이를 아끼고 잘 교육하려는 선한 의지를 가진 이들이 많다. 다만 각자의 경험이 다르기에 다른 입장을 보일 수 있고, 경험이 많지 않은 경우에는 놓치는 일이 생기기도 한다. 그렇지만 사회의 다른 집단에 비해 아이를 위해 기꺼이 함께 협력할 수 있는 좋은 공간이다.

결국 인생은 다양한 사람들과 어떻게 어울려 살아갈 것인가의 문제라고 생각한다. 특수교육을 선택한 나를 돌아보면 '무엇이 옳은가?', '무엇이 맞고 틀린가?'라는 문제로 나누어 집착했다. 신경 쓰지 않으면 지금도 어느새 자동으로 판단해서 맞고 틀린 두 영역으로 분리해버리기도 한다. 그래서 항상 내 안을 살펴보는 노력을 해야 한다.

우리 아이를 다양성으로, 다름으로 있는 그대로 인정해달라고 그렇게 외치면서도 나는 세상을 과연 다양성으로, 다름으로 인정하고 있는가? 인정한다는 것은 어떤 의미일까? 지금도 계속되는 질문이기도 하다.

우리가 다양한 사람들과, 다양한 상황 속에서 어떻게 어울려서 함께 살아가는지를 보며 우리 아이는 24시간 배워가고 있다. 그래서 아이의 사회성을 고민하는 시작은 자신의 마음과 말과 행동에 생각을 두고 멈춰 보는 것에서부터 출발했으면 좋겠다. 우리 아이들이 함께 살아갈 수 있는 따뜻한 사회를 희망하는 사람으로서 부끄럽지만 내가 나를 되돌아보는 질문은 이것이다.

'내 마음에 화가 쌓이고 있는가?'

더불어 스스로에게 묻는다.

나로서 당당한가?

유연하게 대처하고 있는가?

내 마음을 표현하고 있는가?

다른 사람의 말을 귀 기울여 듣고 대화하려고 하는가?

다른 사람을 판단하고 무시하고 있는 것은 아닌가?

혹시 선입견을 품고 있는 것은 아닌가?

학교, 교사와
대화하는 법

　특수교육지원센터에 근무하게 되면서 일반 선생님들 대상으로 특수교육대상자 이해 교육을 할 기회들이 있다. 학교의 통합교육 분위기를 개선하기 위해 전체 교직원을 대상으로 하거나 통합학급 담임선생님들을 대상으로 연수를 진행한다.

　통합학급 담임선생님들 대상의 연수에서 마무리 질의 응답시간이었다. 뒤에 앉으신 50대 선생님께서 손을 들고 질문을 하셨다. 반에 자폐성 장애 학생이 있는데 아침에 교실에 들어올 때면 이름을 불러주고 자리에 앉을 때까지 도움을 주는데 한 학기가 지난 지금도 당신과 눈을 마주치지 않고 인사도 하지 않는다며 언제까지 이렇게 해야 하느냐는 다소 지친 느낌의 질문이었다.

　아동 한 명 한 명이 다를 수 있는 이 질문에 어떻게 답변을 드려야 할까 생각하다가 "선생님, 한 학기 만에 선생님 눈을 바라보며 '선생님, 안녕하세요' 인사를 하는 친구는 자폐성 장애아동이 아니랍니다. 안타깝게도 자폐성 장애아동들이 한 가지 행동을 배우기까지는 수천 번, 수만 번의 일관되고 꾸준한 어른들의 안내가 있어야 하거든요"

순간 짧은 정적이 흘렀고 질문하신 선생님을 비롯하여 참석하신 모든 선생님이 고개를 끄덕이셨다. 장애의 무게와 묵직함을 경험하는 순간이었다. 우리 선생님들이 책으로 접하기는 했지만, 우리 아이들이 변화하기까지 그 깊이를 경험하며 느껴보는 기회가 없었겠구나 생각이 들었다. 특수교육을 전공하지 않은 선생님들을 이해하게 된 출발점이었다.

특수교육지원센터에 근무하면서 어머님들과 학교 간의 소통을 지원하는 일을 하다 보니 소통하기 위해서는 상대방을 있는 그대로 아는 것이 매우 중요한 출발점이 된다는 것을 느끼게 되었다. 왜냐하면 말이란 것은 상대방에게 내 의사를 전달하기 위함이라서 내가 하는 말의 주인은 내가 아니라 상대방이기 때문이다. 아무리 좋은 선물도 상대방이 거절하면 꼼짝없이 들고 돌아와야 하는 것처럼 말도 상대방에게 들리고 전달이 되어야 효력이 발생하는 것이기에 상대방의 눈높이를 알아가는 것이 지혜로운 소통의 출발점인 것이다

초등학교는 1~6학년의 아이들이 매우 다양하고, 학교 운영도 학급 중심으로 움직여지는 퍼즐과 같은 곳이다. 학교 건물이나 구조도 40~50년 전이나 지금이나 비슷하다. 제일 변화가 느린 곳이 학교라는

말이 있다. 답답하지만 한편으로는 그렇기 때문에 우리 학부모님들이 지난 학창 시절을 돌이켜보면서 학교생활을 추측할 수 있어서 아이의 적응을 충분히 도울 수도 있는 면도 있다. 학교에는 일반 학생, 일반 교사들이 압도적으로 다수라서 아이가 적응하는데는 일반교육의 흐름에 어떻게 '자연스럽게' 함께 할 것인가가 핵심일 수 있다. 학교가 도움과 조정이 필요한 우리 아이들에 대해서 아직 충분히 준비되지 않은 것은 의도했다고 보기보다는 사회의 성장 발전 역사가 그랬기 때문이다. 학교는 여전히 우리 아이들에게 익숙하지 않아서 발생하는 일들이 사실 더 많다. 그래서 우리 부모님이, 또 특수교사가 늦지 않게 한 번 말하고, 잊지 않게 두 번 말하고, 확인하면서 세 번 말하는 것이 필요한 것도 사실이다.

학교의 시스템을 이해하는 것도 필요하다. 학교는 2월 초, 선생님들의 정기 전보(보통 한 학교에 4년 혹은 5년 근무)가 마무리된 이후 학년 배정을 한다. 선생님들의 희망을 받아서 학년을 배정하지만 가능한 모두가 만족할만한 배정이 될 수 있도록 조정 과정을 거쳐 마무리된다. 교사들에게 1학년은 아이들을 학교에 적응하게 하기도 어렵지만 1학년 학부모님들의 그 지대한 관심과 요구를 조정하는 것이 큰 어려움인지라 어려운 학년으로 손꼽는다.

학년이 결정되고 각반 담임을 결정하는 방법은 학년 부장을 제외하고 대부분 제비뽑기 방법을 사용한다. 그렇게 반이 결정된 후에 배정된 학생들을 열어보며 1년의 흐름을 그리게 된다. 만약에 지원이 많이 필요한 학생이나 특수교육대상 학생이 반에 포함되어 있다면 선생님들은 그 자체로 불안하고 걱정에 휩싸이게 된다. 그것은 선생님의 능력이 부족해서가 아니라 생활적인 경험이 부족해서 일 것이다.

교실은 교사 한 사람이 전체 학생을 책임지는 구조다. 그렇기 때문에 예측 불가능한 상황이나 어려움은 긴장을 불러일으키기 나름이다. 손길이 많이 필요하지만 특별한 지원이 없는 현재 상황에서 교사가 당황하는 것은 자연스러운 것이 아닐까 싶다. 그래서 특수교사로 근무할 때, 우리 아이를 맡을 담임선생님들이 발표되면 먼저 교실로 찾아가서 인사하고 특수교사인 제가 있고, 무엇이든 지원할 것이며 함께 의논하면서 해나가면 충분할 꺼라고 막연한 불안을 잠재우려고 애썼다. 불안을 협력하는 파트너가 있다는 안심으로 바꾸는 것이다. 부모님도 불안해하고 담임선생님도 불안해하는 그 한가운데 특수교사가 있는 형국이다.

교육 전문가인데 그럴 수 있느냐고 할지 모르겠지만 일반 선생님들이 교사로 근무하면서 특수교육대상 학생을 맡는 경우가 그리 흔한 일은 아니다. 어머님들이 만나게 되는 담임선생님들의 상황은 대부분 그러하다. 특수교육을 교육대학에서 교과서로 배우고 교사 연수로 접하기는 했지만, 책으로 배운 내용이 시작은 될 수 있으나 바로 적용하기에는 무리일 수 있다. 그러기에 학교를 가보면 장애 등록과 특수교육대상자를 구분하지 못해서 모두 장애 학생이라고 말하는 선생님도 계시고, 그 단어에 상처받아 속상해하는 부모님도 계시다.

　　　　　　　　　　　　　　　　　　　　　　선물

특수교육대상자란 학교에 소속된 학생 중에 특별한 지원이나 도움 없이는 교육적 성취가 어렵다고 교육부에서 지정한 학생을 말한다. 반면, 장애인은 소속과 상관없이 의료적 진단에 의해 보건복지부에서 선정하며 어려움의 정도에 따라 사회적으로 지원되는 부분에 차이가 있다. 두 가지 모두 지원이 필요하다는 공통점이 있는지라 학생이라면 두 가지 모두 등록해놓는 경우가 점차 많아지고 있다.

사용하는 언어의 차이만큼이나 일상적인 접근에도 차이가 필요하다. 교사가 자연스럽게 관찰하고 꼭 필요한 지원만을 해야 하는데 때로는 아이에게 시선을 놓지 못하고 늘 손을 잡아야 하는 존재로 관심을 표현하기도 한다. 반대로 괜찮구나 싶은 마음에 일반 학생들과 똑같은 수준으로 규칙 준수를 강조하는 모습으로 대하기도 한다. 어디까지 아이에게 자율권을 주어 성장할 수 있게 하고, 어떤 점에서 규칙 준수를 강조해야 하는 것인지 통합반 선생님들은 빨리, 정확하게 잡아내기가 현실적으로 어렵다. 우리 특수교사, 부모님들도 하나하나 경험하고 시행착오를 겪으며 아이를 이해하기 위해 시간이 필요했던 것을 생각해보면 당연한 일일 것이다. 그래서 가급적 특수교사가 있는 학교를 권하고 싶다. 일반학급 배치여도 학교 안에서 우리 아이의 언어를 이해하고, 일반 선생님과 사이에서 소통의 다리 역할을 해줄 수 있는 특수교사가 있는 것은 든든한 보험을 들고 자동차 운전을 하는 것과 같은 이치다.

입학할 학교가 확정되면 학교 교무실로 전화해서 특수 선생님과 상담을 신청해보시면 좋다. 특수 선생님을 통해 학교에 대한 전반적인 이

해를 높이고 교사도 학생에 대한 계획을 세워볼 수 있으니 서로에게 중요한 시작이 된다. 학생에 대해 전체적으로 이해하게 되면 이를 바탕으로 교육청에 특수교육 보조 인력도 신청하게 된다. 2월 말, 반 배치가 이뤄지면 담임선생님과 특수 선생님의 기초적인 자료 공유가 이루어진다.

개학 이후 빠른 상담을 원하는 경우에는 담임선생님께 따로 ○○부모님이라고 밝히고 상담 날짜를 잡아서 알려달라고 하면 다른 학생들보다 먼저 상담을 진행하기도 한다. 특수학급 배치를 신청한 학생들도 개학한 이후 통합반에서 약 2주간 적응 기간을 보낸다. 이 기간에 통합학급에서의 일과를 관찰하면서 이후 시간표 조정이나 통합학급에 필요한 지원 내용을 담임선생님, 특수 선생님, 부모님이 의논해 결정하게 된다.

3월 말경에 이루어지는 개별화교육 회의는 특수교육대상자 한 명한 명에 적합한 교육 목표나 지원 방법 등 전반적인 학교생활에 대해의논하고 결정하는 매우 중요한 회의이다. 담임선생님, 특수 선생님, 학부모와 필요할 경우 관련 교사나 교감 선생님이 참석하시기도 한다. 이회의 내용을 바탕으로 학교에서는 매학기 아이별로 개별화교육계획을세우게 되고 이를 평가의 기준으로 삼는다.

학기 초, "개별화교육계획이 원래 그런 것인가요?"라고 질문하는 부모님이 계셨다. 전문적인 내용이 오갈 것이라고 잔뜩 기대하고 갔는데통합반 시간표 정하고 현장학습, 수영 시간에 누가 도와줄 것인가를 툭

툭 정하기만 하고 끝났다며 섭섭한 마음을 표현하는 경우가 종종 있다.

회의의 출발은 각자의 입장에서 불안과 걱정, 기대를 서로 이해해주는 것이지 않을까 싶다. 내 걱정과 불안을 숨기기보다는 서로 그런 마음이 들 수 있다는 것을 알아주고 이해하는 대화가 짧게라도 편한 분위기에서 오고 간다면 일단 절반의 성공일 것이다. 안타깝게도 학기 초 선생님들은 행정적으로 처리해야 할 많은 일과 20여 명이 넘는 반 아이들의 요구를 1~2주간 계속해서 받으면서 마음의 여유를 갖기는 그리 쉽지 않다. 순간순간에 집중하기커녕 메모하기에 바쁠 수도 있다.

학교와 교실 상황에서의 우리 아이에 대한 담임선생님의 관찰 내용을 들어보는 것도 중요하다. 익숙하지 않은 대그룹 환경에서 우리 아이가 보이는 특성을 알아두는 것은 굉장히 유익한 정보가 될 수 있기 때문이다.

아이에 대해 소개할 때는 이러이러한 장점이 있고 우리 부모가 매우 사랑하고 관심을 쏟는 존재임을 알리고, 아이가 어려워하면서도 학급 친구들, 선생님을 매우 좋아하고 기대한다는 점을 말씀드리면 좋다. 부모의 입장에서 염려되는 측면도 잊지 않고 얘기하는 것이 필요하다. 당연하지만 현장학습이나 운동회 등 학교의 행사와 활동은 아이가 무척 기대하고 있어서 열심히 참여할 것이라는 점을 말씀드리면 좋다. 학교 행사에 아이가 참여하도록 하는 데는 부모의 의지가 있어야 한다. 통합 환경에서 아이가 모든 행사와 활동에 참여하는 것은 의무이자 권리다. 당장 부담이 되고 부족할 수 있더라도, 올해 참여하는 것이 내년에 더 나은 참여와 환경을 만든다는 점을 기억하면 좋겠다.

이번 학기에 가정에서는 이런 점을 중심으로 지도해보려고 하고 있다는 점을 알려드리는 것도 좋다. 예를 들면 식사 시간에 숟가락, 젓가락을 놓게 해보려고 한다든지 신발은 스스로 신게 기다려보려고 한다는 등을 알려 가정과 학교에서 같은 활동과 목표를 강조하고 칭찬할 수 있으면 좋다. 그리고 학교에 기대하는 점과 원하는 통합시간, 활동 내용을 말씀하시되 필요하면 언제든 의논할 수 있다는 열린 결말을 맺으면 좋다. 선생님과 함께 고민하고 의논할 수 있게 돼서 너무 든든하다는 말씀과 함께 인사를 나누시면 그야말로 아주 좋은 출발을 하는 것이 아닐까 싶다.

간혹 예상과 달리 너무 빨리 끝나고 행정적인 처리 같은 느낌을 주는 회의도 있다. 그럴 때도 마찬가지로 다음에 또 의논드리겠다는 이야기만 전달되면 첫 회의로서는 아쉬운 대로 가장 중요한 것을 빠뜨리지 않은 셈이 된다. 한 번의 상담으로 모든 것이 결정되지 않는다는 것을 기억하면서 마음의 여유를 갖는 것이 중요하다.

요즘 학교의 가장 큰 어려움 중의 하나는 학교와 가정과의 관계에서 흐르는 긴장감이다. 같이 협력해도 쉽지 않은 상황임에도 불구하고 서로를 신뢰하기까지 많은 시간이 걸리고 긴장감이 흐른다. 선생님들 입장에서 이야기를 들어보면 부모님들에게는 모두 한두 명밖에 없는 귀한 자녀라서 세부적인 요구들이 너무 많다는 것이다. 이야기를 듣게 되면 모두 반영하고 해내야 할 것 같이 당연시하기에 대화 자체가 부담

된다는 것이다.

협력이 되려면 어느 한쪽에서부터 그 긴장감을 푸는 것이 우선이다. 사실 모두가 우리 아이를 잘 키워보고 싶은 공동의 목표를 갖고 있음에도 협력을 시작하는데 불필요한 어려움이 있다. 서로 상대방에게 '이런 말의 뜻은 무엇일까? 무슨 의미로 그런 행동을 하는 걸까…'라는 생각을 하기 시작하면 그야말로 지옥을 경험하게 된다. 자신의 의사를 관철할 상대로 생각하고 너무 강한 목표를 가지고 접근하면 상대방은 당장 보호막부터 치는 것이 인지상정이다. 그런 속마음은 감춘다고 하더라도 표정과 어투에서 드러나기 마련이다. 그래서 협력은 서로의 선의를 믿는 것부터 출발해야 한다.

특수 선생님에 대해 섭섭함을 토로하는 경우도 종종 보게 된다. 학부모 집단상담에서 어떤 어머님께서 '2-2-2'라는 공식을 말씀하셔서 참여했던 모든 어머님과 고개를 끄덕이며 크게 웃은 적이 있다. 주변 일반 학부모님들 사이에서 회자되는 말로 6년간 만날 담임선생님을 크게 나눠보면 좋은 선생님 두 분, 보통 선생님 두 분, 편치 않았던 선생님 두 분이라는 것이다. 그 말씀을 듣고 너무나 적절한 표현이라고 생각해 특수교사 또한 '2-2-2'라고 말씀드린 기억이 있다. 직업 세계를 충분히 경험하고 선택하지 못하는 것이 우리나라 현실이어서 특수교사도 소통능력이 아직 충분히 준비되지 않았을 수 있다.

일반교육 중심의 초등학교에서 한두 명의 특수교사가 유연하게 소통하며 역할을 수행하는 것은 대단히 어려운 일이다. 특히 교사 경력이 많지 않은 경우에는 개성 강한 우리 아이들, 많은 통합반 담임선생님, 학부모님들, 보조 인력 선생님들 사이에서 중심을 잡기 매우 어렵다. 그렇기 때문에 늘 새로운 무엇인가를 조율하고 해결하고 만들어내야 하는 특수교사란 자리는 부모님들이 신뢰하고 같이 협력했을 때 비로소 생명력을 갖게 된다. 그래서 '2-2-2'라는 말속에는 아이에게 눈높이를 맞추듯이 특수 선생님, 담임선생님 눈높이에서 소통을 시작해야 한다는 의미도 담고 있다.

학교에서, 특수교육지원센터에서 많은 사람을 만나면서 꾸준히 소통에 대해 고민을 해왔다. 그간 특수교육 경험에서 얻은 소통 방법의 팁을 조금 드리고자 한다. 첫째 내 감정을 포함해서 표현하는 것이다. "~라고 해서 당황스럽다", "~해서 불안하다", "~해서 걱정이다" 옳다 그르다는 표현보다는 내 감정을 전달하는 것이 더 효과적이었고 서로 방어하지 않게 만들어서 대화를 시작할 때 사용하면 효과가 좋았다.

두 번째는 적어도 세 번은 말하는 것이다. 이것은 끈질기게 희망한다는 것을 표현하는 것이다. 쉽게 실망하거나 삐지지 않는 것이 핵심이다. 물론 세 번 말해도 해결되지 않을 때는 내가 접을 것인지 아니면 민원과 같이 더 강력한 방법을 사용할 것인지를 고민하면 된다. 말이란 것은 하는 것까지가 내 몫이기에 들어주고, 들어주지 않고는 오롯이 상대방의 몫임을 겸허하게 인정할 필요가 있다. 겸허하게 인정하고 내 욕심이었구나 싶은 부분은 시간을 더 갖는 쪽으로, 내가 허용할 수 있는 선을 벗어난 부분이라면 다른 방법을 찾는 방향을 택한다. 내 몫과 상대방의 몫을 정리하고 나니 나는 표현에 최선을 다하게 되고 그 이후에 대한 것도 마음의 정리가 훨씬 빠르고 쉬웠다.

가장 강력한 맨 마지막 방법으로 나는 편지를 택한다. 글로 표현하면서 차분하게 내 마음을 담을 수도 있고 요즘 흔하게 접하기 어려운 방식이라서 받는 사람들에게도 진심이 깊이 전달되는 듯했다. 개인적으로 물러설 수 없는 중요한 문제일 때, 교장 선생님이나 기관 등에 진심을 담은 편지를 써서 여러 번 좋은 효과를 본 경험이 있다.

쓰다 보니 어떤 면에서는 초등학교가 기대만큼 충분히 준비되지 않았음을 고백하는 글이 될 수도 있겠다. 그렇지만 학교는 우리 사회 그 어느 곳보다 우리 아이들의 성장과 발달을 위해 함께 움직여 보려고 준비된 곳임에 틀림없다. 아이들과 가장 많은 시간을 보내는 우리 부모님들도 함께 고민하면서 꾸준히 소통해 나간다면 그야말로 우리 아이들에게 최고의 선물이 될 것이다. 지혜로운 사람은 어떤 환경에서도 소통하는 능력을 잃지 않는 사람이니 말이다.

한 사람이 올 때는 그 사람의 역사와 함께 온다는 말이 있다. 이 말은 역사라는 단어가 말해주듯이 관계에는 시간이 필요하고 서로 맞춰 가야 한다는 말이 아닐까?

조용하지만 강한
1/3과 함께!

4월 말에 빨간 볼펜 이야기를 하시면서 센터로 전화상담을 하신 어머니가 있었다. 전화상담으로 끝내기에는 아쉬워서 집단상담으로 특별히 초대하였다. 학부모 집단상담은 우리 아이들 어머니들끼리 함께 모여 수다처럼 이야기 나누는 자리다. 이름 대신 불리는 별칭 소개와 참석하게 된 동기를 서로 나누는 첫 시간에 당신의 이야기를 나눠주셨다. 초등학교에 자녀를 입학시키고 하루도 마음 편한 날이 없었다는 어머니의 얼굴을 그야말로 백지장처럼 핏기가 없고 기운이 없어 보였다.

"특수 선생님께서 빨간 볼펜을 사용해서 지도해주시는데…"

말을 끝내 잇지 못하고 울먹이셨다. 집단상담에 참여한 어머니들과 함께 침묵 속에 이야기를 기다렸다.

"빨간색 볼펜으로 수정해주신 공책을 보면 너무 힘들어요. 보다 보면 아이 이름도 빨간색으로 써 있기도 하고, 다른 색으로 하셔도 되는데 왜 굳이 빨간색을 사용하는지… 그 빨간색이 너무 상처가 돼요."

8회기로 운영되는 집단상담이라 충분히 시간도 남아 있어 다른 어머님들의 이야기도 들으며 묵직한 마음으로 첫 회는 마무리되었다. 아이가 다니는 학교에는 다행히 아는 특수 선생님이 계셨다. 연락을 해보니 아이를 담당하는 옆 반 특수교사는 새로 전근와서 정신없이 바쁜 상황이기는 하지만 걱정할 만큼 차가운 분은 아니라는 이야기에 안심이 되었다.

1주일 후, 2회기 집단상담에서 다른 어머니가 말씀하셨다.

"빨간색이 좀 부담스럽다며 파란색으로 하시면 어떻겠냐고 말씀드리면 어떨까요?"

"머리로는 뭐 이런 색깔 때문에 내가 스트레스를 받나 싶기도 하고 까다로운 부모처럼 느껴질 거 같아서 말씀드리기도 어렵네요"

다시 이야기를 시작하시면서 끝내 울먹이셨다. 마음대로 되지 않는 감정의 소용돌이 같았다. 첫아이를 초등학교에 입학시켜 놓고, 다니던 직장까지 휴직하면서 아이의 적응을 돕고자 최선을 다하고 있었지만 정작 중요한 당신의 마음은 여러 걱정과 불안으로 가득차 있었다. 불안한 마음을 갖게 되는 것은 자연스럽고 당연한 일이다. 그러나 문제는 그 누구하고도 불안한 마음을 나누지 못하고, 그 마음에 갇혀있는 것이었다. 특수학급 어머니들과도 마음 편히 차 한 잔 마시지를 못했고, 통합반 어머니들 모임에서도 조용히 앉아 있다만 오셨다고 하셨다. 특수

선생님과도 그냥 듣기만 했다고 하셨다. 누구와도 그 마음을 나누지 못하고 있었다. 특수 선생님께 말씀드렸다가 거절당하면 더 속상할 거 같은 마음에 자신이 빨리 적응해야지 하는데 마음은 그렇게 되지 않는 것이었다. 어머니의 마음속에 깊이 자리 잡은 지독한 외로움과 불안이 아프게 전해졌다.

아이의 어려움을 알게 된 이후부터 어떻게든 열심히 노력해서 잘 키우겠다는 하나의 목표로 일과 가정 외에 친구도 여가도 없이 몇 년을 쉼 없이 달려오신 우리 어머니들… 친정, 시댁 가족들과도 갈등이 시작되고 젊은 날 친구는커녕 어린이집, 유치원 학부모님들을 쳐다볼 여유도 없다. 치료실 엄마들과도 정보는 나눌지언정 마음을 함께 나눌 여유가 없이 초등학교 입학을 향해 그야말로 전력 질주를 해왔다. 혼자 이야기하고 혼자 위로하고 혼자 결심하고 또 노력하고. 아이의 아빠는 치료비를 벌어오는데 그야말로 총력전이다.

몇 년 전의 집단상담 이야기지만 해마다 초등학교 입학 시즌이 되면 그 어머니의 외로움이 어제 일처럼 진하게 느껴진다. 다행히 집단상담 횟수가 더해지고 어머님들끼리 울고 웃기도 하고, 점심도 먹고 차도 마시고, 다른 사람의 이야기, 세상 이야기도 나누게 되면서 빨간 볼펜이 더는 위협적으로 느껴지지 않는다고 하셨다. 그렇게 느껴지니 특수 선생님도 그렇게 차가운 분이 아니었다며 웃으셨다.

우리 부모님들이 세상 밖으로 나가는데는 어렵고 당황스럽고, 화가 나는 경우가 셀 수 없이 많을 것이다. 당장 지하철만 타도 우리 아이를 너무 빤히 보는 시선이 있고, 묻지도 않았는데도 하교 시간에 우리 아이에 관해 너무 자세히 보고하는 친구들도 있다.

부모님들과 비교도 되지 않겠지만 교사인 나에게도 그런 시간이 있었다. 일반 학교에서 한두 명이 전부인 특수교사로 살아남기는 그리 쉬운 과정이 아니었다. 모두 오른쪽을 말할 때 나만 왼쪽을 말하는 것 같고, 마치 전체의 흐름을 방해하는 역할을 맡게 된 것은 아닐까 싶기도 했다. 소수로 사는 것은 늘 위축되게 만든다.

그래서 나는 1/3이란 숫자를 항상 마음속에 두고 있다. 1/3은 내가 학교에 근무하고 사회생활을 하면서 느끼고 의지하는 숫자다. 이를테면 1/3은 우리 아이를 불편해할 것이고, 1/3은 보통이고, 나머지 1/3은 우리 아이를 조용히 응원하고 따뜻한 눈으로 지켜봐 주고 있다는 생각이다. 그 귀한 1/3은 쉽게 표현하지 않는다는 단점이 있어서 내가 좀 나서야 상대방도 눈을 마주쳐주고 존재를 알려준다는 점이 핵심이다.

이런 일이 있었다. 교사로 발령받은 첫해였다. 2학년 효영이는 심한 불안이나 생존에 대한 위협을 느낄 때 자신을 지키는 유일한 표현방식으로 침을 뱉던 아이였다(이 당시는 개학한 지 일주일도 채 지나지 않은 시점이라 사실 효영이가 왜 침을 뱉는지도 잘 모를 때였다). 침 뱉는 행동 때문에 통합반 친구들이 전학을 가겠다고 소동이 일어났다고 담임선생님께서 급히 SOS를 치셨다. 나는 아무런 준비도 하지 못한 채 통합반 친구들 앞에 서게 되었다. 지금 생각해봐도 사실 갓 발령받은 내가 얼마나 아이들 눈높이에 맞게 적절히 설명했을까 싶다. 그렇지만 나는 진실하게 마음을 전했고, 일단 6개월의 시간을 준다면 최선을 다하겠다는 나의 제안이 결국 몇몇 아이들의 마음을 움직였고, 그 아이들이 같은 반 친구들을 설득해냈다. 이후 그 반 친구들과 나는 효영이가 자신을 보호하는 방법으로 침을 뱉는다는 것을 알게 되었다. 이후 효영이가 안전하다고 느낄 수 있도록 갑자기 큰 소리 내지 않기, 미리 설명하기, 친절하게 말하기를 함께 실천하는 더할 나위 없는 한 팀이 되었다.

두 번째 학교에서는 특수학급이 신설되어 발령을 받았는데 초반 학교 분위기가 정말 쉽지 않았다. 요즘은 있을 수 없는 일이지만 대표적으로 학교 관리자들이 뚜렷한 이유 없이 교실의 기본 환경 구성에 대한 결재를 미루셨다. 늦어도 3월 중순이면 완성되어야 할 교실 시설들이 결국 5월 초가 되어서야 겨우 기본을 갖추게 되었는데 이번에는 뜬금없이 특수학급 오픈식을 요구하셨다. '아니 서로 협조적이었어야 기분 좋게 오픈식을 하지… 이제 와서 무슨?!' 그렇지만 일단 모든 선생님께 특수학급을 소개할 수 있고 무엇보다 어깨가 처져있던 우리 아이들을 무대에 세워볼 좋은 기회가 되겠다는 생각이 들었다. 아이들과 함께 예쁘게 교실을 꾸미고 빨간 나비넥타이를 매고 함께하는 노래도 준비하면서 아이들과 함께 즐겼다. 공연 후 그 모습이 흡족하셨는지 교장 선생님께서 필요한 것을 물으셨고, 당황해서 더듬거리는 내가 놓칠세라 그동안 조용히 지켜만 보셨던 여러 선생님께서 필요한 이것저것을 추가로 이야기해주셨다. 조용하지만 그 무엇보다 강한 감동이었다.

우리 아이들을 데리고 다녔던 많은 현장학습에서도 조용하지만 강한 1/3을 느낄 수 있었다. 너무 과한 관심이나 대놓고 하는 걱정의 말, 염려의 눈빛도 있지만, 최소 1/3 아니 대부분의 사람들은 애써 각자의 위치에서 조용히 기다려주고 지켜봐 주셨다. 아이들과 함께 식당을 이용할 때에도 정신없다고 눈치를 주시는 분들도 계시지만 편하게 대해주신 식당 사장님들도 많았다. 편안하게 인사말도 건네주고 아이들이 이쁘다면서 과자 사주라고 용돈을 주신 할아버지도 계셨다. 주민센터에 협조를 구할 때나 경찰서에 도움을 요청할 때도 조용하지만 강한 1/3의 존재는 분명히 느낄 수 있었다.

한번은 출근길에 어떤 술에 취한 아저씨가 우리 반 아이를 붙잡고 실랑이를 하는 장면을 목격하게 되었다. 우리 반 아이가 반말을 했다며 화가 단단히 나서는 당장이라도 아이를 때릴 분위기였다. 어른들이 웅성대며 모이기 시작하고, 나는 깜짝 놀라 학교 담임선생님이라고 큰소리로 외치면서 아이 손을 낚아채 냅다 뛰었다. 대문이 열린 어떤 집 마당으로 무작정 뛰어 들어가서 한숨을 돌리며 살펴보니 웅성대며 몰려 있던 어른들이 쫓아오려던 그 취객을 붙잡고 있었다. 집주인 아저씨는 학교까지 에스코트를 자청해주셨다. 멋진 1/3!

물론 하루가 멀다고 입에 담기도 무서운 일들을 매일 뉴스로 접하게 되는 요즘이다. 하지만 그런 무서운 이야기들은 흔하게 일어나지 않기 때문에 회자되는 것일 뿐 학교란 곳과 우리가 살고 있는 동네가 그렇게 무섭기만 한 곳은 절대 아니라고 말씀드리고 싶다. 1/3은 조용하지만 세상 어디에나 존재하기에 그 1/3과 어떻게 함께 만날까 생각하면서 든든한 마음을 가졌으면 하는 바람이다.

절대 약자일 것 같지만 우리는 사실 든든한 빽이 있다. 가장 중요한 우리 아이들이 있고, 함께 하는 엄마들과 선생님들이 있다. 적어도 학부모님들 1/3은 조용히 우리를 응원하고 계시다. 특수교육지원센터도 생겼고 이제 제법 자리를 잡아가고 있다. 함께해줄 다양한 학부모 단체도 있고 민원을 넣을 수 있는 기관도 줄줄이 있다.

내 뒤에 든든한 누군가가 있다고 믿으면 마음에 여유가 생기고 비로소 상대방도 보이고 다른 사람의 말이 들리기도 하는 법이지 않을까? 그래서 조용한 그 1/3을 발굴하고 나도 다른 사람에게 귀한 1/3이 되어주는 것은 정말 중요하다.

자신의 아이와 2시간을 함께 지낼 수 있는 사람을 1년에 한명씩 만들려고 노력하고 있다는 학부모님이 계셨다. 맨 처음 대상은 가장 가까우면서도 멀었던 아이의 아빠로 처음에는 아이를 안전한 집안에 두고 병원을 간다고 이야기하면서 시작하셨다고 한다. 아파서 간다니 남편도 어쩔 수 없이 동참하게 되었는데, 정작 어머니도 불안한 마음에 커피 한잔 마시지 못하고 동네를 서성이다 들어가셨단다. 1년 정도 지나서 엄마 없이 아빠 혼자 아이와 함께할 어느 정도 자신이 생기게 되었고 지금은 아빠와 아들 둘만의 외출도 가능해졌다고 하셨다. 물론 초반에는 아이가 다쳐서 오기도 하고, 잘 먹이지도 않아서 일부러 그러나 싶은 마음도 있었으나 꾸준히 묵묵히 했다고 하셨다. 그 다음은 친정 어머니, 여동생에게 성공했고 올해는 이웃에 사는 같은 특수학급 친구 어머니와 친구라고 하셨다. 이웃의 어머니와 프로젝트를 함께 하면서 서로의 집에서 2시간 버티기를 시도하고 있다고 하셨다. 그 시간동안 만큼은 절대 집안일을 하지 않고 멋진 카페에서 커피도 마시고 영화도 보고 맛집 탐방을 하는 것이 핵심이라 강조하시는 모습에 정말 홀딱 반하지 않을 수 없었다. 어머니에게는 '소중한 쉼'을, 아이에게는 '귀한 사람'을 선물하면서 주변의 조용한 1/3을 찾아내고 계셨다. 그리고 다른 사람들에게도 든든한 1/3이 되어주고 계셨다.

우리가 사는 세상에는, 내 옆에는 조용하지만 따뜻하고 그 무엇보다 강한 1/3이 있다. 나의 진심과 시간의 힘 그리고 사람을 믿으며 조금씩 조금씩 걸어가보면 어떨까?

아이의 친구를 만들 때
생각할 것들

"오늘도 핑크 짝꿍끼리 같이 가는구나. 부럽다~ 선생님도 짝꿍이 있으면 정말 좋겠다~"

2년 정도 공들여 친구가 된 6학년 두 여자아이는 이제 서로 얼굴만 봐도 웃는다. 그림 가득한 쪽지도 주고받으며 눈짓을 나눈다. 같은 학년 지적장애 여학생 두 명을 맡게 되면서 가장 큰 목표로 했던 것이 친구 관계였다. 같은 학년에 같은 성별의 친구가 있다는 것은 어쩌면 최고의 선물이 될 수 있다. 비슷한 장애를 갖고 있다면 더더욱 좋은 조건일 수 있다. 비슷하다고 해도 특성이 다르고 배경도 다른지라 그리 쉽지는 않지만, 청소년 시기에 가장 큰 자산이 친구라고 할 만큼 중요한 문제이니 나는 둘의 친구 관계를 가장 중요한 목표로 삼았다.

민정이가 지연이를 좋아하더라, 지연이에게는 민정이가 너를 좋아

선물

하더라 오작교를 잇는 까치처럼 움직였다. 아이들이 관계를 맺는데 조금 서툰지라 교사인 나와 먼저 쪽지를 주고받으면서 재미를 느끼게 하고, 소곤소곤 수다를 나누는 것도 연습했다. 스티커도 몰래 전해 주고 받았고 소소한 칭찬과 초콜릿 같은 간식을 건네는 경험도 함께 나눴다. 짝꿍으로 서로 챙기는 기회도 많이 주고 섭섭하고 토라진 마음도 함께 버텨주었다. 심부름도 일부러 함께 다니게 했고, 다른 선생님들이나 친구들에게도 핑크 짝꿍이라고 소개도 했다. 학교 앞 편의점에서 둘만 군 것질을 하게 되면 아이들은 서로를 보면서 더할 나위 없는 행복한 표정이 되곤 했다. 그렇게 2년이 지나니 둘은 자연스레 핑크 짝꿍이 되어 수다스러움이 생겼고 웃음이 생겼다. 나란히 같은 중학교에 진학하게 되면서 이쁜 두 소녀는 그냥 웃는 날들이 많아졌다.

준서와 지환이도 초등학교에 함께 입학한 자폐성 장애가 있는 귀여운 친구들이었다. 준서는 또래 아이들이 그렇듯이 예쁜 옆 반 선생님을 보기 위해 옆 반을 교실 문턱이 닳도록 오가느라 바빴고 지환이는 숫자에 몰두하느라 서로에게 무심했다. 지환이는 아직 스스로 언어표현이 나오지 않는 등 서로 발달 차이도 크고 다른 모습도 많았지만 둘에게는 든든하고 열린 마음의 어머님들이 계셨다. 보통은 아이보다 조금 더 발달이 좋은 친구를 사귀었으면 하는 마음이거나 발달이 좋은 친구랑 사귀다가 너무 치이는 것이 아닐까 싶은 걱정을 하면서 움츠러들기 쉬운데 두 분의 어머님들은 긴 안목을 가지신 훌륭한 분이셨다. 아이들끼리는 큰 교류 없이 데면데면하지만 두 어머니께서는 긴 안목으로 서로 바쁠 때 손이 되어주고 형제들, 가족들끼리 서로 알고 함께 만나기도 했다. 학년이 올라가면서 서로 무심한 듯하면서도 슬쩍슬쩍 확인하고 기억하고 챙기는 행동들이 하나둘 늘어가면서 준서는 도움을 주는 행동이 늘어갔고 지환이도 친구들과 어울리는데 익숙해졌다. 같은 중학교로 진학을 했고 이제 고등학교 2학년이 된 준서와 지환이는 그렇게 단짝이 되었다. 단 한 명만이라도 편하고 친한 사람이 있는 공간과 없는 공간의 온도차를 생각해보면 준서와 지환이에게 가장 큰 선물을 주신 분들은 두 분 어머니다.

같은 나이만 친구가 되는 것은 아니다. 현수와 민재는 2개 학년 차이가 나는 형과 동생으로 좋은 관계였고 케미가 좋았다. 지체장애였던 동생 민재는 움직임이 어려워서 휠체어를 타고 생활해야 했다. 남동생이 있어서 그런지 동생을 살필 줄 아는 마음이 따뜻했던 형 현수는 하루에 한 번 정도 쓰러지는 뇌전증이 있어서 적극적인 신체활동에 어려움이 있었다. 현수는 비슷한 어려움이 있어서 그랬는지 처음부터 민재를 살피는 마음이 보였다. 서로 말이 많이 오가지는 않았지만, 세상에 둘도 없는 멋진 형님과 동생으로 단짝을 만들었다. 서로 챙길 수 있게 도와주고 가끔 부러움을 가득 담은 목소리로 칭찬도 해주고, 서로 관심을 이어주다 보니 실제로 현수와 민재는 서로 제일 좋아하는 형과 동생이자 친구가 되었다.

특수교육지원센터에서는 친구 관계를 걱정하는 부모님들을 많이 만나게 된다. 좋은 친구가 있으면 좋겠다는 공통의 바람에는 크게 두 가지가 있다. 일반 학생들과의 관계에서 잘 지냈으면 하는 바람과 함께 일반 학생들이 친구가 되어주었으면 하는 바람이다. 장애가 없는 일반 친구가 아이와 자연스러운 친구가 되어주면 더할 나위가 없겠지만 아쉽게도 저학년 때까지만 기대할 수 있는 상황이다. 요즘에 초등학생들을 3~4학년만 되어도 학교와 학원 일정이 빡빡해서 같은 학원, 같은 관심사가 있는 친구들끼리 모이는 분위기가 된다. 워낙 노는 시간이 짧다 보니 조금이라도 비슷하고 통하는 친구들끼리 모이고 싶어 하는 그 마음도 자연스럽다고 볼 수 있다.

통합학급에서의 아이들 간에는 서로를 존중하고 친절하게 대하는 것을 목표로 하는 것이 중요하다. 아이들이 관계에서 겪는 경험에 대해서 함께 버텨주고 곁에 서 있어 주는 것이 최선이 아닐까 생각된다. 그리고 우리 어른들이 아이들과 건강하게 관계 맺는 모습을 보여주고 자연스럽게 닮아갈 수 있도록 하는 데 집중할 필요가 있다.

부모님들이 호소하는 어려움은 친구 관계가 잘 만들어지면 좋겠다는 바람은 있지만 적절하게 맞는 친구가 없다는 것이다. 아이에게 딱 맞고, 아주 적절한 사람을 찾는 것은 우리의 욕심이 아닐까 싶다. 나이가 한두 살 차이가 나도 좋고, 장애가 달라도 사실 큰 문제가 되지 않는다. 최대한 많은 시간을 보낼 수 있는 학교, 같은 특수학급 친구라면 충분하지 않을까 생각한다. 관계 맺기에 아직은 서툰 면이 많아서 서로 연습도 필요하고 시행착오도 겪을 수밖에 없기에 함께 지켜봐 주고 적절히 도와주는 등 연습 시간이 필요하다. 특수학급은 그러기에 최고의 공간이 될 수 있다. 내 아이보다 조금 더 나은 아이와 어울리는 것만 바라는 욕심만 내려놓는다면 중요한 출발을 한 셈이 아닐까 싶다. 아이가 도움을 받는 것에 익숙해지기 쉬운데 오히려 다른 사람에게 도움을 주거나 나누는 경험은 그 자체로 아이를 풍성하게 만들 수 있을 것이다.

그렇다면 따뜻한 친구 관계를 만들어주기 위해 우리는 어떻게 도우면 좋을까?

가장 중요한 것은 장기적인 안목과 꾸준한 관심이다. 아이들이 스스로 표현하는 속도에 맞추어 기다려주되 반 발만 앞선다는 느낌이 중요할 듯싶다. 같은 공간에 편안하게 머무르는 것에서부터 함께 밥을 먹고, 같은 활동을 하면서 보내는 시간의 힘을 믿는 것이 중요한 바탕이 될 것이다. 좋은 친구가 돼야지 하는 목적으로 달려가기보다는 천천히 시간을 함께 보내다 보면 아이가 편안해하는 친구를 자연스럽게 찾을 수 있지 않을까?

다음으로는 부모님들끼리 서로 신뢰하고 아이들이 함께 즐기며 성장하기를 바라는 마음을 나누면서 서로 의지하는 것이다. 우리 아이들이 함께 시행착오를 공유할 수 있는 충분한 시간을 부모님이 만들어주려면 서로 진솔하게 마음을 여는 것이 가장 중요할 것이다. 사실 좋은 학부모님 사이의 따뜻한 관계는 우리 어른들에게도 더할 나위 없는 소중한 선물이다.

특수학급을 맡았을 때 어머님들끼리 티타임을 많이 권했다. 감사하게도 서로 친해지셨고, 수다를 나누며 마음도 나누게 되면서 어머님들의 표정이 바뀌었다. 부모님들이 서로 격려하고 나누는 분위기는 그 자체로 좋은 모델이 된다. 또 서로가 최고의 친구가 되기도 한다. 아이들이 조금 컸을 때 부모님들은 향긋한 커피 한잔에 즐거운 수다를, 아이들은 영화 한 편과 햄버거를 즐기는 모습을 충분히 그려볼 수 있다.

세 번째는 친구라고 해서 반드시 비슷한 연령이나 같은 성별로 한정 지을 필요가 없다는 것이다. 지금 현재 아이 주변의 한 사람 한 사람과 마음을 열고 인사를 나누며 안부를 주고받는 모습 속에서 좋은 형, 누나, 이웃들이 있으면 그 자체로 친구라고 할 수 있지 않을까? 동네 슈퍼마켓 아저씨도 좋고 빵집 아주머니도 좋다. 아파트 경비 아저씨도 좋은 친구가 될 수 있다. 특별히 무언가를 하는 것이 아니라 먼저 웃고 인사하고 따뜻한 말 한마디를 건네는 것에서 시작한다면 어느새 아이는 따뜻한 동네 친구들 속에 있게 되지 않을까 생각된다.

청소년 시기 이후부터 온전히 가족, 특히 부모님에게만 의존하는 경우, 아이에게 '심심함'이 최고의 고통이 되고 '외로움'이 상상하기 어려운 수많은 어려움을 불러오는 경우들을 종종 보았다. 시간이 갈수록 생기가 없어지고 사무치는 외로움에 누군가 나쁜 목적을 가지고 조금만 잘해주면 정신없이 빠져들거나 오락이나 인터넷 등 건강하지 못한 것에 중독이 되기도 한다. 소소한 일상을 함께 나눌 우리 아이의 소중한 친구, 그 상대가 누구든 먼저 관심을 보이고 호감과 칭찬을 나누는 것에서 출발해보면 어떨까?

무엇이 그리 좋은지, 편의점 벤치에 앉아서 함께 아이스크림을 먹으면서 서로 바라보며 더할 나위 없이 활짝 웃던 핑크 짝꿍이 떠오른다.

학교와의 갈등을 푸는
현명한 기술

"선생님, 어떡하죠. 너무 힘들어요…"

2학기 초반이었다. 아이가 유치원 때 학부모 집단상담에 참여하면서 인상 깊었던 준서 어머님께서 울먹이는 목소리로 전화를 주셨다. 준서 어머님은 아직 아이가 어린 학부모인데도 중심이 잡혀있고 동네 분들과도 아이의 어려움에 대해서 자연스럽게 나누며 잘 지내고 아이 아버지도 함께 캠핑을 다니면서 육아에 참여하는 소통이 잘 되는 가정이었다. 유치원 선생님이나 치료실 선생님들 모두 준서에게 일반학급 배치를 추천하며 잘 지낼 거라고 예상했고 초등학교가 기대되었던지라 나는 깜짝 놀랐다.

"어머니, 일단 오세요. 오셔서 차 한잔하면서 편하게 이야기해봐요…"

거의 1년 만에 본 준서 어머니 얼굴은 푸석푸석했다. 담임선생님께서 아이를 너무 강하게 혼내시고 이해를 해주지 않는다고 하셨다. 최근에 있었던 사건을 구체적으로 들어보니 담임선생님께서 자폐 아이에게 높은 목표를 가지고 있다는 생각과 한편으로는 어머니 정도면 이 문제로 이렇게 무너지지는 않을 텐데 싶은 마음이 들었다.

어머니에게 이번 일 말고 다른 일이 있었냐고 물으니 입학하고 3월에 준서가 교실을 벗어나서 보안관 아저씨에게 연락을 한 번 받은 적이 있고 운동장에 혼자 있었던 적도 2번이나 있었다고 하셨다. 어머니도 당황스럽고 아이가 담임선생님의 신경을 쓰게 한 것 같아 죄송하다고 말씀드리고 아이에게만 조심시켰다고 하셨다. 그런 일들이 있으니 항상 불안했는데 2학기에 아이가 계속 선생님에게 일상생활 문제로 주의를 받으니 울컥하신 듯했다.

모두가 잘 적응하리라고 기대했던 준서라 듣는 나도 좀 당황스러웠으니 어머니는 오죽했을까? 그런데 들으면서 어머님들이 학교에 무엇은 꼭 요구해야 하고 또 무엇은 좀 기다려봐야 하는 문제인지 구별하는 데 어려움이 있는 것은 아닌가 하는 생각이 들었다. 학교, 교사와 어떻게 대화를 나눠야 하는지 생각해 볼 필요가 있었다.

어머니께 문제를 구분해서 같이 해결해보자고 말씀드렸다. 우선 교실을 이탈해서 운동장에서 발견되는 문제는 안전 문제로 불안하고 아이에게도 좋지 않은 습관이 될 수 있기에 특수 선생님, 담임선생님과 먼저 의논해서 해결방안을 만들어야 하는 것이라고 말씀드렸다. 준서

선물

가 인지능력이 높은 자폐 친구라 세심하게 보지 않으면 자폐의 특성을 가볍게 보고 너무 높은 기대 수준을 갖게 될 수 있다는 점도 함께 나눌 필요가 있다. 준서가 그동안은 익숙한 환경과 선생님들 속에서 칭찬을 많이 받고 주도적인 역할을 했었다면, 환경이 급격하게 바뀐 곳에서는 충분한 시간과 여유가 필요했는데 서로 충분히 의논되지 않으면서 부모님은 부모님대로 불안했고 담임선생님은 아이에게 너무 높은 수준에서 요구를 했던 것 같았다. 일반학급에 완전통합이어서 아쉽게도 특수 선생님의 개입도 거의 없었다.

어머니와 함께 전체 상황을 이해해본 이후 특수 선생님을 먼저 찾아뵙고 의논을 드려보라고 말씀드렸다. 교실 밖으로 나오는 행동의 원인과 담임선생님께서 준서에게 엄격하게 대하는 이유에 대해서 한번 살펴봐달라고 부탁하고 어떻게 해결해가면 좋을지 의논을 하시도록 했다. 다행히 특수 선생님께서 자연스럽게 회의 자리를 만들어 담임선생님과 허심탄회하게 이야기를 나누는 시간을 갖게 되었다. 담임선생님은 준서가 잘 따라오기에 잘할 수 있을 듯하여 엄격하게 했다고 말씀하셨고, 부모님은 준서가 왜 그런지를 생각해보고 조절해주려고 하기보다는 하지 말라고 주의를 주기만 했다고 설명했다. 준서가 교실을 나오는 행동은 주로 알림장을 검사받는 어수선한 시간으로 심심해서 운동장을 택한 것 같았다. 일단 준서에게는 알림장 검사 전후 선생님 도장을 제자리에 챙겨 놓은 역할을 주셨다.

일반학급 배치인 경우 특수교사 입장에서는 어느 선에서 개입을 해야 할지 정하는데 어려움이 있다. 일반학급은 담임선생님 중심으로 진행이 되어야 하고, 특수 선생님이 아는 척 하는 것도 불편해하는 경우가 있어서 특수 선생님들은 일반학급 배치라면 개입하는데 매우 조심스러운 면이 있다고 하신다. 그 학교에서도 일반학급 배치이기에 어려움이 더했던 것 같았다. 기능이 좋았던 준서라 담임선생님은 너무 높게 평가해서 일반 학생처럼 접근했고 어머니는 그 기대를 쫓아가느라 아이 중심에서 담임선생님 중심으로 기준이 흔들리면서 적절한 중재를 하지 못했던 것 같았다.

아이가 일반학급 배치인 경우 반드시 특수 선생님께 인사를 드리고, 항상 의논드릴 것이고 선생님도 언제든 의견을 달라고 말씀하시는 것이 좋다. 당연한 것 같지만 1학년 일반학급 배치를 한 학부모님들은 이 과정을 놓치는 경우가 있고 그러다보면 적절한 협력이 이루어지는데 시간이 꽤 걸리게 된다.

교실이탈은 안전에 대한 문제로 꼭 해결해야 할 중요한 문제여서 담임선생님, 특수 선생님, 교감 선생님까지 모두가 함께 대안을 만들고 다시 발생하지 않도록 해야 하는 사안이라고 볼 수 있다. 그런데 어머니는 오히려 아이의 부주의라고만 생각해 죄송하다고만 말씀드리고 안전 문제를 해결할 방안을 만들지 않은 상태라 그 불안함이 계속될 수밖에 없다. 그러다보니 충분히 소통할 수 있는 문제인데도 오히려 감정이 터지는 것이라는 생각이 들었다. 어머니께도 말씀드리니 1학기에 그런 일을 있고 난 이후부터 죄송하다고 말을 했지만, 학교에 대해서 더 불안한 감정이었다고 하셨다.

안전 관련 문제는 그 무엇보다 중요하다. 일반학급 배치라고 해도 모든 방법을 동원해 최우선으로 안전장치를 만들어야 할 의무가 학교에 있는 것이고 부모님은 당연히 요구해야 할 문제다. 아이가 곧 괜찮아지겠지 하는 마음으로 어머님도 가정에서 지도해야 된다고 생각하셨을 수도 있겠지만 한두 번이 아니라면 시급히 조치를 취해야 한다. 그리고 1학년인지라 함께 어떻게 해결해나갈지를 학교에 요청하고 서로 노력하는 모습을 경험했다면 어머니가 느끼는 학교는 달라졌을 것이다.

그렇다면 어떤 것은 선생님께 바로바로 요청해 대처를 해야 하고 어떤 것은 한 박자 쉬면서 가면 좋을까?

먼저 발 빠른 요청과 대처가 필요한 부분은 환경과 아이들 상황 모두가 다른지라 일률적으로 말하기는 어렵다. 그렇지만 교실 이탈 같은 안전 문제, 화장실 이용, 식사 문제 그리고 교육과정 예를 들면 수영수업, 현장학습, 운동회, 학예회 등 교육과정에는 참여할 수 있도록 말씀하셔야 한다. 부모님 중에 다른 학생들이나 선생님께 부담을 드리고 싶지 않은 마음에 조용히 가정 학습으로 돌리기도 하는데 공교육 자체가 통합교육을 바탕으로 하는 것이기에 교육과정은 누구든 참여할 권리가 있고, 아이들은 교실 밖 교육과정에서 크게 성장하는 계기가 된다. 무엇보다 아이들이 매우 참여하고 싶어하는 활동이다. 익숙하지 않아 어려움이 조금 있다 해도 참여할 방법은 어떻게든 찾을 수 있다.

대화의 팁은 딱 한 가지다. "우리 아이가 학기 초부터 엄청나게 기대하고 있고 가고 싶어 한다"이 한마디면 된다. 나머지는 어른들이, 학교와 교사와 지원체계가 준비하고 계획해야 하는 일이다.

휠체어를 탔던 5학년 남자아이가 수련회를 가게 되어 어떻게 하면 좋겠냐고 물어 온 어머님이 계셨다. 수련원이 산자락에 있어서 휠체어 이동이 어려운 곳이라 선생님들이 따로 답사도 가야 하는데 어떻게 하면 좋겠냐는 물음에 기쁘게 "감사하다" 한 마디 하시면 충분하다고 말씀드리고 아드님과 그 설렘을 만끽하시라고 했다.

감사하는 마음으로 즐기고 서로 격려하면 그것으로 충분한 것이다. 학교에 부담을 주고 싶지 않다고 먼저 움츠러드는 것은 오히려 학교와 선생님을 믿지 않는 것일 뿐이다. 예를 들어 가정에서 힘들어도 애써서 준비한 음식 앞에서 미안해하고 움츠러드는 자녀와 감사하는 마음으로 맛있게 즐기는 자녀를 생각해보면 답이 나오지 않을까? 믿고 의지한다면 감사하고 행복할 일이다.

한 박자 쉬었다 가야 하는 것도 있다. 반 아이 중에 우리 아이와 갈등이 되는 친구가 있는 경우 특히 다소 넓고 장기적인 관점을 가져야 한다. 왜냐하면 우리의 가장 큰 목표는 우리 아이를 비롯한 다양한 사람들이 다 같이 어울려 사는 것이다. 그런데 아이들의 행동은 그리 짧은 기간에 변하지 않는다. 담임선생님을 믿고 함께 도와가야 할 부분이며, 같이 변화시키려는 관점이 필요한 부분이다. 물론 그 기간 우리 아이가 어려움을 최소한으로 겪도록 더 많은 정서적인 지원과 물리적인 세팅이 필요하다.

특수교육지원센터에 근무하다 보면 학교에 문제를 제기하려고 가는 중이라며 전화를 주시기도 한다. 어떤 방향으로 이야기를 시작하면 좋을지를 묻는 경우도 있는데 나 또한 감사하게 생각하며 지혜를 모아 보기도 한다.

아이의 학교생활과 관계된 문제라면 대부분의 출발은 담임선생님 또는 특수 선생님과 의논하는 것이다. 가능하다면 먼저 상황을 물어보시는 것도 좋다. 왜냐하면 각자 보는 입장에 따라 다르게 이해하고 있을 수 있기 때문에 가능한 한 정확하게 팩트를 체크해 객관적인 사실을 파악하는 것이 중요하다. 그리고 "~ 이런 이유로 당황스러웠다", "~ 이래서 ~ 걱정이 되었다", "~ 이래서 불안한 마음이 들었다" 이렇게 감정을 표현하시면 좋다. 한 번의 의논으로 명쾌하게 해결되었다고 생각되지 않을 때에는 막연하게 잘 부탁한다고 마무리짓기보다는 '저도 생각을 해볼 테니 선생님도 고민해보시고 다시 의논하면 좋겠다'고, 언제 다시 뵈면 좋을지 확인해 다음 날짜를 분명하게 잡는 것도 좋다. 그래야 막연하게 기다리면서 불안이 증폭되거나 늘어지는 것을 막을 수 있다.

선생님과의 의논에서 충분하지 않다고 판단되는 경우에는 교감 선생님을 찾아야 한다. 교감 선생님은 모든 선생님을 지원하고 관리하는 역할이기에 선생님과 이렇게 저렇게 의논했는데 '내 생각은 이렇다'고 말씀하시고 교감 선생님이 더 좋은 방법을 찾아주실 거라고 믿고 의논 드린다는 것을 강조하면 대부분 좀 더 적극적으로 해결방법을 찾게 된다. 이때도 마찬가지로 언제 다시 연락을 드리면 좋을지 물어 자연스럽게 유선이나 직접 만나서 의논할 수 있는 다음 날짜를 잡는 것이 필요할 수 있다. 물론 교감 선생님 선에서 해결이 되지 않았다면 교장 선생님, 교육지원청, 시도 교육청, 신문고 등 다른 많은 경로가 있다.

절차를 밟는다는 것은 다소 진부하게 느껴질 수도 있지만 입장을 바꿔 우리 집과 관련된 일을 우리 옆집, 우리 부모님께 먼저 알린다고 생각해보면 절차를 밟는 것의 중요성을 느낄 수 있다. 교감 혹은 교장 선생님께 의논을 드릴 때는 '제가 경험이 많지 않아서 의논드린다'고 시작하면 그리 어렵지 않을 수 있다. 경험도 많고 선생님들 모두를 관리하고 지도하시니 제일 적절한 해결안을 주실 듯해서 믿고 의논드린다고 말씀드리면 대부분의 학교 관리자들은 최선을 다할 것이다. 그리고 의논드릴 때 막연하게 마무리하기보다 며칠까지 답을 주시면 좋겠다고 표현하면 더욱 더 속도감 있게 서로 협조해나갈 수 있을 것이다.

대화를 시작할 때 가장 주의할 것은 최대한 흥분하지 않고 이성적으로 차분히 진행하는 것이 아닐까 싶다. 따지고 싸우듯이 접근하지 않는 것이다. 예의와 선의를 표현하면 상대도 최선을 다할 것이다.

그리고 중간에 흐지부지되지 않게 관심을 가지고 확인하고 함께 해결할 것이라는 의지를 꾸준히 보여주는 것이 필요하다. 우리 아이와 관련된 문제여서 부모님들은 세상 제일 중요한 문제이지만 학교 측이나 교육청에서는 중요한 10가지 중에 하나, 100가지 중에 하나로 여기기 쉬워 학교나 교육청에서 중요하게 인식하고 앞당겨서 해결하도록 움직이게 하려면 포기하지 않고 끈질겨야 한다. 너무 흥분하지 말라고 하는 것은 시간과 어른들의 에너지가 흥분하는 곁가지에 쏠릴수록 우리 아이는 불안하게 되어서 가장 피해를 보기 때문이고 해결에는 크게 도움이 되지 않기 때문이다.

얼마 전 특수학급이 설치되지 않은 초등학교에 특수학급 신설을 요청하셨던 어머니가 매우 인상적이었다. 자녀의 입학을 앞두고 5월경에 처음 특수교육지원센터에 연락을 주셨고 전체적인 신증설 관련 신청 일정과 기존의 사례들을 함께 확인하셨다. 학구 학교에 특수학급을 만드는 것은 자녀가 해당 학교에 꼭 입학할 것이라는 꾸준한 의지 표현과 확인이 필요한데 이를 놓치지 않으셨다. 어머님께서는 8월경부터 한 달에 한 번씩 꾸준하게 교육청과 해당 학교에 전화하셨다. "모든 아이들과 똑같이 걸어서 동네 초등학교에 다니고 싶은 것이 욕심일까요?" "한 달쯤 뒤에 진행 과정을 확인차 전화드리겠습니다" 그 과정에서 이해가 가지 않는 여러 부분들은 바로 연락을 주셔서 같이 흥분도 하고 위로도 하면서 감정을 바로바로 비우고 충전하였다. 차분히 원하는 것을 만들어내는 어머님은 그야말로 최고의 소통능력을 가졌다.

통합교육의 역사가 그리 길지 않은 학교에 대해 요구와 조정과 협의 없이 매끄러운 발전을 기대하는 것은 어쩌면 욕심일 수도 있다. 지역교육청, 교육지원청, 인권위, 언론사, 의회 등 쉽지는 않지만 여러 가지 방법들도 존재한다. 다만 의사표현에 서투른 우리 아이들의 목소리를 올곧게 담아내기 위해서는 그 무엇보다 우리 부모님들이 소통능력을 갖추는 데서 출발해보면 어떨까 생각해본다.

재미에서
출발해야!

"선생님, 준서가 이제 정말 야구 전문가가 돼서요. 프로야구 기록관 같은 직종은 없을까요?"

오랜만에 만나 뵌 어머니께서 들려준 준서 소식이었다. 오~ 프로야구 기록관이라… 생각이 미치자 야구협회부터 야구장 안팎의 다양한 일들까지 파노라마처럼 펼쳐졌다.

준서가 야구에 관심이 있다고 처음 알게 된 것은 초등학교 2학년 때였다. 우연히 생긴 야구 경기 티켓으로 가족이 구경을 갔는데, 어디든 집중하지 못하고 왔다 갔다 바쁘던 준서가 야구 경기에는 평소와는 달리 집중하는 모습을 보였다고 한다. 세심한 어머니께서 준서의 관심을 알아차리면서 야구장을 주기적으로 방문하게 되었는데, 흥분해서 경기장 안으로 들어가려고 하거나 질서를 지키지 않으면 바로 관람을 중단

선물

하고 집으로 가는 방법을 선택하셨다고 한다. 어머니는 "위험하지 않은 관람" 하나만을 목표로 몇 달간 줄다리기할 때가 제일 힘들었지만 기초 작업을 잘하신 것 같다고 웃으셨다. 안정적으로 관람하게 되면서 야구에 대한 준서의 관심은 여러 가지로 확산되었다. 야구 선수, 야구팀, 야구 규칙, 야구 역사, 응원가, 경기 기록, 스포츠 뉴스까지. 야구 기사 때문에 신문도 가까이하게 되고 야구 관련 책 읽기, 홈 경기장 방문을 위한 여행, 이후에는 겨울철 농구 등 다른 스포츠로까지 확대되었단다. 초등학교 때부터 그 누구보다 야구에 박식하고 또래들에게도 인기 만점인 야구 스토리를 품은 멋진 학생이 되었다.

아이들을 만나다 보면 좋아하는 것을 찾지 못해서 동기부여도, 적절한 주고받는 관계 맺기도 쉽지 않은 경우가 많다. 좋아하는 것이 있어야 그것에 같이 관심을 주면서 관계가 시작되고 주고받기를 경험할 수 있다. 학습도 마찬가지이다.

부모님들이 학습 방법을 물어오실 때마다 거꾸로 자녀가 좋아하는 것을 묻게 된다. 아이가 좋아하는 것에서 관심을 확장해가는 반가운 부모님들도 계시지만 잘 모르겠다고 하시는 경우가 종종 있다. 혹은 도움되지 않는 쓸모없는 것만 좋아한다고 하찮게 생각하시는 경우도 있다. 오히려 집착하는 것으로 여기면서 어떻게 멈추게 할지를 고민하시는 경우도 있다.

나도 처음에는 집착으로 느꼈던 아이가 있었다. 중국집을 운영하느라 바쁘신 부모님 몰래 지하철을 타고 늦게까지 돌아다녀서 심장을 철

렁하게 했던 2학년 제헌이었다. 현장 학습 때는 지하철 개찰구의 기다란 바가 무서워서 제대로 넘어가지도 못하면서 어떻게 몰래 타는지 신기했다. 정확하게 어떤 이유인지는 모르겠지만, 지하철은 제헌이에게 최고의 매력덩어리인 것은 부인할 수 없는 사실이었다. 고심 끝에 지하철 타는 것은 꼭 없애야 하는 나쁜 행동이 아니고, 좋아하는 것이 있다는 것은 그만큼 그것을 위해 참고 배울 수 있고, 다방면으로 학습을 확장할 수 있는 귀한 자산이라고 마음을 바꾸기로 하였다. 지하철은 몰래 타는 것이 아니라 함께 즐겁게 타는 것으로 생각하도록 제헌이의 모든 학습은 지하철로 시작하였다. 좋아하는 지하철을 그리면서 착석 시간이 늘어갔고 지하철역 이름으로 한글을 배웠다. 노선 번호에서 시작해서 차량번호로 큰 숫자도 배웠다. 화폐 사용도 지하철 요금으로 시작했다. 지하철 안내방송을 스스로 녹음하면서 아나운서처럼 발표 능력도 향상되었다. 영문명으로 알파벳을 익혔고 자동판매기 사용법, 지하철역마다 가볼 만한 지역의 명소 등을 통해 지역사회를 익혀나갔다. 준서의 예처럼 지하철 안에서 기본질서를 지키지 않으면 바로 떠나는 과정은 필수였다. 초반에는 단호하게 데리고 나오다가 인정 많은 한 시민에게 한 소리를 듣기도 했다. 4학년 때부터는 제헌이와 단둘이 우아하게 2호선 한 바퀴를 돌 수 있었다. 목적지를 함께 정하고 자는 척 눈을 감고 제헌이에게 의지해서 하차하는 연습을 하고, 안내방송을 듣고 역에 대한 시각정보를 처리하는 능력도 키워나갔다. 자리에 앉지 않고 지하철 유리창에 딱 붙어서 창밖을 보기는 했지만, 그때 제헌이는 너무나

선물

도 행복해했고 나 또한 지하철 여행을 즐겼다.

눈도 맞추지 않고 모든 것들을 스쳐 지나는 듯했던 상민이가 우리 교실에서 처음 반응을 보인 것은 커피믹스였다. 쉬는 시간에 커피 한잔이 그리워서 커피믹스 포장을 뜯으려고 했더니 언제 봤는지 쪼르르 내 앞으로 와 손을 내밀었다. 다음날도 같은 반응을 보이면서 커피믹스로부터 관계를 맺기 시작해 자발어(반향어와 반대 개념으로, 시키지 않아도 스스로 자신의 의도를 담아 표현하는 말)를 하는 출발점이 되었다.

"상민이가 커피 뜯어보고 싶구나! 오늘부터 상민이가 우리 교실 커피점 사장님하면 되겠네"

"상민이가 만들어주는 커피가 최고네"

"상민아, 앞으로 '커피 주세요'라고 말하면 선생님이 줄게요"

"커피 주세요"

"커…"

커피믹스를 들고 "커피 주세요"를 따라 하는 것에서부터 살짝 비슷한 소리를 내기만 해도 커피로 알아듣고 믹스를 내주었다. 아이가 말을 하면 무엇인가 원하는 것을 얻게 된다는 것을 경험으로 느껴보게 하는 것이 핵심이었다. 상민이가 먹지도 않는 커피믹스에 왜 반응했는지는 지금도 사실 잘 모르겠다. 그렇지만 무엇인가에 눈을 맞추고 요구를 시작했던 그 아이의 반응은 정말 귀했고, 그것에 함께 집중하면서 아이를 만날 수 있었고 비로소 의미 있는 학습이 시작될 수 있었다. 커피에서 시작된 표현은 이후 좋아하는 "컴퓨터"가 두 번째 주인공이 되었고, "하고 싶어요", "도와주세요"라는 단어로 마음을 나누게 되었다. 시간이 지나면서 내가 좋아하는 커피를 제일 멋지게 준비해주는 최고의 제자가 되어주었다.

역사 전문가 원호도 그 시작은 도서관에서 반복적으로 빌려오던 역사 그림책에서라고 한다. 내용을 아는지 모르는지 무심코 지나치다가 반복되는 것에 주목하기 시작한 것이 출발점이 되어서 국내 곳곳을 역사 여행하게 되었고, 도로명, 지역명, 여행 경비, 메뉴, 여행 스케줄을 잡는 것 전체를 거뜬히 해내는 능력자가 되었다.

유희왕 카드는 영민이에게 최고의 친구였다. 별명이 '유희왕'일 정도로 유희왕 카드에 대한 사랑이 유별났다. 유희왕 그림을 함께 보면서 시간을 보내기 시작해서 같은 그림끼리 모으기, 몇 개 있는지 수 세기, 수집책에 정리하기를 배웠다. 이름 알아보기를 시작으로 해 한글 공부뿐만 아니라 카드를 사기 위해 집에서 분리수거를 하고 주급으로 받는 돈을 사용하면서 경제를 배우게 되었다. 그야말로 카드를 재미있게 즐기고 놀 줄 아는 "유희"왕이 되어서 어깨가 으쓱하도록 자부심을 가득 담아 자기소개에서 빼먹지 않았다.

아이가 좋아하는 것을 어떻게 발견할까? 우리는 다소 섬세해질 필요가 있다. 어른들이 볼 때 별 의미 없는 것으로 보일지라도 평가하지 않고 함께 머물러 주는 것부터 시작이다. 자신이 좋아하는 것을 상대방이 함께 느껴준다는 것 자체가 굉장한 행복이어서 애정이 샘솟을 수밖

선물

에 없게 된다. 아이가 무언가에 조금 더 눈길을 주거나 표정이 변하거나 가까이 다가오거나 집중하는 듯하거나 반복적으로 요구하거나 행동한다면 비록 작더라도 그것에서부터 출발하면 된다. 그것이 아이와 관계의 시작이 될 수 있고 한글학습, 숫자 공부, 국어, 수학, 사회, 사회성, 지역사회 이용, 화폐 사용, 직업 세계까지 확장될 수 있는 것이다. 직업과 연결되지 못하더라도 성인이 되어서 취미생활이 되고, 생활의 활력소만 된다 해도 아이의 인생은 얼마나 풍요로워질까?

우리 아이들뿐 아니라 모든 아이가 초등학교 저학년까지는 부모님이 이끌면 따라오는 듯 느껴진다. 그래서 아이의 재미와 관심에 초점을 두기보다는 부모의 관심과 속도에 더 무게를 두는 오류를 범하게 된다. 대부분의 아이들은 보통 사춘기를 겪으면서 부모가 아닌 "나"에 집중하게 되면서 힘겹게 균형을 찾아가지만, 우리 아이들은 균형을 찾아가는 것이 굉장히 어렵다. 세밀한 소통이 어렵기 때문에 처음부터 잘 쌓은 관계가 아니라면 다시 변화시키는 데는 두 배 이상의 시간을 들여도 어려울 수 있다. 이럴 경우 학습이란 단어조차 올리기 어려운 것이 된다.

지금까지도 내 마음 한쪽에 아프게 남은 수민이가 그 경우다. 4학년 때 전학 온 수민이는 '네 자리 수 나누기 두 자리 수'가 가능할 정도로 당시 학습 능력은 최고였고 부모님도 4학년 교과서로 공부시키고 계셨다. 특수학급에서도 4학년 교과서로 진도를 내자고 요청하셨다. 사는 집도 다니는 학교도 바뀌어서 불안과 긴장의 상태가 최고조였지만 부모님은 학습을 잠시 멈출 정도의 여유도 갖지 못하셨다. 그러다 여러 가지 행동적인 어려움이 시작되었고, 5~6학년이 되면서는 모든 치료실을 거부하면서 공격적으로 되기도 했다. 활동성이 작아졌고 욕구충족이 되지 않으면서 먹는 것을 조절하기가 더 어려워졌다. 연필을 쥐여주면 한 번에 꽉 눌러서 부러뜨렸다. 특수학급에서도 학습 시도는 커녕 등을 쓸어주면서 화난 심정을 알아주고 함께 산책하고, 좋아하는 활동 중심으로 마음을 풀어주고 나누는 것에 집중할 수밖에 없었다.

재미있는 것에서부터 출발하면 과정이 부드럽고 성취 또한 좋다. 동기부여가 되어야 하는 것은 모든 아이에게 적용되는 가장 기본적인 원칙이다. 특히 우리 아이들에게는 동기부여가 된 것과 그렇지 않은 것은 하늘과 땅 만큼 굉장한 차이를 보인다. 아이의 학력을 위해서도, 아이와 관계를 위해서도, 아이가 꾸준히 걸어갈 수 있게 하기 위해서도, 아이가 어른이 되어서 함께 살아갈 수 있기 위해서도, 우리는 반드시 아이의 마음과 재미에서 출발해야 한다. 특히 학습은 반드시 그렇게 해야 중학교, 고등학교까지 길게 갈 수 있다.

아이들이 좋아하는 것에 집중하지 못하는 이유는 아마도 함께 집중해주면 무서운 집착이 될까 하는 어른들의 걱정 때문일 것이다. 집착과 몰입은 동전의 양면 같은 것이라서 어떻게 보느냐에 따라 360도 달라질 수 있다. 다행히 우리 아이들은 아직은 말랑말랑한지라 세심하게 함께 걸어가 주면서 확장을 한다면 충분히 풍성하게 펼쳐질 수 있다고 생각한다. 다양한 경험이 도움이 될 수 있기에 부모님 혼자서 고민하시기보다는 주변의 선생님들과 함께 의논하면서 하나하나 방법을 찾으라고 권해드리고 싶다. 중요한 것은 예쁘게 성장하려고 하는 우리 아이의 마음을 올곧게 믿는 것이다.

어쩌면 우리 아이들이 우리와, 또 세상과 만나고 싶은 간절한 마음을 그렇게 표현하는 것은 아닐까? 집착을 몰입으로, 소통의 출발점으로 바라보고 머물러주고, 아이의 생활 속에서 어떻게 배치할 것인가를 고민해보면 어떨까? 집착을 몰입의 시작으로 보는 순간, 아이와 소통이 시작되며 깊은 관계 경험이 시작될 수 있다.

얼마 전에 야구 전문가를 꿈꾸는 준서의 어머니와 통화를 하다가 후배 부모님들께 꼭 전하고 싶은 양육 팁이 무엇인지 물었다. 준서가 고2라 진로에 대한 이야기일 것으로 생각했는데, 예상을 벗어나 어머니는 그 무엇보다 '집안에서 함께 살아갈 수 있는 어른'으로 키우는 것이 중요하다고 강조하셨다. 아이의 마음과 함께 움직여주지 않고 과하게, 일방적으로 끌고 오면 아이들은 사춘기가 되면서 폭력적으로 변하고 결국 한집에서 함께 살기 어려운 지경에 이른 집들이 많다고 했다. 직장을 갖는 문제는 그다음 문제라며 강조하시는 목소리에 나도 모르게 간절함과 긴장감이 전해졌다. 재미에서 출발한 학습이 선택이 아니고 필수여야 하는 이유는 한 집에서 함께 살아갈 수 있는, 우리 가족을 온전하게 지켜내기 위한 중요한 출발이기 때문일 것이다.

절대 피하고 싶은 학폭위에
슬기롭게 대처하기

　모든 학부모님이 가장 걱정하시는 것이 아이가 학교폭력위원회(이하 학폭위)의 가해자 또는 피해자가 되는 상황일 것이다. 학폭위는 학교에서 발생하는 다양한 폭력에서 아이들 서로를 "보호"하고 "교육"하고자 만들어진 제도이다. 하지만 실상 현장에서 학폭위까지 올라가게 되는 상황은 대부분 가·피해자 학생들을 보호하고 교육하려는 것이 아닌 어른들의 감정싸움으로 변질된 경우로 어렵지 않게 볼 수 있다.

　아무리 좋은 뜻에서 만든 제도라도 누가 어떤 마음으로 사용하는가에 따라 달라지는 면이 있음을 학폭위에서 발견하게 된다. 종종 좀 더 교육적으로 품고 지도하면 좋을 듯싶은 사건들도 처벌과 갈등으로 증폭되는 상황이 되면 모두가 씁쓸해지게 된다. 요즘에는 우리 아이들도 피해자가 아닌 가해자로 올라가는 사례가 증가하고 있다. 과거에는 도움이 필요한 아이라는 이유로 사회적 책임에서 면제되었다면 최근에는 책임지는 경험을 배우게 하는 것이 교육적으로 더 중요할 수 있다는 의견이 많다.

다행히 우리 장애 학생들을 지원하기 위하여 장애 학생 인권지원단(이하 인권지원단)이라는 기구가 지역 특수교육지원센터에 마련되어있어 학교폭력 문제가 발생한 경우 지원하게 된다. 절차를 살펴보면 학교폭력 사안이 발생한 것을 학교에서 인지하게 되면 학교는 소속 교육청과 특수교육지원센터에 있는 인권지원단에 동시에 보고해야 한다. 인권지원단에서는 가·피해 학생 지원 방안을 논의하여 특별지원 실시 여부를 판단해 필요한 경우 학교폭력 대책심의위원회에 특수교육 전문가를 참고인으로 배석시키게 된다. 2020년 3월부터는 가벼운 사안인 경우에는 학교장 자체 해결로 진행되고, 중대하다고 판단되는 경우는 지역교육청에서 학교폭력 대책심의위원회를 개최하고 전문적인 법률 조력자도 참여한다. 조치가 결정되면 인권지원단에서는 가·피해 학생 지원 및 사후관리를 학교와 함께 모색하게 된다. 학폭이라는 상황에 맞닥뜨리지 않는 것이 좋겠지만, 적어도 어떻게 대처해야 하는지 아는 것은 필요하다. 특히, 부모의 태도와 준비, 대처는 문제를 쉽게 해결할 수도, 복잡하게 만들 수도 있다.

2~3년 전의 일이다. 관내 학교에서 6학년이었던 우리 아이를 대상으로 같은 반 학생들이 돈을 빼앗은 사건으로 학폭위가 열리게 되었다

는 연락을 받았다. 같은 반 친구들과 나름 잘 어울리면서 지내는 듯해서 부모님도 담임선생님도 흐뭇하게 보던 차에 친구들이 떡볶이를 먹자며 주기적으로 돈을 가져오게 하고 정작 그 돈으로 우리 아이를 빼고 군것질을 하거나 아주 가끔 끼워주면서 한 학기를 지낸 경우였다. 소속 학교에서 인권지원단에 보고한 상황이었다. 다행히 센터 학부모 상담 프로그램에 참여하였던 아이의 아버님께서 먼저 연락을 주셔서 뵙게 되었다. 아버지께서는 반 친구들이 함께 어울려줘서 고마운 마음에 평소 칭찬도 많이 하고 믿으셨던 만큼 큰 배신감을 느끼고 장기간 이루어진 상황에 분노하셨다.

5학년 때부터 같은 반 친구였던 3명의 남학생이 가해자가 되었다. 사건과 학생들을 바라보는 선생님들과 부모님의 판단은 엇갈렸다. 담임선생님과 특수 선생님은 같은 중학교로 가야 하는 친구이며 개선의 여지가 있다고 판단하고 계셨다. 학폭위보다는 반성하고 교육을 강화하는 것을 원했지만 큰 배신감을 느낀 아버님의 단호하게 대처해야 재발하지 않는다는 판단을 바꿀 수가 없었다. 결국 학폭위가 열리고 해당 아이들은 징계를 받게 되었다. 그 아버님은 의지대로 단호하게 처리되어 분노와 감정을 풀었을지 모른다. 그러나 아이 주변에는 친구 관계가 썰물처럼 빠져나가 버리는 아픈 일이 되었다. 아이들을 보호하고 교육하기 위한 제도가 처벌로만 끝난 것이다. 과연 아이를 중심에 둔 판단이었을까?

우리 아이들끼리 가·피해자가 된 성 관련 학폭위도 있었다. 성 문제는 워낙 예민해 그동안 쉬쉬했던 탓인지 이제는 반드시 공식화해서 학폭위에 올리게 되어 있다. 우리 아이들에게도 예외가 없다.

학폭위 결과 내가 가해 학생과 부모의 교육을 담당하게 되었다. 마침 센터 방학 프로그램 등으로 알고 있던 학생이었다. 피해 학생과 부모님의 상담도 인권지원단에서 병행하기로 해 담당 선생님과 사전에 방향을 공유하였다. 홀로 아이를 키우던 가해 학생의 아버지는 상담 초반 2회 정도를 아이가 장애로 인한 어려움이 있어서 그러는데 꼭 학폭위까지 해야 하느냐, 이런 것이 또 다른 차별이 아니냐는 등의 속상함과 그간의 힘들었던 이야기를 쏟아내셨다. 홀로 부모의 역할을 감당해보고자 최선을 다했던 삶의 무게와 묵직함에 충분히 공감되었다. 3회기 상담부터는 그동안 아이의 성장 과정이나 환경, 아이의 마음 등을 함께 살피는 시간이 되었고, 비로소 아이의 외로움과 헛헛함에 가닿을 수 있게 되었다. 동성 친구 관계를 회복할 방법을 함께 찾아봤고 그룹으로 운동할 수 있는 시간을 만들어보고, 가족 내에서는 누나가 협조하기로 했다.

아이와는 공식적인 자리에서 놀랐을 마음을 다독이며 결과에 책임지는 과정을 함께 나누고 눈높이에 맞게 구체적인 성교육을 진행하였다. 어른들이 교육적으로 접근하니 가해 학생, 피해 학생 모두 예전의 밝음으로 무난하게 돌아갈 수 있었다. 부모님들 간의 관계도 좀 더 돈독하게 유지되었다. 가해자였던 친구는 얼마 전에 의젓한 고등학생이 되어서 잘 지내고 있다는 소식을 전해 들었다. 다행스런 일이다.

누구나 알듯이 학폭위까지 가지 않는 것이 제일 좋다. 그것이 정말 정말 최선이다. 그렇지만 사안이 발생했다면 우리 어른들이 가장 중요하게 생각해야 할 점은 이 학폭위를 어떻게 교육적으로 잘 활용할 것인가이다. 가해자든 피해자든 아직은 어린아이들이기 때문에 미래를 살아갈 바른 방향과 태도를 가르칠 좋은 기회다. 아이들은 변화한다. 우리 아이들에게는 자신의 행동에 대한 책임을 지는 경험으로 자리매김하도록 하는 것이 가장 중요하다.

초·중학교까지의 학폭위 사항은 학생기록부에 절대 남지 않는다. 일생일대의 큰 사건으로 확대 해석하지 않도록 조심할 필요가 있다. 학폭위 관련해서는 의논할 수 있는 체계를 이용하실 것을 가장 추천하고 싶다. 교육청 특수교육지원센터에 있는 인권지원단에 도움을 요청하는 것도 추천할 만한 방법이다. 인권지원단은 장애 학생 인권 보호 및 학교폭력, 성폭력 예방과 지원을 위해 교육지원청(특수교육지원센터) 내에 설치된 기구라서 현장을 지속적으로 지원하는 일을 하고, 경력 많은 특수 선생님과 상담 선생님, 지역의 사회복지 전문가, 관할 경찰까지 위원단으로 구성되어 있다. 무엇보다 예방을 목적으로 하고 있고, 지역의 교육, 상담 및 사회복지 전문가 선생님들의 협력 속에서 더욱 전문적인 도움을 받을 수 있다는 장점이 있다. 실제 우리 학생이 포함된 학폭위가 열리게 되면 학교에서는 반드시 인권지원단에 보고하게 되어 있고 인권지원단은 학교 현장을 방문하여 장애 학생 지원 계획을 수립하게 되어 있다. 표현에 어려움이 있는 경우 우리 아이들은 상황 설명과정에서 특수교사나 상담가 등 전문가의 조력을 받을 수 있으니 부모님이 개별로 감당하려고 하기보다는 경험 있는 특수교육지원센터나 특수교사와 의논을 하시는 것을 추천해 드린다.

개별 학교에서 운영되던 학폭위는 2020년부터는 지역 교육청에서 담당하게 되었다. 그만큼 학폭위가 선생님들이 운영하기에도 어려움이 많고 교육적인 측면에서 긍정적인 면보다는 개별학교의 공동체 문화가 깨지는 부작용이 많았기 때문일 것이다. 서울에서는 학폭 관련해 재심 청구가 매우 높을 만큼 어렵고 난해한 상황이다. 그러니 예방하는 것이 최선이다.

학폭위를 가장 슬기롭게 예방하는 방법은 무엇일까?

먼저 아이가 목욕할 때 상처가 있는지 등 일상적이고 자연스러운 방법으로 세심하게 살펴야 한다. 갑자기 학교 가기 싫어하거나 힘들어 한다면 무슨 일이 있는지를 묻는 것이 필요하다. 초등학교 고학년이나 중학생이 되었을 때 돈을 어떻게 사용하는지에 대해서도 세심하게 관찰해야 한다. 그리고 일상에 대한 대화를 많이 해야 한다. 용돈을 주고 있다면 확인 감시가 아니라 관심을 주고받는 모드로 세심하게 살펴야 한다. 가능하다면 뉴스를 같이 보면서 사회의 여러 사안에 대해서도 같이 이야기하고 어떻게 대처하면 좋을지에 대해서는 슬쩍슬쩍 자연스럽게 나누면 좋다.

두 번째 만약에 작은 일이라도 생겼다면 조기에 담임선생님, 특수 선생님과 어떤 절차로 예방하면 좋을지를 의논하면 좋다. 주변 어른들 모두가 아이를 같은 마음으로 세심하게 볼 수 있다면 그 이상의 예방은 없을 것이다. 우리 아이들뿐만 아니라 모든 아이들이 성장하면서 크고 작은 사안이 생기는 것은 어쩌면 피할 수 없을 것이다. 그러므로 어른들이 어떻게 접근해 해결하고, 아이에게 일관되게 설명하는가는 매우 중요하다.

정서·행동 특수교육대상 학생으로 감정 조절에 어려움이 많았던 3학년 여학생 선미는 부모님의 부부간 갈등으로 오랫동안 불안정한 환경에서 성장한 아이였다. 수많은 갈등을 겪으면서 등교를 거부하게 되면서 대상자로 선정되었고 특수학급이 있는 우리 학교로 전학을 왔다. 학교만 다니게 해달라는 어머니 간청에 2학년 1년간은 특수학급에서 오롯이 안정을 시켰고, 천천히 세상에 대한 신뢰를 쌓아갔다. 3학년이 되어서 조금씩 통합을 시키는 과정이었지만 아이는 불안하고 예민할 수밖에 없었고 자극이 많은 학급에서 친구들과 갈등이 종종 발생하던 그 시간을 견디고 있었다.

어느 날, 하굣길에 선미가 신발주머니가 없어졌다고 잔뜩 화가 난 채로 특수학급에 들어왔다. 아이에게 잠시만 기다려보라 하고 통합반 교실로 올라가서 한참을 찾다가 혹시나 하는 마음에 같은 층 화장실을 가봤다. 떨리는 내 마음을 비웃기라도 하듯 잔인하게도 신발주머니는 화장실 끝 칸에서 반쯤 물에 잠겨 있었다. 거의 15년이 지난 사건이지만 그 장면은 나의 머리에 선명하게 남았다. 누구를 향하는지 알 수 없는 분노와 결과적으로 섬세하지 못했던 나의 부족함에 대한 화가 뒤섞여 뭐라고 말할 수 없는 감정이었지만 일단 신발주머니와 신발을 헹궜다.

어른인 내가 이런 지경인데…. 이 사실을 있는 그대로 알게 되면 조금씩 좋아지는 선미에게 너무 큰 상처가 될 거 같았다. 그것만은 막고 싶은 마음에 선미에게는 선생님이 찾아서 기분 좋아서 흔들면서 오다가 학교 연못에 빠뜨렸다고 둘러댔다. 교실 구석에 있었다고.

아이를 하교시키고 담임선생님과 긴 시간 의논을 했다. 딱히 짐작 가는 학생이 없다고 하셨고 신발주머니를 복도에 걸어두는 상황이어서 같은 반 학생이라고 단정 짓기에도 어려움이 있었다. 가해자를 잡기 위해 상황을 확산시키면 많은 사람들 입속에서 일파만파가 될 수도 있다고 판단해 결국 둘만 아는 사건으로 정리를 했다. 대신 그 학년 전체를 대상으로 장애 학생 뿐만 아니라 모든 아이에게 적용될 수 있는 다양성에 대한 이해 교육을 진행하였다. 담임선생님들께서는 각 교실에서 서로 존중받는다고 느낄 때와 그렇지 않을 때를 이야기 나누며 함께 생각해보는 시간을 가져주셨다.

그때 공개해서 가해 학생을 찾고 사과를 받게 하는 것이 좋았을지 지금도 자신할 수 없다. 만약에 우리 아이가 알게 되었다면 가장 중요한 것은 당사자가 이해될 때까지 분명한 사과를 받게 하는 것이라고 생각된다. 성장하는 아이들이라서 잘못은 당연히 할 수 있지만 서로 사과하고 또 멋지게 받아들이는 것까지가 필요하다. 아이들뿐만 아니라 우리 성인들도 배워야 하는 성장의 한 과정일 것이다. 그렇지만 선미처럼 당사자가 모르는 상황이라면 어쩌면 당사자가 인지하지 못하도록 훨씬 더 강한 책임감을 가지고 완벽하게 후속 작업을 하는 것이 더 현명한 선택일 수도 있다. 더 세심한 교육, 관찰, 지도가 중요하다.

수많은 아이가 함께 공존하는 학교는 "오늘도 무사히"를 조용히 기도하게 만드는 살아 움직이는 생명체 같다. 그 속에서 끊임없이 서로 영향을 주고받으며 조금씩 성장하는 우리 아이들에게 어떤 문제가 생겼든 상황과 특성. 내용에 따라 해결 방법은 정말 다양할 수밖에 없고, 수학 문제가 아니기에 정답이라고 똑 부러지게 자신할 수 있는 것도 없다.

다만 우리는 어른이고, 우리를 전적으로 믿고 의지하는 하얀 도화지 같은 아이들이 있기에 가해 학생, 피해 학생을 떠나서 "우리 아이들"이 가장 중심이 되는 것! 그 하나에 집중하는 것이 핵심이다. 어쩌면 학폭위가 중요하게 떠오르는 것은 어른들이 아이들을 둘러싼 환경과 양육 방법, 지원 방법 등을 예전과는 다르게 바꿔야 한다는 징표는 아닐까?

1. 편의시설에 대한 요구는 어디에 어떻게 하면 좋을까?

입학이 확정되고 특수 선생님과 먼저 상담을 하면서 의논하시면 좋습니다. 상담할 때 자녀를 데리고 가면 특수 선생님께서도 아이에게 필요한 편의시설을 보다 구체적으로 확인할 수 있습니다.

특수학급이 없는 학교라면 교감 선생님과 상담을 하시는 것이 필요합니다. 편의시설 설치 관련 예산이 필요한 경우에는 학교에서 지역 교육청으로 요청을 하고 배정을 받아서 진행하는 절차가 있기 때문에 다소 시간이 걸릴 수 있습니다. 그렇기 때문에 학교가 정해지면 바로 가서 보고 이동 경로에 따라 움직여보면서 상담을 진행해보시는 것을 추천해 드립니다.

휠체어 사용 여부에 따라 조금 달라지겠지만 경사로, 장애인 화장실, 엘리베이터, 교내 이동 경로(식당 및 특별실, 운동장), 높낮이 책상, 계단 미끄럼방지 패드, 식당 이용 시 좌석 확보 등 확인이 필요합니다. 시각장애 학생인 경우 개인적인 특성에 따라 선명한 색을 붙여서 공간인식을 확보하는 방법 등도 도움이 될 수 있습니다. 추가로 더 궁금한 사항은 지역 특수교육지원센터로 문의하셔도 좋습니다.

2. 자녀의 장애에 대해 학급 친구들에게 직접 이야기하는 것이 좋을까요?

부모님께서 직접 학급 아이들에게 장애에 관해 꼭 설명해야 하는 것은 아닙니다. 예상치 못한 질문에 당황스러울 수도 있고 아이들 눈높이에 맞추어서 내용을 펼쳐나가는 것도 그리 쉬운 일은 아닌지라 담임선생님이나 특수선생님을 믿고 맡기셔도 좋습니다.

만약 진행하게 된다면 아이의 장애에 대해서보다는 아이에 대한 전반적인 소개에 중심을 두어 소통이 원활하게 이루어질 수 있도록 하는 것이 중요합니다. 그리고 전체 내용이나 우리 아이와 이렇게 지내면 좋겠다는 내용은 반 친구들을 제일 잘 파악하고 계시는 담임선생님과 한번 의논하고 조언을 반영하는 것도 효과를 더 높이는 방법입니다.

아기 때 귀여운 사진, 화목한 가족사진, 좋아하는 것, 집에서 하는 역할 등 긍정적인 면을 꼭 넣어주시고 장애에 대해서는 지금 할 수 있는 부분, 올해 노력하면서 도전하는 부분을 소개해주면 좋을 듯합니다. 특히 반 친구들이 의미를 파악하거나 이해하기 어려운 행동에 대한 의미를 안내해주면 아이들 사이의 소통을 도울 수 있습니다. 예를 들면 수업 시간에 벌떡 일어나는 것은 지루하거나 힘들다는 표현이고 적응 시간이 좀 필요한 일이라고 안내하면 좋습니다. 그리고 궁금한 것이 많은 초등학생인지라 궁금증을 함께 나눠보고 (의외로 다양한 내용을 궁금해 합니다) 모두가 함께 재미있는 1년을 보냈으면 좋겠다는 부모님의 마음을 전하는 것으로 마무리하시면 어떨까 싶습니다.

3. 학부모 공개 수업 어떻게 참여할까?

공개수업 때 목표는 우리 아이에게 '괜찮고 색다른 경험'으로 남게 하는 것입니다. 교실에 많은 어른이 서 있는 상황은 아이에게 재미로 다가올 수도 있고 높은 긴장감과 불안을 느끼게 할 수도 있습니다. 그렇기 때문에 기존에 유사한 상황에서 우리 아이가 어떤 반응을 보였는지를 참고하여 '괜찮은 경험'으로 마무리될 수 있도록 준비해보는 것이 중요합니다. 예를 들면 엄마를 계속 찾느라 뒤를 돌아볼 것 같으면 복도에서 살짝 보시거나, 아이에 따라서는 안심하도록 가장 잘 보이는 데에서 지켜보는 것도 현명한 방법일 수 있습니다. 또 너무 걱정되신다면 특수, 담임선생님과 의논하셔서 보조 선생님이 함께 들어가는 방법도 있습니다. 핵심은 옆에 다른 아이들과 우리 아이를 비교하시는 것이 아니라 6년간 우리 아이가 그릴 적응 그래프의 방향을 찾는 것이 아닐까 합니다.

그렇기 때문에 주의해야 할 점은 그 시간 우리 아이 행동을 너무 크게 해석하지 않는 것입니다. '교실에서 낯선 어른들이 많을 때 이런 특성을 보이는구나' 정도로 이해하시는 것이 제일 적절합니다. 우리 아이뿐만 아니라 모든 아이가 평상시와는 다른 분위기를 보이기 때문에 아이의 친구들과 선생님에 대해 한번 느껴보시는 정도면 충분하지 않을까 생각됩니다. 다른 부모님들도 각자 자신의 아이를 보느라 다른 아이들에게 신경 쓸 겨를이 별로 없으니 마음 편하게 생각하세요.

마지막으로 부탁드리고 싶은 것은 우리 아이들에게 사람들이 많아서 기분이 좋았는지, 얼마나 떨렸는지 그 마음을 물어봐 주고 그랬구나, 엄마도 예전에 그랬다고 인정해주고, 최선을 다한 아이에게 큰 위로와 박수를 보내는 것입니다. 그렇게 마무리를 하면 아이에게 충분히 괜찮은 경험으로 남을 수 있고 1년 뒤에는 더 즐거운 마음으로 임하지 않을까 생각됩니다.

4. 학부모 대상 행사는 꼭 참여해야 하나요?

초등학교에는 부모를 대상으로 한 다양한 행사가 많습니다. 여러 가지 학교 행사에는 참여할 수 있는 만큼만 하시는 것이 적절하지 않을까 싶습니다. 무리할 것까지는 없습니다. 무리하여 참여하게 되면 애쓴 만큼 돌아오는 것을 기대하게 되고 혹여 실망이 반복되다 보면 우리가 모두 평범한 사람인지라 과도한 해석을 하게 되기 쉽습니다.

학교의 여러 가지 행사는 학교 교육의 방향을 파악하고, 의견을 개진하고, 주변 학부모님들과 친분을 도모해볼 기회라고 생각됩니다. 담임선생님께도 관심이 많은 학부모라는 인상을 주기도 합니다만, 학교 모든 선생님이 가장 중요하게 생각하고 실제로 가장 우리 아이들에게 중요한 것은 일상적인 관심과 돌봄, 지원입니다. 무리하지 않는 선에서 참여하시면 좋을 듯합니다.

5. 특수학급에는 국어와 수학 시간에만 내려오나요?

특수학급에서 공부하는 시간은 개별화교육 회의에서 담임교사, 특수교사, 학부모님이 함께 의논해 결정하게 됩니다. 보통 국어, 수학 시간을 중심으로 특수학급에서 공부하지만, 학생마다 과목이나 시간은 달라질 수 있습니다. 체육 시간에만 내려오는 경우도 있고 점심시간 이후 시간에, 특히 어려움이 많은 경우에는 오후 시간을 중심으로 내려오는 경우도 있습니다.

핵심은 우리 아이가 너무 힘들지 않을 정도, 최상의 컨디션으로 통합하면서 성공 경험을 쌓아가며 자기 속도로 꾸준히 걸어갈 수 있도록 하는 것입니다. 학년이 올라가면서 아이의 생각도 달라질 수 있고 학급 분위기, 담임선생님의 특성, 특수학급 상황을 고려해 특수 선생님과 유연하게 의논하는 것이 제일 적절하다고 판단됩니다.

6. 한글 학습이 안 되는데 학교 공부를 따라갈 수 있나요?

한글 학습이 안 된다면 학교 공부를 따라가기는 누가 봐도 쉽지 않습니다. 자신만의 속도로 열심히 해보려고 해도 교육과정의 진행 속도가 너무 빠르고 내용이 어렵습니다. 물론 담임선생님도 우리 아이에게 맞는 수준으로 통합학급에서 공부할 수 있도록 내용을 바꾸고 진행해보려고 하고 특수학급에서도 한글을 학습하지만, 친구들과 다른 내용을 꾸준히 공부하기를 기대하는 것도 어찌 보면 어른들의 욕심일 수 있습니다.

이렇게 우리 어른들의 관점을 바꾸는 것은 어떨까요? "한글 학습이 안 됐는데 학교에 다닐 만하다고 생각하게 하려면 어떻게 지원해줘야 할까?" 왜냐하면 아이에게 학교는 공부보다는 생활 적응, 사회성을 배우는 것을 제일 큰 목표로 삼는 것이 더 적절하다고 판단되기 때문입니다. 학교 수업을 따라가는 것을 기대하는 것은 아이에게도 부모에게도 과도한 스트레스가 될 수 있습니다. 통합학급에서 아이 수준에 맞게 조금씩 학습이 이루어지기는 하지만 학습 격차는 학년이 올라갈수록 커지는 경우가 많습니다. 그리고 학습에 무게를 둘수록 아이가 받는 스트레스는 매우 높아지고 고학년이 되어서 포기하거나 정서적인 어려움이 생길 수 있습니다.

너무 지루해서 새로운 문제행동이 생기거나 너무 좌절하여 포기하지 않도록 하는 것이 가장 중요합니다. 특수학급에서는 아이 수준에 맞는 학습 지도로 성취감을 느끼게 하고, 통합교실에서는 다양한 경험과 친구들과의 관계 등 경험에 초점을 두면 어떨까요? 물론 그 모든 과정에 어른들의 따뜻한 격려가 꼭 필요합니다. 하교 후에는 학교에서 받은 스트레스가 누적되지 않도록 충분히 풀어주고 재미를 느낄 수 있는 다양한 활동 시간을 가질 때 아이도 꾸준히 자기 속도로 뚜벅뚜벅 걸어가지 않을까요? 우리가 그러하듯 우리 아이들도 매 순간 최선을 다한다는 것을 잊지 않았으면 합니다.

선물

3장

함께 할 수 있는
것들은 많다

한재희
10여 년 동안 중·고등학교 특수학급에서 아이들과 재미나게 놀아
보려 노력해왔습니다. 장애 학생만을 위한 특수교육이 아닌 만나
는 모든 학생이 함께 성장하고 나누는 교육을 꿈꾸고 있습니다.
경기 혁신교육에서 자칭 다양성을 담당하는 특수교사
로 '모든 아이들을 위한 교육'을 위해 부단히 새로운 아
이디어를 만들고 실천하고 있습니다.

세상의 모든 아이들은 어른이 됩니다. 저는 그런 아이들이 따뜻한 마음을 가진 어른으로 자라나길 바랍니다. 그렇게 어른이 되어가는 중·고등학교 시기는 다른 시간들 만큼이나 중요하고 소중하며 어쩌면 조금 더 특별합니다. 사춘기가 찾아온 아이들은 마음에 수많은 변화를 겪으며 성장합니다. 한창 어른으로 성장하는 시기의 중·고등학교의 아이들이 어떻게 생활하고 어떤 고민을 하며 사는지는 많이 알려지지 않았습니다. 그 성장을 함께 보며 겪은 이야기들을 중·고등 학부모님, 선생님들과 나누고 싶습니다. 유·초등 부모님에게는 장기적인 그림을 그리며 준비하는데 도움이 되었으면 하는 마음입니다.

중·고등 6년!
길지 않다

희정이는 중학교 3학년이다. 어느 날 아침 늦게 일어났다는 이유로 하루 학교를 쉬겠다는 연락이 왔다. 이럴 때면 당황스럽고 안타깝다. 어머니께 전화했다.

"어머님 희정이 정도면 분명 혼자서 버스 타고 학교에 올 수 있어요. 지금부터라도 혼자 버스 타는 훈련을 해봐야 하지 않을까요?"

"희정이가 여자아이이기도 하고, 혹시 혼자 버스 타고 갔다가 딴생각해서 지나치면 큰일 나잖아요. 희정이도 혼자서 못하겠다고 집에서 울고, 떼를 써요. 지금은 이렇게 하지만 앞으로 조금 생각해볼게요."

그간 희정이는 아침에는 아빠 차를 타고 등교하고, 하교할 때는 어머니가 학교 앞까지 찾아와 함께 버스를 타고 갔다. 아이는 이제 4년 후면 성인이 된다. 그러나, 여전히 등하교하는 것부터 부모에게서 독립하지 못하고 있다. 홀로 버스를 타고 이동하지 않는다. 이제 곧 어른이 되는데 부모도 보호막에만 가둬 키우고 있다. 평생 부모와 살 수 없는데 언제까지 이렇게 할 수 있을까?

희정이 말고도 아직 많은 아이는 혼자 버스를 타본 경험이 없다. 부모가 학교까지 데려다줘야 한다. 마트나 편의점에서 물건을 혼자 사본 경험도 적다. 심지어 인터넷 쇼핑을 해본 경험이 없는 아이들도 많았다. 혼자 요리를 하는 일은커녕 배달 음식을 시키는 경험도 적거나 없는 경우가 대부분이다. 이렇게 중·고등학교를 졸업해 성인이 된다면 어떤 삶을 살까? 생각만 해도 아찔하다. 만약 갑자기 어떤 사정이 생겨 혼자 살아가야만 한다면 어떨까? 작고 사소한 일들이지만, 우리 아이들이 삶을 살아가는데 매우 중요한 일들이다. 스스로 할 수 있어야 하는 일이다. 중·고등학생 시기는 분명 스무 살 어른으로 가는 전환기다. 이 전환기를 어떻게 보내느냐는 아이의 사회생활과 독립해 살아가는데 큰 영향을 미친다. 이 전환기에 부모가 함께 고민하지 않는다면 자녀는 스스로 해야 한다는 것을 느끼지도 배우지도 못할 것이고 많은 것들을 주변 사람들에게 의지하며 살아가야 할 것이다. 자녀에게 중·고등학교 6년은 독립을 준비하고 연습하는 소중한 시간이라는 것을 꼭 기억해야 한다.

중·고등학교 시절은 6년으로 한정된 시간이다. 비장애 학생들은 고등학교 졸업 이후에 대학 등을 거치며 자신의 삶을 고민하고 준비할 여유가 있다. 하지만 장애 학생에게 6년은 어른이 되기까지 남아 있는 촉박한 시간을 의미한다. 단순 비교라서 합리적이지 않아 보이지만 교사로서 내 경험을 통해 보면 6년이라는 시간은 매우 중요하다. 이 시간 동안 어른으로 살아가야 하는 방법들을 배워야 한다. 그리고 배워야 할 것들이 너무나 많다. 6년이 길어 보일지 모르지만, 이 시간은 매우 짧아 금방 지나가고 사회 진출을 준비하는데 한없이 부족하다.

시간은 순식간에 지나간다. 엊그제 만나 인사를 나누며 부대끼던 학생이 추운 겨울이 되면 벌써 졸업을 준비한다. 그때가 되면 늘 같은 마음이 일어난다. "딱 1년만 더 배우고 가지…" 농담처럼 장난삼아 이야기도 건넨다. "그냥 내년에도 여기 와서 선생님이랑 놀자" 수많은 아쉬움이 머릿속을 휘감는다. 왜 이렇게 시간은 야속하게 흘러가는지 안타깝다. 여전히 배우고 익혀야 할 것들이 떠올라 떠나가는 뒷모습을 바라보면 아쉬울 때가 많다. 그래서 더 알차게 한 해를 만들기 위해 고민하며, 주어진 시간 안에 아이들에게 해주고 싶은 것들을 가득 메모해 정리한다.

졸업할 때가 되면 부모님들의 아쉬움도 많다. 그러니, 부모님에게도 소중한 6년이 되길 바란다. 초등학교와는 조금 다른 의미의 6년을 함께 고민해주고 아이와 함께 조금 다른 목표를 설정해주기를 바란다. 어떤 목표 설정이 필요할까? 짧고 소중한 이 시간을 중학교와 고등학교 시기로 구분해 필요한 핵심 과제를 함께 정해서 같이 실천해보자.

먼저 중학교에서 필요한 것은 무엇일까? 부모가 가장 먼저 생각해야 할 것은 자녀는 이제까지 알고 있던 어린아이가 아니라는 것이다. 설령 아직 어려 보여도 어린아이로 바라보지 말아야 한다. 어르고 달래며 이기지 못해 해달라는 것을 다 들어줘야 할 나이는 이미 지났다. 반대로 안 될 것이라고 미리 판단해 할 수 있는 것을 제한해야 하는 나이 역시 지났다. 어린아이가 아니기에 나이에 맞는 존중과 인정이 필요하다. 이런 존중과 인정이 자녀가 조금 더 성숙하게 성장하고 발전해 나갈 수 있는 바탕이 된다. 성장의 과정에서 아이의 욕구는 더 강해질 것이고, 그에 따라 하고 싶어 하는 일 역시 많아질 것이다. 하지만 아이는 아직 미숙하다. 그래서 마음대로 되지 않는 것이 많고, 그래서 그 속상한 마음을 표현할 때도 많아진다. 이 시기가 중요한 이유는 여기에 있다. 성장의 과정 속에 드러나는 욕구에 대한 존중과 인정이 꼭 필요하다. 자녀와 생활하면서 이전과는 다른 느낌을 마주하게 된다면 그만큼 하고 싶은 것이 많아졌다는 방증일 것이다. 이전과 조금 다르게 더 심하게 떼를 쓸 수도 있으며, 고집을 피울 수 있다. 더 엉엉 주저앉아 울지도 모른다. 아니면 주변으로 수많은 핑계를 돌릴 수도 있다. 때로는 마음 같지 않은 상황에 화를 내거나 거친 행동을 보이는 일도 심심치 않게 일어날 것이다. 이런 행동들은 부모와 어른으로부터 존중받고, 인정받고 싶어 하는 마음의 서툰 표현일 수 있다. 하지만 그런 자녀를 보며 부모는 아직 내 자식이 많이 어려 보인다. 할 수 있을까? 위험하진 않을까? 시도해보지도 않은 상황에서 미리 모든 것을 판단한다.

태호의 아버지와 상담을 했다. 최근 집에서 태호는 어머니에게 짜증과 화가 많아졌다고 한다. 심지어 얼굴에 침을 뱉거나 밀치고, 때리려고까지 한다는 것이다. 평소 학교에서의 모습과는 사뭇 다른 느낌이었

선물

다. 태호는 늘 적극적으로 수업에 임한다. "선생님, 저요! 그거 제가 할게요." 태호가 가장 많이 사용하는 말이다. 얼마 전 요리 수업을 마치고 "이렇게 떡볶이 만드는 거 어렵지 않으니까 배고프면 집에서 혼자 만들어 먹어봐."라고 했을 때가 있었다. 태호는 분명 "하고 싶은데 집에서는 위험하다고 엄마가 못하게 해요."라고 했다. 태호는 집에서도 그렇게 하고 싶은 것이 많은 아이였다. 그리고 그만큼 어머니에게 인정받고 싶은 마음이 강한 아이였다. 하지만 마음처럼 쉽지 않기에 때로는 그렇게 거친 행동으로 표출되는 것이다. "집에서 가장 친한 어머니에게 인정받고 싶어 하는 것 같아요. 어머니를 위해서 태호도 뭔가를 자꾸 해주고 싶은데 번번이 여러 이유로 못 하게 돼서 속상해할 지도 몰라요. 처음에는 실수가 많겠지만 태호도 분명 성장하고 있으니 그만큼 많이 인정해주는 게 필요해 보여요. 작은 심부름부터 엄마를 도와줘 고맙다고 칭찬해주세요. 저도 학교에서 엄마에게 화내는 등의 좋지 않은 행동은 꼭 집어줄게요." 나는 아버님과 상담을 마치고 태호가 어른으로 잘 성장할 것 같아 미소를 짓지 않을 수 없었다.

주도적으로 자기 생각을 표현하고 무엇인가를 하려 할 때는 그만큼의 인정이 필요하다. "그래 그럼 한번 혼자 해볼래?", "잘 안 돼도 좋으니까 한번 해보자." 홀로 세상과 맞서도록 격려해주고 함께 한다면 더욱 좋다. 누구나 그렇듯 처음부터 잘할 수 없기에 실패도 인정해주며 과정을 칭찬해주는 것이 무엇보다 중요하다. 중간에 실패하더라도 그 과정에서 일어날 수 있는 아이만의 배움과 성장이 있다. 그래서 자녀와 함께 매해, 매월 스스로 해볼 수 있는 작은 목표를 정하면 좋을 것이다. 사회생활에 있어 의식주는 다른 어떤 것보다 중요하다. 따라서 목표를 의식주에서부터 찾으면 좋다. 가령 밥하는 것이 어렵다면 즉석밥을 전자레인지에 돌려 먹는 것부터 시작해보자. 따뜻한 밥 위에 참기름과 간장을 섞어 더 맛있게 음식을 조리해 먹는 경험으로 발전할 수 있을 것이다. 참기름과 간장은 계란 프라이로 바뀔 수 있으며, 나중에는 참치와 마요네즈, 데리야끼 소스를 섞은 참치마요 덮밥으로 발전할 수 있다. 하나하나 시도하다 보면 여러 과정을 거치며 서툰 것은 점점 줄어들 것이다. 이런 경험은 아이의 성장과 발달에 중요하다. 그리고 점점 스스로 할 수 있는 것들은 많아질 것이다. 이렇게 혼자서 완수하도록 돕고 격려하는 부모와의 일상 속에서 아이에 대한 인정과 존중은 더 값진 의미를 가질 것이다. 나아가 자신을 더 믿게 되어 훌륭한 자신감을 기를 수 있을 것이다.

어린아이로 보지 않으려는 마음이 아이를 위한 내적 존중과 인정이라면, 특수학급에 대한 생각은 아이를 위한 외적인 존중과 인정이다. 그래서 중학생이 된 아이를 위해 특수학급에 대한 부모의 생각에 어느 정도의 변화가 필요해 보인다. 초등학교를 거치며 특수학급에 대한 인식은 긍정적인 모습으로 자리잡았을 것이다. 하지만 나는 그런 인식이 한 발 더 나아갔으면 좋겠다.

청소년기 보통의 아이들은 자신이 특수학급 소속이라는 것을 부끄러워한다. 그런 이유로 중학교에 올라오면서 일반학급으로 배치를 희망하는 학생들도 적지 않다. 또한 특수학급으로 배치를 받더라도 통합학급 친구들에게 자신이 특수학급 소속이라는 것을 들키지 않으려 전전긍긍하는 경우도 많다. "지원반(특수반)인 거 애들이 모르게 해주세요." 아이들에게 특수교사는 이런 부탁을 많이 받는다. 통합학급 친구들과 함께 있을 때는 특수교사를 외면하는 학생도 있다. 오히려 많은 시간을 함께하는 특수교사보다 통합학급 선생님과 친구들을 더 소중하게 생각하는 아이들도 많다. 이뿐만이 아니다. 특수교육대상 학생으로 선정되었지만 3년 동안 특수학급 근처에도 오지 않는 학생들도 더러 있다. 결국 힘든 중학교 생활을 마치고 고등학교에 입학할 즈음에야 겨우 특수학급을 고민하며 상담을 신청한다. 그렇게 흘려보낸 3년이라는 시간은 어디서 보상받을 수 있을까?

아마도 대부분의 사람은 특수학급을 '학습적으로 부족한 학생들이 공부하는 학급'으로 인식하고 있는 것 같다. 인지적 능력이 부족해서 특수교사와 함께 '나머지 공부'를 하는 학급으로 인식한다. 그래서 '부족하다', '떨어진다', '공부를 못한다' 등의 말로 특수학급에 대한 이미지를 형성한다. 이를 어떻게 받아들여야 할까? 분명한 것은 이런 이미지가 아이들에게 고스란히 전달된다는 것이다. "나는 부족하다. 나는 다른 아이들에 비해 떨어진다. 나는 공부를 못한다." 이러면 중요한 시기의 시작부터 맥이 빠지게 된다. 이 중요한 시기 아이의 자존감 형성에 부정적인 영향을 미칠까 걱정스럽다.

많은 사람들이 그리 생각하는 이유에는 여러 요인이 자리 잡고 있을 것이다. 어쩌면 그만큼 우리 사회가 아직도 장애에 대한 왜곡된 인식을 벗어 던지지 못하고 있다는 방증일지도 모른다. 하지만 그런 인식을 당장 바꿀 수는 없고 교사 혼자서 할 수 있는 문제도 아니다. 이는 관련된 사람들이 힘을 모아 변화시켜야할 부분이기 때문이다. 하지만 적어도 아이들에게 미치는 영향은 최대한 차단해야 한다고 생각한다. 나는 가정과 학교에서만이라도 특수학급은 '아이들의 미래를 위해 함께 고민하는 학급'이라는 인식을 일관되게 심어주었으면 좋겠다. 특수학급은 '따뜻한 마음을 가진 어른이 되기 위해 같이 공부하는 학급', '좋은 어른으로 자라기 위해 함께 공부하는 학급'이라는 생각을 바탕에 깔고 자녀와 이야기를 나누었으면 좋겠다. 그래서 아이들이 학교에서 공부하는 학급을 부끄러워하지 않았으면 좋겠다. 부족하고 떨어지고 공부를 못해서 가는 학급이라는 생각에서 벗어났으면 좋겠다. 그래서 짧고 중요한 6년의 시작이 보기 좋은 출발로 이어졌으면 좋겠다.

고등학교에서는 어떤 목표 설정이 중요할까?

고등학교는 중학교와는 조금 다른 결의 목표 설정이 필요하다. 고등학교는 기본적으로 사회생활과 직업 생활을 준비하기 위한 과정이 주를 이룬다. 그래서 많이 놓치고 있는 부분부터 살뜰히 살펴야 한다는 생각이 든다. 그 첫 번째가 바로 건강한 체력이다. 직장 생활은 체력적인 측면에서 에너지 소모가 매우 크다. 어렵게 취업하더라도 건강한 체력이 바탕이 되지 못해 금세 일을 그만두는 일도 심심치 않게 볼 수 있다. 그래서 건강한 체력은 직장 생활을 유지하기 위해 중요한 조건 중

하나이다. 아울러 새로운 사회에 적응한다는 것은 생각만큼 쉬운 일이 아니기 때문에 적응을 위해서는 정신적인 스트레스에 대한 관리 역시 중요하다. 건강한 몸에 건강한 정신이 깃들 듯 좋은 운동 습관은 아이의 체력은 물론 적응을 위한 스트레스 관리에도 긍정적인 영향을 미칠 것이다.

고등학교의 분위기는 중학교와는 사뭇 다르다. 통합학급의 풍경은 대부분 대입에 초점이 맞추어져 있다. 그래서 체육 시간은 온전치 못하다. 체육 시간이 없지는 않지만 대부분 운동을 잘하고 좋아하는 학생들 위주로 운영되는 경우가 많다. 그만큼 우리 아이들이 낄 수 있는 틈이 적다. 물론 특수학급에서 다양한 체육 활동을 운영하겠지만 이것으로는 부족하다. 게다가 고등학교 특수학급도 진로 직업교육 활동이 주를 이룰 가능성이 크다. 좋은 운동 습관을 만들기 위해서는 꾸준함이 필요한데 가정에서 살뜰한 살핌이 필요한 이유가 여기에 있다. 문화센터나 주민자치 센터, 스포츠 센터 등 지역사회의 다양한 운동 프로그램에 참여해보자. 아이가 좋아하는 운동을 찾아 꾸준히 운동하는 습관을 기를 수 있어야 한다. 이런 운동 습관이 학생의 취미 생활과 연결된다면 그것보다 좋은 것은 없을 것이다.

두 번째로 주도적인 생활 습관을 형성해야 한다. 학교에 있다 보면 "이거 제가 해야 해요?", "이거 왜 해요?", "이거 하기 싫어요?"라는 말을 아이들에게 심심치 않게 듣게 된다. 해야 하는지 하지 말아야 하는 것인지 연신 눈치를 보는 아이들도 많다. 이렇듯 아이들은 학급 안에서 자기 일이 아니라 생각하고 참여하지 않거나, 관련이 없다고 생각하고 외면한다. 고등학교 졸업 이후 아이들은 사회생활을 해야 한다. 사회생활의 모습이 직장, 학교, 복지관 등등으로 한정되는 것이 안타깝지만 그 안에서도 어른으로서 자신의 역할을 수행해야 한다. 학교와 달리 사회생활은 시키는 일만 해서는 안 된다. 해야 할 일을 스스로 찾아 적극적이고 능동적으로 할 수 있어야 한다. 주변 사람들과 함께 할 수 있어야 한다. 상대방에게 어떤 도움이 필요한지 스스로 판단하여 행동할 수도 있어야 한다. 주어진 일을 다 했으면 와서 습관적으로라도 "도와 드릴 꺼 없어요?"라고 물을 수도 있어야 한다.

세 번째로 어른으로서 다양한 고민을 함께 나누는 시간이 많아야 한다. 많은 부분에서 무의식적으로 우리는 아직 아이들을 '어른'으로 대하지 않는다. 아직 아이 같고, 아직 내 품 안에 있어야 한다고 생각해서 부모가 더 살펴야 하고, 보살펴야 한다고 믿는다. 하지만 언제까지 그럴 수는 없다. 어떤 사회생활을 하더라도 자녀는 분명 어른으로 살아야 한다. 그리고 자녀는 분명 지금, 이 순간에도 어른이 되어가고 있기 때문에 이제는 삶과 인생에 대한 고민이 필요하다. 이는 장애가 있다고 하지 않거나 말아야 할 성질의 것이 아니다. 중학교 때와는 다르게 아이는 이전과는 다른 모습을 보일 것이다. 말수가 적어질 수도 있고, 자기 속을 잘 드러내지 않으려고도 할 수도 있다. 또한 좋아하는 것과 싫어하는 것이 명확하게 갈리는 모습을 보일 수도 있다. 이는 어른으로 성장하고 있는 아이만의 방식일 것이다. 우리 아이들은 분명 옆집의 평범한 철수와는 다른 차이를 가지고 있다. 따라서 그런 차이는 반드시 존중받아야 한다. 존중받지 않는 차이는 의미를 가질 수 없다.

어른들이 하는 고민도 아이의 결에 맞게 나누어보자. 삶과 죽음, 사랑, 결혼, 이별에 대해 함께 이야기를 나누어보자. 어른이 되면 자연스럽게 경험하게 될 것들이지만 고민해 보고 또 마음의 준비가 우리 아이들에게도 필요하다. "죽음은 언제 찾아올지 모르는 거야. 선생님도 오늘 퇴근하다가 교통사고 나서 죽을 수 있어. 만약 선생님이 그렇게 죽는다면 너희들은 선생님을 어떻게 기억할 거니?" 죽음에 대해서 학생들과 함께 이야기를 나누다가 물어본 질문이었다. 물론 상상하기 힘든 상황이지만 아이에게도 어른이 될 마음의 준비와 고민이 필요하다. "엄마/아빠가 죽으면 ○○이는 어떻게 살아갈 거야?" 이를 통해 어떤 어른으로서의 삶을 살 것인지, 어떤 꿈을 꾸고 살 것인지, 어떤 목표를 두고 살아가야 할 것인지 함께 고민하며 준비해야 한다. "결혼하면 ○○이는 어떤 아빠가 될 거야?", "사랑하는 사람이 생기면 같이 하고 싶은 것이 뭐야?", "누군가와 헤어진다면 ○○ 어떻게 할 거야?" 그런 질문들 속에서 책임이 왜 필요한지, 타인을 왜 존중해야 하는지, 직업을 갖는다는 것이 어떤 의미가 있는 것인지 자녀와 함께 나누어야 한다. 아마도 아이마다 반응은 다르겠지만, 아이만의 생각과 반응은 분명 존중받아야 한다. 존중 속에 의미 있는 진전이 생기고, 함께 고민하며 이야기를 발전시켜 나갈 수 있다. 꾸준히 이야기를 나누다 보면 분명 어느새 성장하고 있는 자녀를 발견할 수 있을 것이다. 부모로서 해줄 수 있는 현실적인 조언들 역시 계속해서 풍성해질 것이다.

중·고등학교라는 길지 않는 시간 동안 아이들에게는 수많은 변화가 일어난다. 아이마다 성장 속도에 차이가 있지만 저마다 어른으로 성장해 나간다. 다만, 아쉬운 것은 그 시간이 매우 짧다는 것이다. 짧지만 자녀가 좋은 어른으로 성장해 나가는 가장 중요한 시기라는 것을 기억해 주었으면 한다.

과정과 결과,
모두를 준비하는 삶

고등학교에서의 성취는 초·중학교의 성취와는 조금 결을 달리해야한다. 고등학교 3년 후에 학생들은 어른이 된다.

우리가 모두 알 듯 어른의 삶은 쉽지 않다. 수많은 결정을 해야 하고, 작은 것 하나를 이루는데도 부단히 노력해야 한다. 초등학교에서처럼 울고 떼쓰며 자기가 하고 싶은 것만 바라보며 살아갈 수는 없다. 초·중학교 시기에 가정과 학교에서 사랑을 충분히 받았다면, 이제는 어렵고 하기 싫어도 꾹꾹 참고 스스로 해내야 하는 경우도 많다는 것을 배워야 한다. 장애가 있다고 특별히 배려받기를 바라는 마음은 이미 접어야 한다. 배려받는 것이 익숙해지면 자꾸 누군가에게 기대게 되고, 하고 싶은 것만 하며 삶을 살아가려 할 것이기 때문이다. 세상은 냉정하다. 장애가 있다고 선뜻 나서 도와주는 사람은 많지 않다. 나는 학생들에게 냉정하게 이야기한다.

"세상은 네가 장애인이라고 뭐든 다 봐주지 않아."

나는 어른이 되는 아이들이 제대로 된 노력으로 성취하기를 원했다. 그래서 1년간 꾸준히 해야만 성취 가능한 과제를 중요 프로젝트로 진행하기로 했다. 마라톤과 자격증 취득이다. 순간순간 그만두고 싶은 유혹이 있더라도 이겨 내고, 중도에 포기하지 않고 꾸준히 노력해야 결실을 볼 수 있다는 것을 학생들이 직접 경험하기를 바랐다.

마라톤에 출전하기 위해 우리는 월·수·금요일에 1시간씩 체육 시간을 편성했다. 구간을 나누어 뛰기와 걷기를 반복하는 인터벌트레이닝부터 시작했다. 첫 수업에서 5바퀴로 시작한 운동장 뛰기는 마라톤 대회가 있는 10월쯤에는 15바퀴 이상을 뛸 수 있게 되었다. 중간중간 우리의 변화를 강조하며 아이들을 격려한다. "얘들아! 우리 처음에는 다섯 바퀴 뛰었는데 지금은 10바퀴 정도는 거뜬히 뛸 수 있잖아. 대단하지 않냐?", "마라톤은 힘든 운동이야. 그래서 지금처럼 이렇게 충분히 연습하지 않으면 안 돼. 귀찮아도 이렇게 매일같이 조금씩 연습하는 거야." 가정에도 마라톤 대회 준비과정을 알리고 대회에 참여할 수 있도록 독려를 부탁드렸다.

우리의 도전을 바라보는 선생님들께도 관심을 바라는 메시지를 보냈다. 아이들이 도전하고 노력하는 모습을 통해 사람들의 생각을 변화시키고 싶었기 때문이다. "지역에서 하는 마라톤 대회를 나갑니다. 학생의 능력에 따라 5km에서 10km까지 뛸 겁니다. 그간 연습하느라 큰 노력을 했을 학생들에게 작은 응원 부탁드립니다." 선생님들은 열심히 뛰고 있는 학생들을 보며 대단하다는 칭찬과 응원을 보내주셨다.

대회 접수 후에는 긴장감을 최대한 끌어올린다. 자신들의 이름이 적힌 마라톤 대회 팸플릿을 함께 확인해본다. 아이들은 신기한 듯 수많은 이름 속에서 자기 이름을 꼼꼼히 살펴본다. 본인 이름이 적혀 있는 번호표도 함께 확인한다. 나는 대회가 끝날 때까지 학생들이 마음의 긴장을 놓지 않길 바랐다. 주변 선생님들과 부모님의 관심을 받고 있어 대회에 참가하는 아이들 모두에게 분명 긍정적 긴장감을 불러일으킬 것이다. 대회 전날에는 마라톤 같은 운동을 할 때 좋은 초코바나 바나나 등의 음식에 관해서도 소개하고 몇몇 학생들에게는 직접 음식 준비를 부탁한다. 먼 훗날 이런 기억을 가지고 안전하게 또 다른 수많은 대회에 참가해주길 바랐기 때문이다.

대횟날 아침, 이제는 긴장보다는 자신감을 심어주려 노력한다. "우리는 지금까지 이 대회를 위해서 준비해온 과정이 있으니까 걱정하지 말고, 최선을 다해서 뛰자. 함께 뛰다가 처지는 친구가 있으면 같이 걸어가도 되니까 포기만 하지 말고 끝까지 뛰어보자." 마라톤 프로젝트를 준비하면서는 하프 코스나 10km 코스를 도전하자고 말했었다. "이러다가 하프 코스도 나갈 수 있겠는데…"(사실은 정말 나가고 싶은 마음도 있다. 힘든 과정을 다 마치면 학생이 한 단계 더 성장할 수 있다고 믿기 때문이다.) 하지만 우리가 참여하는 코스는 늘 5km였다. 거리보다 중요한 건 함께 완주하는 것이고, 완주는 아이들에게 성취감을 주기 때문이다.

"토요일 이른 아침, 달리기를 좋아한다는 이유로 많은 사람이 이렇게 마라톤 대회에 참가해. 신기하지 않니? 오늘을 위해서 모두 평소에 조금씩 연습했을 거야? 우리는 지금 5km 정도 뛰지만, 나중에는 함께 모여서 10km나 하프 코스에도 참여해봤으면 좋겠어." 대회에 참가하며 학생들은 저마다 다른 감정일 것이다. 누구에게는 그냥 스쳐 지나갈 기억으로, 누구에게는 힘들기만 한 기억으로, 누구에게는 멋진 추억으로 그렇게 저마다 오늘을 기억할 것이다. 뛰는 거리에 비하면 연습 과정이 고달팠을지 모르지만, 우리는 결승점에서 눈시울을 붉히는 몇몇 부모님을 볼 수 있었다. 예고 없이 두 손 가득 차가운 음료수를 준비해 온 국어 선생님도 볼 수 있었다. 학생들의 도전, 노력, 성취는 아이들 자신만이 아니라 가족과 사회의 많은 사람의 생각을 바꾸기도 한다. 노력하는 과정에서 들었던 응원과 칭찬, 그리고 결승선을 지나며 느꼈을 성취감과 홀가분함은 학생들의 가슴 안에 소중한 흔적으로 남아 좋은 어른으로 살아갈 용기가 되어 줄 것이라고 나는 믿는다.

5km 마라톤은 꾸준한 연습이 보장된다면 큰 무리 없이 완주가 가능하다. 도전으로 치면 조금 쉬운 과정이며 실패를 경험하기 힘들다. 나는 아이들이 꾸준히 노력하면서도 처절한 실패도 경험하기를 원했다. 바리스타 자격증 취득은 이를 고려한 야심 찬 프로젝트였다. 우리는 마라톤과 마찬가지로 장애인이라고 특별한 혜택이 없는 바리스타 자격증에 도전했다. 역시 1년간의 준비가 필요한 긴 여정의 프로젝트였다. 필기시험이 있고 이를 통과해야 실기시험을 볼 수 있다. 장애인을 배려하

선물

여 시험 시간을 늘려주는 장치도 없다. 1학기에는 필기시험을, 2학기에는 실기시험을 목표로 도전하는 장기 프로젝트라 무엇보다 걱정이었던 것은 필기시험이었다. 필기시험에 합격하지 못하면 중간에 물거품이 될 공산이 컸다. 하지만 애초 의도대로 실패하는 경험이더라도 상관없었다.

"우리가 도전하는 바리스타 자격증은 필기시험에 합격하지 못하면 실기시험 자체를 볼 수가 없어. 보통 자격증 시험은 이렇게 필기시험과 실기시험으로 되어 있거든. 그래서 더 많은 노력이 필요할 것 같아. 필기에 떨어지면 올해가 지나갈 때까지 계속 놀릴 거야." 농담을 섞어 긴장감을 끌어올렸다. 1학기 내내 일주일에 두 번씩 함께 필기시험을 준비했다. 전략적으로 움직여야 했다. 그래서 커피에 대한 지식 습득보다 기출문제를 위주로 많은 문제를 접해보자는 전략을 짰다. 함께 문제를 읽고 답을 확인하며 정답인 이유에 관해서 이야기를 나누었다. 필기시험 1달 전쯤에 기출문제를 중심으로 실제 시험 보는 상황을 연출하기도 했다. 각자 시험 문제를 풀어보고 채점을 한다. 틀린 문제를 확인하며 문제의 정답을 외우기도 했다. 학습이 가지는 의미와는 다소 괴리가 있을지 모르겠지만 보통의 자격증 취득 과정이 그러했기에 크게 고민하지 않았다.

학생들은 사뭇 진지했다. 자격증 취득 시험은 아이들 각자가 해내야 하므로 마라톤 대회 준비와는 달랐다. 시험 당일 서울의 시험 장소로 이동하는 차 안에서도 학생들은 기출문제집을 놓지 않았다. 그런 모습이 낯설었지만 보기 좋았다.

시험장에는 팽팽한 긴장이 흘렀다. 큰 자격증이 아닐지 몰라도 저마다 꿈을 이루기 위해 열심히 노력하는 사람들의 모습으로 가득했다. 학생들이 함께 시험 보는 사람들의 그런 모습을 잘 살펴봐 주길 바랐다. 무엇보다 긴장한 건 나였다. 행여나 떨어지지는 않을까 하는 걱정이 가슴 한구석에 남아 있었다. 학원에서 온 친구들은 수험표 뒤편에 답을 적어 나올 수 있도록 준비되어 있었지만 우리는 그런 것조차 신경쓰지 않았다. 학생들이 혼동할 수도 있기에 수험표 뒷면에 답을 적으라는 부탁은 차마 하지 못했다. 그저 시험만 잘 보고 나오길 바랐다.

접수 시간에 차이가 나서 나와 학생들의 시험장도 달랐다. 장애인을 배려한 지원 역시 없었기에 시험장의 감독관에게 특별히 부탁할 수도 없는 상황이었다. 학생들만 덩그러니 두는 것 같아 미안했지만 어쩌면 그것 역시 학생들이 직접 경험해야 할 상황과 감정이라는 생각이 들었다. 실패를 경험했으면 좋겠다고 했지만, 내 마음은 아이들이 합격하기를 간절히 바라고 있었다. 그렇게 첫 번째 관문인 필기시험을 마쳤다. 결과가 어떻게 나올지와 상관없이 우리는 맛있게 점심을 먹었다. "삶의 한 순간의 고비를 넘기면 함께한 사람들이 이렇게 모여 그날의 경험과 생각을 나누며 회포를 푸는 것도 인생의 소중한 경험이야. ○○이 너는 시험 보는데 기분이 어땠냐?" 순댓국에 돼지고기 수육을 시켜 먹으며 아이들과 이야기를 나누었다.

필기시험 결과를 기다리며 우리는 실기시험도 살뜰히 준비했다. 실기시험은 1학기 때부터 외부 강사와 함께 꾸준히 연습하고 있었다. 그 와중에 우리 모두 필기시험에 우수한 성적으로 합격했음을 확인할 수 있었다. 학생들의 자신감과 자부심을 끌어올려주기 위해 시험 결과가 나온 인터넷 페이지를 캡처하여 학교의 모든 선생님께 자랑하고, 부모 님들께도 문자로 소식을 전했다. 그날만은 학교에서, 집에서 폭풍 칭찬 을 받았으면 좋겠다고 생각했다. 그간의 노력이 빛나게 인정받기를 바 랐다.

장기 프로젝트의 완성은 이제부터이다. 본격적으로 실기시험을 준 비했다. 실기에서는 정해진 시간 안에 메뉴를 만들어내야만 한다. 적당 한 커피 추출과 우유 거품이 필요했다. 실기는 필기시험보다 더 복잡했 다. 시간 안에 메뉴를 만드는 일은 상당히 버거운 일이었다. 중간중간 챙겨야 하는 요소들이 있어 감점되지 않도록 신경 써야 할 것들이 많았 다. 긴장하고 상당한 주의집중을 해야 하는 힘든 과정이었다. 전지에 실 기시험 과정을 출력해 칠판에 커다랗게 붙였다. 아이들이 수시로 실기 시험의 과정을 확인할 수 있도록 했다. 과정 중간의 감점 요인을 하나 씩 체크한 뒤 실수를 줄일 수 있도록 노력해야 했다. 아이들은 반복되 는 실수에 혼이 났고, 어려움을 호소하기도 했다. 시험을 준비하는 다른 사람들도 중간에 실수를 하고 어려움을 겪을 것이다. 그렇지만 실수를 줄이고 없애는 노력과 훈련이 없다면 자격증을 취득할 수 없다. 그것은 우리 학생들만이 아니라 시험에 참여하는 사람들 모두에게 똑같다. "다 른 사람들도 자격증을 취득하기 위해서는 우리들처럼 이렇게 꾸준히 연습하고 훈련한다는 것 꼭 기억해."

열심히 준비하고 훈련했지만, 여전히 실수가 많았다. 신경 써야 할 것도 많았다. 우유 거품과 추출을 세심하게 신경 쓰다 보면 정해진 시간을 초과하는 일이 많았다. 이번에는 성공과 실패가 공존할 것이라는 예감이 들었다. 하지만 그 안에서 느낄 경험은 각자의 몫이기에 내 몫은 과정에 최선을 다할 수 있도록 지원하는 것이었다. 계속해서 보완해야 할 부분들을 짚어주었다.

시험 날 아침이 밝았다. 나도 아이들도 이전에 볼 수 없었던 사뭇 진지한 긴장감이 흘렀다. 아직 실수하는 부분도 많고, 시간을 초과하는 경우도 많아 완벽하지 못해 누군가는 떨어지고 누군가는 합격할 상황이었다. 떨어지는 학생은 실패를 경험하며 과정의 중요성을 더 절실히 느낄 것이고, 합격한 학생은 더없는 성취감이 휘감으리라 생각했다. 마음속으로는 이런 경험을 다 함께 나누기 위해 한 명은 떨어져 주길 바랐다.

번호표를 뽑아 시험 순서가 결정되고 대기실에 함께 앉았다. "진우야, 스포츠 선수들은 긴장되는 상황에서는 시합하는 모습을 머릿속으로 그려보면서 말로 연습을 한다고 하더라. 그걸 이미지 트레이닝이라고 하는데, 우리도 그렇게 한번 해보자." 긴장한 모습이 역력한 녀석에게 권했더니, 놀랍다는 듯 실기시험 상황을 읊조린다. "쟁반에 수건 여섯 개를 올려놓고, 인사를 하고 머신 위와 옆에 젖은 수건을 놓고…" 10분의 시험 과정을 10분 동안 천천히 떠올리며 읊조린다. 나는 조용히 그 모습을 카메라에 담았다.

이제 시험이다. 항상 시험 시간을 초과하는 것은 진우의 동생 진영이었다. 우리 중 가장 긴장했다. 형에 비해서 차분해서 속마음을 잘 읽을 수 없는 경우가 많았는데, 매우 긴장한 모습을 보니 진영이에게 지금, 이 순간이 가장 소중한 경험으로 남을 것 같았다. 시험 순번 탓에 나는 진영이와 함께 시험을 치르게 되었다. 시험이 시작되었다. 첫 번째 관문은 에스프레소와 아메리카노를 만드는 일이었다. 진영이는 연습한 대로 차근차근 풀어갔는데, 탬핑이 잘못되어서인지 에스프레소 추출이 부족해 보였다. 진영이의 표정에 당황한 기색이 역력했다. 만약 나라면 당황해서 다음 단계로 넘어갈 수 없을 것 같다는 생각이 들었다. 10분 안에 모든 과정을 마쳐야 하는 시험이라 시작부터 감점이라면 이내 포기하지는 않을까 걱정이 이어졌다. 하지만 진영이는 놀랍게도 이에 괘념치 않고 차분히 실기시험을 이어갔다. 자연스럽게 다음 관문인 카페라테와 카푸치노를 만들기 시작했다. 이번에는 이전과 달리 에스프레소도 기가 막히게 잘 추출했다. 항상 문제였던 스티밍도 성공적이었다. 여세를 몰아 거품이 풍부하고 멋져 보이는 카푸치노와 따뜻한 카페라테를 만들어 심사위원에게 내놓았다. "주문하신 거품이 풍부한 카푸치노와 따뜻한 카페라테 나왔습니다." 멋들어지게 실수를 만회했기에 바라보고 있던 심사위원도 놀라는 표정이었다. 그간 해온 수많은 연습이 작은 실수를 만회할 수 있는 선물을 주었다는 생각이 들었다.

그해 우리는 한 명도 빠짐없이 모두 바리스타 2급 자격증을 취득했다. 1년간 함께 고생하며 우수한 성적으로 합격한 학생들이 너무나 자랑스러웠다. 아이들보다 내가 더 신난 듯했다. 나는 여기저기 학생들과의 1년을 자랑하고 다녔다. 1년의 장기 프로젝트 과정에서 학생들이 보인 성취는 무엇과도 바꿀 수 없는 경험이기에 모두에게 칭찬받았으면 좋겠다고 생각했다. 교장 선생님께 바리스타 자격증 증정식을 부탁했고, 통합학급 담임선생님께도 반 학생들이 모두 보는 앞에서 자격증을 전달해 달라고 부탁했다. 자신의 얼굴 사진이 붙은 자격증을 받는 날, 그 순간을 항상 머릿속에 기억하며 살아가길 간절히 바랐다.

우리 아이들은 많은 부분에서 경험이 많이 제한되어 있다고 생각한다. 할 수 없을 것이라는 인식이 늘 아이들 뒤에 따라다니기에 많은 부분에서 기회가 차단되거나 사람들이 신경조차 쓰지 않는 것들이 많아진다. 경험할 기회가 제한되면 과정에서 배울 것도 제한된다. 경험이 많지 않으면 실패도 성공도 느낄 수 없다. 바리스타 시험과 마라톤 대회 도전은 그런 경험의 제한을 벗어나기 위한 노력이었으며, 과정의 중요성과 실패의 의미를 생각하기 위한 활동이었다. 특히나 바리스타 자격증 도전은 많은 부분에서 아이들이 실패를 느껴주질 바랐다. 그 실패를 딛고 일어서는 방법을 함께하고 싶었다. 크고 작은 경험이 제한되어 있기에 우리 아이들은 일상의 많은 부분에서 작은 실패조차 경험해 보지 못한 채 살아간다. 낮은 기대치에 쉬운 과제들이 대부분 제시되어 실패보다는 성공의 경험이 더 많을 수 있지만, 쉽게 해서 쉽게 얻은 성공의 경험이 쌓이면 할 수 있는 쉬운 것만 찾게 된다.

흔히 과정이 결과보다 중요하다고 한다. 과정은 중요하다. 그러나 결과도 무척 중요하다. 사람들은 장애가 있는 학생들의 결과를 쉽게 예단한다. 부정적인 결과. 이런 시선이 반복되면 아이들 스스로 지레 의기소침하거나 도전을 주저하게 된다. 나는 어떻게든 결과를 만들어내는 경험, 어떤 결과든 끝까지 해보는 과정이 무엇보다 중요하다고 생각한다. 특히, 중·고등학교 시절에는 더욱더 그렇다. 지난한 도전과 노력의 과정은 내면을 강하게 만들고, 성취는 그것이 무엇이든 새로운 도전을 이끄는 용기를 낳는다고 믿는다. 나는 학생들이 앞으로의 삶에서 노력이 따르는 과정이 중요하다는 것을 마음속에 담아주길 간절히 바란다. 노력은 꾸준해야 하며, 그 과정에서 작은 긴장의 순간도 느끼길 바란다. 긴장속에서 과정을 한 번 더 살피는 고민과 생각이 일어나길 바란다. 때로는 맞이할 실패를 극복하며 삶을 살아가길 바란다.

실패는 삶에서 가장 중요한 부분이다. 사람들은 실패를 통해서 인생을 배우고 실패를 통해서 성장해 나간다. 아이와 함께 많은 부분에서 실패를 경험해야 한다. 아이가 할 수 없을 것이라는 과제도 과감하게 도전해야 한다. 분명 그런 도전 속에서 아이는 성공과 실패를 경험하며 삶의 의미를 배울 수 있을 것이다. 아이가 앞으로 어른으로서 가지고 있어야 할 마음은 "이렇게 하면 안 되니까 다음에는 저렇게 해 봐야지"일 것이다. 아이와 대화하면서 도전할 수 있는 과제를 찾아보자. 그리고 실패를 바라면서 그 도전을 묵묵히 응원해 주자.

그해 학생들과 함께한 마라톤 대회 참여와 바리스타 자격증 취득은 이미 어른이라고 생각했던 내 마음에도 수많은 선물을 가져다 주었다. 안 되리라 생각했던 낮은 기대감에 경종을 일으켰고, 과정을 통해 얻은 성취의 결과가 아이들에게 얼마나 큰 것인지를 새삼 다른 의미로 깨닫게 해주었다. 학생들과 함께하며 항상 많은 것들을 배우며 같이 성장해 나간다. 그래서 더 좋은 어른이 되어가는 것만 같아 때로는 감사하다. 그래서 나와 함께한 모든 기억이 학생들의 머릿속에 티끌 같은 흔적으로 남더라도 감사하다. 그 흔적은 분명 먼 훗날 새로운 경험과 만나서 삶을 살아가는데 미약하지만 보탬이 될 것이라고 굳게 믿기 때문이다.

선물

함께 할 수 있는
것들은 많다

　어느 해 우리는 특수학급만의 동아리를 만들었다. "설악(경기도 가평
군 설악면)의 맛집 탐방! 음식의 역사도 찾고 맛도 찾자"라는 모토의 동
아리였다. 우리 지역에는 맛집이 많다. 그런데 아이들은 그 맛집에 가본
적이 없다고 했다. 짧게는 3년 길게는 10년 이상 이 지역에 살면서 한
번도 가보지 못한 맛집이 수두룩했다. 나는 아이들이 사는 지역에 대해
제대로 알기를 원했다. 졸업한 후에도 자신들이 살아갈 지역을 더 잘
즐기며 즐겁게 살았으면 좋겠다고 생각했다. 아이들의 삶에 조금이라
도 활력을 넣어주고 싶었다. 동아리에는 그런 고민을 담았다. 맛집을 찾
아내는 것도, 위치를 파악해서 이동하는 것도, 음식값을 계산하는 것도,
맛을 평가하는 것도 모두 학생들의 몫이었다. 서로 의견을 나누고 계획
을 짜 움직였다. 막국숫집, 분식집, 순댓국집, 칼국숫집 등을 찾아다니

며 직접 음식을 주문해보고, 인증샷을 찍고, 맛을 평가했다.

지역의 유명한 관광 명소에도 찾아간다. 동아리와 같은 취지였다. 학생들이 사는 이 지역의 모든 것이 아이들의 삶에 중요한 활력소이길 바랐다. 가평은 재즈 페스티벌로 유명하다. 아이들에게 페스티벌을 소개하며 함께 참여해보고 싶었지만, 미성년자는 참여할 수가 없었다. "가평에 이렇게 멋진 축제가 있다는 것 꼭 기억하고, 나중에 어른 되면 친구들이랑 함께 가서 멋진 음악 들으며 재미있고 즐겁게 즐기며 살길 바란다." 아쉬움에 대신 카라반 캠핑 여행을 계획했다. 1박 2일의 체험학습을 준비하면서 여행하는 동안에 무엇을 할지 학생들이 함께 결정할 수 있도록 했다. 무엇을 하고 놀지, 무엇을 먹을지, 저녁에는 무슨 이야기를 나눌지 각자의 의견을 내고 협의의 과정도 거쳤다. 특수학급의 새로운 체험학습 도전이 신선해 보였는지 어떤 선생님은 학생들과 맛있는 것을 먹는 데 보태라며 금일봉을 주시고, 통합학급 담임선생님은 간식을 손수 포장해서 여행 날 아침에 챙겨주셨다. 저녁에는 교감 선생님과 국어 선생님이 두 손에 치킨을 들고 응원을 왔다. 우리는 이미 고기 파티를 한 뒤였지만 다시 1인 1치킨을 즐겼다. 밤하늘을 보며 두런두런 이야기를 나누었다. 한참 연애에 관심이 많을 나이라 나는 젊은 시절의 연애편지를 공개했다. 함께 읽고 이야기를 나누었다. 이런 것이 진정한 삶의 모습이지 않을까? "우리가 사는 지역에는 이런 좋은 곳이 있어. 물론 카라반도 있지만, 가평은 사람들이 여행을 많이 오는 곳이라 펜션들도 많다. 나중에 청평에서 하는 연어 축제도 가보고, 청평호 같은

데도 가봐. 너무 멀리는 아니라도 가까운 곳을 이렇게 여행 다니며 살아갔으면 좋겠다." 정말 그랬다. 어느 지역이든 명소는 있고, 사는 지역의 명소만 찾아다녀도 어른이 된 아이들의 삶이 즐거울 것이다.

지역에서 열리는 행사에도 함께 참여했다. 걷기 대회, 마라톤 대회, 때마다 열리는 설악 오일장에 참여해서 우리 지역의 풍경을 함께 확인한다. 사람들이 어떻게 살아가고 있는지 학생들에게 옆에서 잔소리하듯 읊조리다 보면, 나도 모르게 앞으로 녀석들이 이 지역에서 행복하게 살아줄 것만 같은 생각에 빠지기도 했다.

일 년에 한두 번 정도는 꼭 프로스포츠 경기를 보러 갔다. 대중적으로 인기가 많은 야구, 축구 등을 관람하기 위해 직접 경기장을 찾는다. 주말을 이용해야 해서 미리 모두가 함께 갈 수 있는 일정을 조율해야 한다. 그런 조율의 과정도 배움이고 삶을 살아가는데도 꼭 필요한 기술이다. 어렵게 정해진 가을의 어느 토요일, 우리는 멀리 여행을 떠나듯 설레는 마음으로 상암 월드컵 경기장을 찾았다. 넉넉하게 용돈을 준비해서 각자 1인 1치킨을 주문해 양손에 든다. 그리곤 엄청난 관중들의 함성이 살아 있는 경기장에 들어선다. 아이들은 승패의 긴장과 응원의 열기로 가득 찬 곳에서 요란스러움을 마음껏 즐긴다. "주말마다 이렇게 시끄러우면 이 주변에 사는 사람들 시끄럽겠다."라는 말에 "그래도 보고 싶으면 맨날 올 수 있을 것 같아서 좋을 것 같아요." 신나 보이는 한 친구가 말한다. 수많은 인파 한가운데서 가슴이 터질 것 같은 해방감을 느끼는 것 같았다. "사람들은 돈 벌어서 이렇게 고래고래 소리 질러대며 좋아하는 팀을 응원하면서 살아가기도 해. 너희들도 이다음에 꼭 이렇게 살아갔으면 좋겠어." 멀리까지 가기 곤란하면 지역 인근의 3부나 4부 축구 경기를 관람할 때도 있다. 경기 관람은 대부분 무료이고, 관람객에게 경품도 주기에 참여하는 재미가 쏠쏠하다. 어느 해는 10kg 쌀을 타기도 했고, 벽걸이 시계도 탔다. 이런 과정 하나하나가 아이들에게는 의미 있는 시간이라고 생각한다. 모든 사람이 해보는 것들을 학생들도 재미나게 그리고 평범하게 즐긴다면 이보다 더 좋은 것이 있을까? 그리고 그런 것이 진짜 삶이지 않을까?

일 년에 한 번은 꼭 미술관에 간다. "그림 보는 건 어렵지 않아. 그림을 보고 그냥 나만의 생각과 느낌이 들면 되는 것 같아. 너희들도 꼭 일 년에 한 번 이상은 멀지 않는 미술관을 찾아 그림을 감상하며 살아갔으면 좋겠다." 사람들이 북적이는 놀이공원보단 조용히 여유와 사색을 즐길 수 있는 미술관도 찾아다녔으면 좋겠다. 일 년에 한 번 이상은 꼭 찾아다니며 삶을 살아갔으면 좋겠다. 이렇게 함께 할 수 있는 것들이 너무나 많다. 앞으로 해봐야 할 것도 너무나 많은데 함께하지 못하는 것 역시 너무나 많아 보였다.

지역사회 안에서 우리 활동은 우리만 주인공인 이야기가 아니다. 그 안에는 지역에서 평범한 삶을 살아가는 모두의 이야기가 들어있다. 또한 우연히 만나게 되는 수많은 사람과의 소통도 함께 공존한다. 동네에서 무섭기로 유명한 순댓국집 할머니에게 깍두기를 더 달라고 말을 걸어야 했다. 카라반 열쇠를 받으러 갔을 땐 아이들의 학교 선배를 만날 수 있었다. 선배는 후배들을 위해 예약한 것보다 큰 카라반을 챙겨주었다. 감사한 마음은 꼭 표현하며 살아가야 하는 것이라며, 다시 찾아가다 함께 감사 인사를 건넸다. 축구장에서 만난 뒷자리의 커플은 우리의 추억을 위해 망설임 없이 먼저 다가와 사진사를 자처해 주었으며, 야구장에선 다 같이 "부산 갈매기~~"를 부르며 봉지를 흔들었다. k3리그 축구 경기장에선 경품에 당첨된 번호를 확인하며 뛰쳐나가는 우리의 모습을 모두가 부러운 시선으로 바라보았다. 그렇게 지역사회 안에서 함께 부대끼는 삶이 우리 아이들에게 가장 필요한 삶일 것이다. 그것이 우리가 꿈꾸는 평범한 삶이라는 생각이 들었다.

즐거운 삶을 목표로 우리끼리 자꾸 밖에 나가보자는 게 나의 목표였다. 그 과정에서 우리끼리를 넘어 그냥 우리가 되어간다는 것을 알게 되었다. 여느 관계와 크게 다르지 않았다. 학교 선배를 만난 반가움에 무언가 하나 더 얹어주려는 마음, 자기들끼리 치킨 먹으며 소리지르는 모습이 행복해 보여 같이 기념해주고 싶은 마음, 장애가 있든 없든 다같이 섞여 자연스럽게 응원가를 목청껏 지르는 마음, 그런 모든 마음속에서 우리는 그냥 우리가 된다. 언론에서 만나는 각박한 세상, 정 없는 세상, 약자에겐 강하고 강자에겐 약한 세상의 모습만이 우리의 모습이 아니라는 생각이 들었다. 우리 곁에는 그렇게 평범한 이웃들이 더 많다는 것을 새삼 깨닫게 되었다. 그리고 그들 중 분명 많은 이들은 우리 아이들의 든든한 지원군이 되어 줄 것이라 믿어 의심치 않았다.

많은 부모의 마음속에는 희망과 함께 냉정한 사회에 대한 걱정과 불안이 공존하고 있다. 우리 아이가 사회에 나가면 잘 생활할 수 있을까? 다른 사람들에게 이용당하지는 않을까? 그런 불안은 자녀가 할 수 있는 것의 가짓수를 제한하며, 진짜 할 수 있는 것들 역시 가려 버릴지 모른다. 하지만 막상 함께 경험해보면 세상은 냉정한 곳만은 아니다. 더 많은 따뜻함이 공존하고 있다. 그리고 세상은 분명 조금씩 변화하고 있다. 함께 일상을 공유하는 사람이 많다는 것을 금방 알게 될 것이다. 그래서 다시 함께 할 수 있는 것들이 너무나 많다는 것을 강조하고 싶다.

아이들이 살아가는 지역사회의 주인공은 우리 모두이다. 아이들도 살아가는 지역사회 안에서 함께 삶을 만들어나가는 주인공이 되길 바란다. 지역사회가 우리 아이들의 삶의 터전이 되어야 한다. 지역에서 살고, 삶과 지역의 주인이 되기 위해서는 지역사회의 다양한 활동에 활발히 참여해야 한다. 참여할 수 있는 많은 것들을 적극적으로 살펴봐야 한다. 나는 우리 아이들이 어릴 때부터 다양한 공간과 일상에 자연스럽게 참여해야 한다고 생각한다. 자연스럽게 즐기며 익숙하고 편안해져야 한다. 운동 경기장, 영화관, 콘서트장, 박물관, 미술관 등의 관람도 좋다. 처음에는 부모와 함께 하지만 아이가 성장할수록 혼자 할 수 있는 것들이 많아져야 한다. 이런 참여는 아이들이 성인이 되면 여가 생활의 가장 중요한 부분을 차지할 것이다.

관람자를 넘어 더 적극적으로 참여해보는 것도 좋다. 아이의 관심사에 따라 지역의 다양한 동호회에도 참여해볼 수도 있다. 지역사회 안에는 악기를 연주하는 동호회부터, 테니스나 배드민턴, 농구, 축구, 탁구, 마라톤 등과 같은 모임들이 많다. 보통 그런 운동 동호회는 사회 체육 지도자들이 함께한다. 관심만 있다면 동호회 안에서 아이와 함께 운동을 배울 수 있다. 동호회에 참여할 때는 관심사가 비슷한 친구들과 함께 하는 것도 좋다. 이를 통해 꾸준한 참여를 독려할 수 있다. 봉사활동 역시 아이와 함께 할 수 있는 지역사회의 중요한 활동이다. 누군가를 돕는 행위는 타인에 대한 이해가 핵심이기에 아이의 성장 발달에 좋다. 또한 지역사회 안에서 할 수 있는 역할을 더 확장해 나간다면 아이의 활동 반경이 더 넓어질 것이다.

지역사회 참여는 아이가 주변 사람들과 소통하며 사회성을 기르기 위한 아주 중요한 활동이다. 아이들은 집에 있을 때, 많은 시간 혼자 게임을 하거나 스마트폰을 사용한다. "집에 가면 할 게 없어요." 아이들의 입에서 흔하게 나오는 말이다. 스마트폰이나 채팅을 통한 소통보다는 직접적인 만남이 아이의 사회성을 위해 좋다. 만나서 이야기 나누는 것의 소중함을 자연스럽게 느껴야만 한다. 사회성은 어려서부터 다양한 사람과 만나고 대화하며 형성된다.

지역사회 참여는 사회성 함양과 더불어 아이를 보호해 줄 수 있는 보이지 않는 지지자를 만드는 과정이다. 이웃 주민, 경비원, 편의점, 마트 직원, 음식점 주인, 커피숍 주인 등이 아이의 자립 생활에 든든한 지원자가 되어준다면 아이 혼자 할 수 있는 것이 더 많아질 것이다. 마트 직원은 아이의 심부름에 관심을 두고 기다려주는 조력자가 되어줄 것이며, 음식점이나 커피숍 주인은 아이의 자립 생활을 연습해 나가는 홀륭한 지원자가 되어 줄 것이다. 경비원 아저씨나 이웃 주민들은 문제가 생겼을 때 아이를 보호하고 응원해줄 수 있는 파트너가 되어줄 수 있다. 아이는 문제가 생겨도 당황하지 않고 도움을 구하며 끝까지 헤쳐갈 수 있는 힘을 기를 수 있다. 그 힘을 기르는데 온 마을이 함께 한다면 바라보는 부모도, 이를 느끼는 아이도 든든한 힘을 느낄 것이다. 아이와 함께 자주 밖에 나가야 한다. 밖에 나가 지역의 이웃들과 수시로 만나야 한다. 자주 보며 얼굴을 익히고 자연스럽게 친분을 쌓아야 한다. 오고가는 이야기 속에 아이의 성격, 장점, 단점, 좋아하는 것, 싫어하는 것 등이 무엇인지 주고받아야 한다. 그러다보면 어느새 아이는 지역사회 안에서 함께 자신의 삶을 살아가고 있을 것이다. 사회와 온마을이 아이를 키우게 하려면 계속 존재를 알리고 부대껴야 한다.

우리 아이들이 평범한 보통의 삶을 살아간다면 얼마나 좋을까? 세상 사람들처럼 시간이 나면 여행을 다니고, 맛있는 것을 먹으러 다니고, 카페에서 수다를 떨고, 운동 경기장에 가서 소리 높여 응원하고, 생각에 잠겨 그림을 감상하고, 조용히 음악을 듣고, 등산하고, 산책하고 때로는 여유를 부려가며 자신만의 삶을 살아간다면 얼마나 좋을까? 그래서 다시 생각해본다. 함께 해야 할 것들이 너무 많다. 처음부터 모든 것을 할 수는 없겠지만, 아이가 좋아하는 한두 가지라도 관심을 가지고 스스로 할 수만 있다면 그것이 무엇이든 작게라도 시작해보자. 스마트폰을 붙잡고 유튜브 화면을 보며 킥킥 웃는 아이들을 다그친다.

"야~ 이 세상에 재미난 것이 얼마나 많은데, 적어도 그 재미있는 것들을 한 번씩이라도 해보면서 살아야 하지 않냐?" 가장 평범한 보통의 삶을 위해서 함께 해보아야 할 것들이 너무나 많다.

이 글을 읽는 부모님 중에는 저렇게 중·고등학교 시절을 보낼 수 있으면 얼마나 좋을지 상상하는 분들이 있으리라. 모든 아이가 자라듯 우리 아이들도 자란다. 단지 차이가 있을 뿐 아이들 모두 저마다의 속도대로 자란다. 말이 늦었던 아이도 말로 의사소통을 하기 시작하고, 대소변을 못 가리던 아이도 초등학교 시절이 지나기 전에 대부분 가린다. 단지 느리고 저마다의 속도가 있을 뿐이다. 너무 부족함에만 집중해, 걱정이 앞서고 암울한 미래를 상상하는 것은 아닐까?

"미래는 상상한 대로 이루어진다."라는 말이 있다. 다르게 생각해보자. 아이의 미래를 다르게, 평범함 속에 자신만의 재미를 만들어나가고 있는 아이의 일상을 상상해보자. 그럼 지금 이 순간 무엇을 하면 좋을지 떠오르지 않을까? 아이가 좋아하는 것부터 시작해 보자. 그것이 상상한 미래가 현실이 되는 시작일 것이다.

생각하고 선택하는 힘이
진짜 능력

10여 년 아이들과 함께하면서 보니 아이들에게는 미묘한 행동 특성이 있었다. 아이들은 어떤 활동을 할 때 무엇을 해야 하는지, 또 필요한 것이 무엇인지, 그리고 그것이 어디에 있는지에 대해 선생님이 어떤 이야기를 해 줄 것으로 생각하고 기다린다. 수업 시간에 노트를 챙기는 일부터 연필깎이가 어디에 있고 언제 깎아야 하는지 등 많은 부분을 선생님이 말해주길 바라고 있다. 집에서도 비슷한 모습을 볼 수 있을 것이다. 특별히 말하지 않으면 스스로 움직이지 않는다. 교사인 나는 아이들의 이런 모습이 '싫다'. 몇 년 후 어른이 돼서도 비슷한 모습이라면 미래를 상상하기조차 싫다. 중·고등학생이면 어떤 문제가 생기면 무엇을 해야 할지 생각하고 판단하여 필요한 것을 찾아야 하지만 아이들에게 그런 모습은 부족했다. 왜 그런지 이유와 해결방안을 찾아야 했다.

우리는 아이들의 생각과 속마음을 제대로 알기 어렵다. 많은 아이는 자기 생각을 표현하는데 어려움을 보인다. 표현이 잘 되지 않으면 상대방은 답답하기 마련이다. 그러니 특정 문제가 생기면 아이에게 맡기지 않고 이내 해결해 준다. 아마도 대부분 아이를 위한다는 생각에 그럴 것이다. 정말 그럴까? 정말 아이를 위한 것일까? 우리 아이들에게는 일상에서 일어나는 작은 경험 하나하나가 모두 소중하다. 일상의 경험 속에서 하나하나 차근차근 배워야 할 것들이 너무나 많다. 그런데 스스로 해결해야 할 작은 것부터 고민하고 생각할 기회가 사라져 간다면 일상에서 만나는 배움의 기회들은 사라지는 것이다. 물을 쏟으면 이내 다가와 휴지로 닦아 준다. 물감이 옷에 묻으면 물티슈를 가져와 닦아준다. 배고프면 밥상을 차려주고, 계절이 바뀌면 옷부터 신발까지 모두 주변에서 알아서 챙겨준다. 스스로 고민해보고 생각해볼 겨를 없이 옆에서 대부분을 다 해준다. 이런 작은 문제까지 주변에서 금방 해결해주니 우리 아이들은 생각할 필요가 없다. 주어진 문제를 누군가 해결해주는 것을 우두커니 지켜보고 있으면 된다. 그런데 만약 아이의 주변에 그런 존재들이 사라진다면, 어떻게 될까?

아이의 인생은 자신의 선택에 의해 결정된다. 선택에 따른 책임 역시 어른이 되면 스스로 짊어져야 할 것이다. 하지만 많은 부모는 아이를 그렇게 키우고 교육하고 있지 않다. 진짜 문제는 여기에 있다. 스스로 고민하고 생각하며, 그에 따라 무엇인가를 결정하고, 시도해보고, 성공이든 실패든 그 결과를 확인해야 성장은 의미가 있다. 그래야 아이의 저 깊숙이 담겨 있는 능력과 가능성(잠재능력)은 자라날 수 있는 것이다.

생각과 말은 해야 는다. 그러니 자꾸 시켜보고 물어보고 지켜보며 기다려줘야 한다. 생각해보게 하고 어려움을 표현해보게 하며 잘잘못을 함께 나누어야 한다. 그래야 생각이 늘고 조금 더 명확하게 자기 생각을 표현할 것이다. 그 시작이 나는 '스스로 곰곰이 생각해보게 하는 것'이라고 생각한다. 나는 아이들이 생각의 연속에 빠져서 지냈으면 좋겠다. 인간의 삶은 수많은 선택의 연속이다. 어른이 된다는 것은 스스로 선택해야 할 것들이 많아지는 것이며, 그 선택에 따라 많은 책임을 지는 것이다. 어떤 것은 단순해서 주어진 것 중에 좋거나 싫은 것을 선택할 수도 있지만, 삶은 그렇게 단순하지 않다. 수많은 선택지가 눈앞에 놓여있고, 그 선택지 중에 아이에게 꼭 들어맞는 답 역시 없을 수 있다. 어른을 목전에 둔 아이들에게도 분명 선택의 순간은 매 순간 다가올 것이다. 그리고 선택은 차츰 어른이 되어가는 과정과 맞닿을 수밖에 없을 것이다.

나는 '선택하는 힘을 키우는 것'이 청소년기의 가장 중요한 과제라고 생각한다. 학교에서도 가정에서도 선택하고 결정하는 연습이 필요하다. 자신이 원하는 것이 무엇인지, 목표나 상황에 따라 무엇이 옳고 적절한지 그리고 그것이 자신에게 맞는지 판단하는 습관이 필요하다. 그렇지 않으면 아이의 삶은 수동적이고 의존적일 수밖에 없다. 목표나 상황마다 적절한 선택지(옵션)을 주고, 스스로 판단해 선택하는 것부터

가 시작이다. 그리고 왜 그런 선택을 했는지 이유를 함께 확인하고, 결과에 대하여 이야기를 나누자. 선택하는 데 무엇이 중요했는지 함께 나누는 피드백 역시 중요하다.

선택지가 있는 것은 집에서나 초·중·고등학교를 거치면서 학습 과정에서 수없이 연습했을 것이다. 나는 선택지가 없는 것으로 업그레이드도 필요하다고 생각한다. 앞서 이야기했던 것처럼 어른의 삶에 있어 정답이 있는 선택지는 그리 많지 않기 때문이다. 이를 위해선 '곰곰이 생각하는 힘'을 키우는 인문학 수업이 필요하다고 보았다. '내가 어떤 사람인지, 너는 어떤 사람인지, 너와 나는 어떤 관계를 맺어야 하는지, 우리는 어떻게 살아가야 하는지'에 대해 고민하고, 쉽지 않겠지만 생각의 근육과 잠재능력을 성장시킬 수 있는 좋은 기제라 여겼다.

아이들의 앞으로의 삶에 꼭 필요한 주제들을 고민했다. 내가 이 세상에 존재하는 이유는 무엇일까?(존재의 이유) 소중한 내 청춘 어떻게 살아가야 할까?(청춘) 인생을 살아간다는 것은 무엇일까? 죽음이란 무엇일까?(삶과 죽음) 행복하기 위해서 해야 할 것은 무엇인가?(행복) 꿈은 무엇인가?(진로) 자유와 평등은 무엇이며, 만약 내 자유와 평등이 침해된다면 어떻게 해야 할까?(자유와 평등, 권리) 사랑은 무엇이며, 이별하면 왜 사람들은 힘들까? 친구 사이의 우정을 지키기 위해서 해야 할 것은 무엇일까?(인간관계) 우리의 삶과 관련된 주제를 아이들이 생각해보고 속 깊은 이야기를 나누어주길 기다렸다. 인문학적 질문은 특별한 답을 찾기보다는 생각하는 과정이 중요하다. 사실 누구나 한 번쯤 하는 고민이다. 우리 아이들이라고 하지 않는 그 무엇이 아니다. 일상생활이나 미디어를 통해 접한 많은 것들은 몸과 마음에 파도를 일으켰을 것이다. 자신의 느낌이나 감정과 함께 드는 생각을 말로 정리해보는 과정이 곧 인문학 수업이었다.

수업에서 아이들의 생각은 천차만별이었다. 어른인 내가 미처 짚어내지 못한 속 깊은 이야기부터 정말 아이다운 단순한 생각까지 그 편차가 컸다. 하지만 그 편차를 바라보는 것만으로도 나는 즐거웠다. 무엇보다 생각의 근육을 차츰 키워나가는 것이라 생각했고, 그렇게 커진 근육으로 다른 사람들이 보고 느낄 수 있게 최선을 다해 표현해주었기 때문이다. 아이들은 선생님의 어려운 질문에 이렇게 대답했다. 세상에 존재하는 이유가 무엇인지에 대한 질문에 행복해지기 위해서 세상에 태어났다고도 하고 단순하게 생각해 맛있는 것을 먹기 위해서 태어났다고도 했다. 청춘이 무엇이냐는 질문에 어떤 친구는 "계절의 청춘(봄)은 다시 돌아오지만, 인생의 청춘은 다시 돌아오지 않는다."라는 명언을 제조하기도 한다. 하지만 청춘이 지나 나이를 먹는 것이 무엇이냐는 질문에는 "우리는 늙지 않을 것 같아요"라고 대답했다. 죽음은 무섭고 두렵고 귀신과 저승사자를 떠올리기도 하고, "행복을 위해서는 돈이 가장 중요하다."라는 솔직한 심정도 이야기한다. 사랑은 데이트와 선물이 중요하고 이별은 가슴이 아프고 슬플 것 같다고 이야기했다. 답이 없는 어려운 질문에 저마다 생각의 근육을 자극해가며 힘있게 표현해 준다.

내가 이런 것이 필요하다고 하면 아이들에게 그런 주제가 실생활에 어떤 필요가 있느냐고, 우리 아이들이 이해할 수 있냐고 묻는 분들이 있다. 나의 경험에 비추어 보면 우리 아이들도 생명의 탄생에 관심이 있다. 또한 누군가의 죽음을 이야기하면 숙연해진다. 장애가 있다고 인생이 유아기에만 머물지 않는다. 계속된 이야기지만 아이는 자기만의 속도로 계속 성장하고 있다. 그래서 성장하면 사랑하는 사람을 먼저 보내고 아픈 시간을 보낼 수도 있다. 사랑하는 반려동물이 아픈 것을 보며 눈물을 흘릴 수 있다. 새 생명이 태어나는 것을 지켜볼 수도 있다. 이성 친구의 이별 통보에 가슴이 찢어질 수도 있다. 할머니의 아픈 몸을 지켜보며 병에 걸린다는 것이 무엇인지 고민할 수 있다. 할아버지 할머니가 된 자신의 모습을 상상할 수도 있다.

아이들과 함께한 이런 질문들은 결코 앞으로의 삶에 필요 없는 질문이 아니다. 생각 못할 것이라 지레 짐작할 질문도 아니다. 정답을 찾아야 하는 질문들도 아니다. 아이들이 생각할 수 있도록 충분한 시간을 주고, 이때 표현한 모든 생각을 존중해주면 된다. 아이들은 오히려 어른들이 자신에게 이런 질문을 할 때 자신들이 존중받는다고 생각할지 모른다. 중·고등학교 시기는 지시하는 관계에서 벗어나서 서로 이야기를 나누며, 가능한 범위에서 생각을 교류하며 자신의 의견을 귀담아듣는 어른들을 통해 자신에 대한 효능감을 키워가는 시기이다. 장애가 있는 학생들도 마찬가지이다. 아마 어떤 장애 학생(인)들은 평생 살면서 다른 사람과 생명의 탄생, 우정, 죽음에 대해 한마디도 나누지 못하고 인생을 마감하기도 할 것이다. 아무도 묻지 않으면 누구와 이야기를 할까? 우리 아이들 역시 이런 질문들에 대한 충분한 고민이 필요하다. 어떻게 생각하고 선택할지는 오롯이 아이의 몫임을 존중해야 한다. 그래야 아이는 어른으로서 자신만의 힘을 키워나갈 것이다.

수업을 정리하는 마지막에는 나의 개인적 생각이 담긴 조언을 곁들였다. 교사가 아닌 한 명의 인생 선배로서 학생들의 삶이 더 빛나길 바랐기 때문이다. 인문학 수업에 방점을 맞춘 것도 수업 끝에 아이들에게 어른으로서의 경험담을 들려주고 싶어서였다. 그래서 아이들에게 다시 잔소리 카드를 꺼내 든다. 존재하는 모든 것이 소중하다는 것을 가슴에 담고 살아주길 바라는 마음을, 청춘 시절은 절대 헛되이 보내지 않았으면 좋겠다는 마음을, 죽음은 우리의 삶과 맞닿아 있기에 매 순간 최선을 다해야 한다는 것을 기억해주기를, 행복한 삶을 위해서는 직업을 얻기 위한 명확한 진로가 필요하다는 것을, 사랑과 이별, 우정과 같은 관계의 문제에는 상대방에 대한 존중과 배려가 가장 중요하다는 것을 이야기해준다. 그래서 본질을 놓치지 않고 가슴에 새기며 아이들이 자신만의 생각을 더해 따뜻한 마음을 가진 어른으로 커나가길 바란다.

많이 해도 부족한 질문들이자 살면서 수시로 해봐야 할 질문들이다. 보통의 행복한 삶을 살아가기 위해 고민해봐야 할 질문이다. 질문은 생각을 진전시킨다. 나는 질문이 커질수록 성장하고, 삶을 주도하게 될 것이라고 생각한다. 그래서 질문하고, 생각하고, 비교하며 선택하고, 결정하는 연습이 필요하고, 이것이 아이들의 청소년 시절 가장 중요한 과업이라고 나는 믿는다.

선물

어쩌면 우리는 많은 시간 아이의 잠재능력이 낮다고 생각했을지 모른다. 가족 중의 누구는 아이의 삶을 동정하며 연민을 느끼고, 보통의 삶을 살 수 없으리라 속단할지 모른다. 많은 시간 아이가 할 수 있는 것보다 할 수 없는 것에 먼저 집중하며, 그래서 자신도 모르게 무시하는 경우도 많았을 것이다. 그래도 아이는 그 안에서 자신의 속도대로 성장해 나간다. 의외의 행동과 대답을 접하며 만약 크게 놀랐다면, 그것은 아이도 성장하고 있다는 것을 간과하고 있다는 반증일 것이다. 잠재능력은 지금 볼 수 있는 능력이 아니다. 지금 보이는 능력이 낮다고 앞으로도 계속 낮을 것이라고 추측할 문제도 아니다.

삶과 관련된-어려워 보이는 인문학적-질문을 나누길 바란다. 난해한 질문과 대화속에 부모로서 날카로운 조언이 함께 하길 바란다. 이 과정이 지난할 수 있지만, 아이를 변화시키고 사회의 한 구성원으로서 권리와 의무를 행사하는 따뜻한 마음을 가진 어른으로 키우는 일이 될 것이다. 그리고 아이의 잠재능력을 깨우고 성장시킬 것이다.

'자신의 삶을 스스로 변화시키는 힘' 그 힘은 우리 아이들 모두에게 살아 있다.

아이들에게도
사랑이 찾아오겠지

"사랑이 뭐라고 생각하니?"

해마다 학생들에게 질문을 던진다. 어떤 의견이라도 좋다. 사랑과 관련된 아이들의 생각이라면 모두 놓치지 않고 유심히 듣는다. 사랑이라는 말만으로도 괜스레 얼굴을 붉히는 학생, '야한' 것을 상상하는 학생, 관심이 없는 학생 등 저마다 모두 생각이 있다. 가장 보편적인 생각은 남자와 여자 사이에서 일어나는 것이라는 인식이다. 그래서 뽀뽀나 스킨십 등을 먼저 생각하기도 한다. 사춘기 청소년들이니 이해 못할 일은 아니다. 하지만 사랑에 대해 가지고 있는 생각이 너무나 좁아 보였다.

사랑은 모든 사람이 충분히 받고 있다고 느껴야 할 소중한 감정이다. 또한 사랑은 모든 사람의 성숙한 성장에 지대한 영향을 미치는 귀중한 감정이다. 우리 아이들에게도 소중하고 귀중하게 다가와야 할 중요한 감정인데 그 감정에 대한 생각이 편협한 채로 어른이 되면 분명 부정적인 영향을 미치진 않을까? 고민스러웠다.

자위에 빠져 지내는 학생, 성적 자극에 예민한 아이, 노출을 부끄러워하지 않는 아이, 이성에 대한 관심을 적극적으로 표현하는 아이들이 많아 '성과 사랑'에 대한 고민을 나누는 시도 자체가 버거운 사례가 학교 현장에는 즐비하다. 어디서부터 어떻게 접근해야 할지 막막할 때가 많다. 성에 관해서 모든 것을 드러내 놓고 솔직하게 이야기를 나누어야 할까? 민감한 사항이니 될 수 있으면 숨기며 아이를 자극하지 말아야 하는 것일까? 적당한 선에서 전문가와 상의해 필요한 부분만 아이와 함께 나누어야 하는 것일까?

한발 물러나서 고민의 초점을 아이에게 맞추어 생각해보자. 아이들은 과연 누구에게 사랑과 성에 대한 물어볼 수 있을까? 또한 어떤 방법으로 자신의 호기심을 표현해야 하는 것일까? 교사와 부모도 난감한 부분이 많겠지만 아이 역시 어디서부터 어떻게 풀어가야 할지 대상도 방법도 방향도 막막한 부분이 너무나 많을 것이다. 이는 성과 사랑을 은밀하고 금기시하는 우리 문화의 보수적 성향 때문이기도 하다. 현실을 살피자면, 장애인(학생)에게는 더 냉정하게 금기시돼 있다. 관심 밖의 필요 없는 이야기로 치부하고 있어 그 꼬인 실타래를 푸는 것은 더 복잡해 보인다. 그래서 아이들은 어쩔 수 없이 성과 사랑에 대한 궁금증을 인터넷과 스마트폰으로 만난다. 이유는 간단하다. 정보가 많고 쉽게 접근할 수 있기 때문이다. 누구도 알려주지 않는 이야기를 손안의 스마트폰이 너무나 쉽게 알려준다. 문제는 여기에서부터 시작된다. 손안에서 확인하는 내용들은 때로는 지나치게 자극적이다. 그리고 많은 부분 왜곡이 심하다. 이런 정보들이 아이의 호기심과 만난다면 생각의 깊이나 폭이 한정될 수밖에 없다. 사랑은 남녀 사이에만 일어나는 것이라는 생각부터 욕구를 지나치게 드러내는 행동으로 자신의 좁아진 생각을 표현할 수밖에 없는 것이다. 이를 어떻게 바라봐야 할까?

학교가 끝났다. 집으로 돌아간 창식이의 어머니에게 전화가 왔다. "랜덤 채팅으로 만난 사람한테 문자로 발가벗은 사진과 주민등록증을 찍어서 보냈어요. 선생님 어떡해야 할까요?" 창식이를 다시 학교로 불렀다. 커다란 운동장을 함께 걸었다. "지금부터 어머님께 들은 이야기를 나누다 보면 혼이 날 수도 있어. 그렇지만 혼나는 게 중요한 게 아니라 숨김없이 솔직하게 이야기하는 게 더 중요한 것 같아. 거짓말하지 말고 왜 그랬는지 이야기해줘야 한다." 다행히 창식이는 그간의 이야기를 들려주었다. 사정을 듣고, "다시는 그러면 안 돼. 네 몸은 소중하기 때문에 다른 사람한테 함부로 보여주어서는 안 되는 거야. 그리고 나쁜 사람들은 그런 네 몸을 다른 사이트에 올린다며 돈을 요구할 수도 있어."

아이와 함께 사랑과 성에 대해서 솔직한 이야기 나누는 것이 필요해 보인다. 자신의 감정을 솔직하게 나눌 수 있는 가정의 분위기는 이후에 '실수'에 의한 사랑 표현들을 예방 할 수 있을 것이다. 아이의 솔직한 심정은 특정 상황에서 아이가 어떻게 행동할 것인지 예상해 볼 수 있는 중요한 정보가 된다. 나는 학교에서 서로 좋은 감정을 유지하

선물

고 있는 아이들을 보면 조금 더 신경을 쓴다. 때론 아이들이 편하게 이야기할 수 있도록 마음을 열어놓고 먼저 다가가 묻는다. "재화의 어디가 마음에 들어? 가장 중요한 것은 상대방을 존중해주고 먼저 이해해주는 거야. 그것만은 꼭 기억했으면 좋겠다." 아이들이 놓칠 수 있는 부분을 살뜰히 살피려 노력한다. 그래서 아이가 가지고 있는 호기심 안에 배려나 존중이 자리잡을 수 있도록 조언한다. 사랑과 성에 대해 솔직한 감정과 가지고 있는 생각을 계속 물어봐야 한다. 그런 과정에서 욕구를 파악하고 아이에게 무엇이 필요하며 어떤 것이 궁금한지 판단하고 그에 따른 조치를 할 수 있다. 주의해야 할 것은 어떤 문제가 발견되더라도 해결하기 위해 아이를 엄하게 혼내서는 안 된다는 것이다. 혼내게 되면 아이는 무서워 자기 생각을 숨길 수 있으며, 표현이 잘못된 것이라고 판단할 수 있다. 따라서 잘못한 부분에 초점을 맞추기보다는 왜 그렇게 행동했는지 스스로 판단하도록 기다려 주어야 한다. 벌어진 실수에 대해서 다시금 돌아볼 기회를 많이 만들어 주는 것이 아이들에겐 꼭 필요하다.

창식이와 이야기를 마치고 어머니와 다시 통화했다. 어머니는 "얼마 전 여자친구랑 헤어지고 많이 외로워하는 것으로 보였어요. 그래서 그런 랜덤채팅을 한 건 아닌지 걱정되더라고요. 그래서 요즘 헤어진 여자친구 이야기를 자주 물어보기도 해요. 다시 만나라는 이야기도 해주기도 하고요. 그러다 며칠 전에는 우연히 혼자 방에서 자위하는 모습을 봤어요. 이럴 땐 어떻게 해야 할지 잘 모르겠더라고요." 그렇게 어머님과 창식이에게 필요해 보이는 성교육에 대해 의견을 주고받았다. 그리고 나는 몇 주에 걸쳐 사랑과 성에 대한 수업을 계획했다.

앞의 사례처럼 아이와 관련된 모든 사람과 함께 아이에 대해 솔직히 이야기를 나눌 수 있는 용기도 필요하다. 가까이는 학교 선생님이나 복지관의 복지사도 그 범위 안에 포함될 수 있다. 더 나아간다면 아이와 좋은 감정을 나누고 있는 아이 부모나 가족도 그 대상이 될 수 있다. 서로 이야기를 나누면서 아이들에게 필요한 지원을 함께 고민해야 한다. 아이들은 이런 안정적인 분위기 속에서 사랑과 성을 고민할 수 있어야 한다. 성과 관련된 문제는 모두에게 예민하기에 민감한 부분을 숨기고 싶은 것이 사람들이 가진 보통의 마음이기 때문이다. 그래서 먼저 나눌 작은 용기가 필요한 것이다. 부모나 가족이 먼저 적극적으로 생각을 나눌 때 주변 사람들 역시 부담감을 조금은 덜고 함께 고민할 수 있다.

사랑에 대해 아이와 함께 이야기를 나누는 시간이 많아지길 바란다. 보통 아이의 성과 관련된 문제에서 가장 근본이 되는 '사랑'이 빠져 있다. 기본적으로 전제되어야 할 사랑에 관한 고민은 성 문제와는 다른 별개의 것으로 다루며 논의 밖으로 돌린다. 하지만 사랑은 성과 관련된 문제를 포괄하고 있는 가장 중요한 감정적 요소이다. 내가 아이들과 함께 사랑에 대한 이야기를 많이 나누는 이유도 여기에 있다. 성과 관련된 문제에만 치중하면 필요한 조치만 보이지 근본 해결책을 놓칠 가능성이 크다. 필요한 것은 성을 올바르게 바라볼 수 있게 하는 사랑에 대한 폭넓은 이해이다. 아이들 마음속에 사랑의 진정한 의미가 살아있다면 의외로 문제는 쉽게 해결될 수 있다. 모든 사람에게 사랑은 인간적 관계를 생각해보는 중요한 성장 과정이다. 우리는 모두 그런 사랑을 통해서 사람을 배우고, 감정을 배운다.

성에 대해 우리 아이들이 보이는 행동은 너무나 다양하다. 그래서 순간순간 어떻게 대처하고 해결해야 할지 모를 때가 많다. 하지만 아이의 입장에서 조금만 생각을 달리해보면 "분명 언젠간 우리 아이들에게도 사랑이 찾아올 것이다." 그래서 성을 소중하고 중요한 사랑과 연결해 느끼며 배워야 한다. 앞으로 찾아올 사랑을 위해 올바른 성 인식이 필요하다.

사랑을 충분히 느끼며, 소중한 사랑의 마음을 가슴에 담아 사람을 만나고 함께 나눈다면 모든 것이 얼마나 좋아 보일까? 나는 아이들에게 늘 강조한다. "사랑에서 제일 중요한 것은 예의와 존중이야. 예의와 존중은 어려운 게 아니야. 상대방을 소중하게 생각하는 마음만 있으면 누구나 할 수 있는 것이야." 소중함과 사랑, 예의와 존중에 대한 이야기가 당장 해결해야 할 과제 앞에서 공허한 외침일지도 모른다. 그렇지만 사랑은 분명 아이의 미래 행복과 성장을 위해서 꼭 필요한 보호막이라는 것을 기억해주었으면 한다.

민주주의와
정치를 가르쳐야죠

통합학급에서 우리 아이들은 조용하다. 아이들 대부분 그렇게 교실 안에서 어딘가 모르게 숨죽여 있고 억눌려 있다. 이유가 무엇일까? 여전히 중·고등학교에선 평가가 중요하다. 좋은 고등학교, 좋은 대학교에 가기 위해선 좋은 성적이 필요하다. 이를 위해서는 지필평가나 수행평가를 잘 봐야 한다. 그래서 우리 아이들은 비장애 학생들의 중요한 평가에 방해되지 않기 위해 조용히 지내는 것일지도 모른다. 평가의 영향은 수업에서도 그대로 나타난다. 학생 중심의 수업이 강조되고 있지만, 아직 가장 보편적인 수업의 형태는 강의식 수업이다. 평가와 성적을 내야 하기에 모든 학생의 참여를 전제하는 모둠 수업 같은 형태를 학기 내내 구현하기 힘들다. 시도가 늘었지만 이벤트적인 성격이 없지 않다. 교육 혁신과 변화를 위해 다양한 제도들이 모색되고 도입되고 있지

선물

만 아직 갈 길은 멀다. 특히나 고등학교의 평가는 당장 눈앞의 대입에 영향을 크게 미친다. 어느 대학에 가느냐가 앞으로의 인생의 향방을 결정할 것이라는 생각이 지배적이다. 평가와 생활기록부가 아이들의 학교생활의 전부일 때도 있다. 여기에 매여있는 비장애 학생을 바라볼 때면 때론 안쓰러움이 느껴진다. 비장애 학생들은 그렇게 학교 안에서 치열하게 경쟁한다. 그 경쟁에서 누군가는 이겨내 앞에 서지만 누군가는 실패하며 차츰 뒤로 밀려난다. 아이들이 느끼는 좌절감은 어떠한 것일까? 하물며 이 모든 것을 포기하고 학교생활에 무기력감을 느끼는 학생들을 볼 때면 가슴이 아프다. 아이들이 다니는 학교의 현실이다. 이 치열한 경쟁 속에서 장애와 장애인에 대한 배려와 존중을 바랄 수 있을까? 신기한 것은 우리 아이들이 긴장과 경쟁 분위기쯤은 귀신같이 알아챈다는 것이다. 그래서 더 숨죽여 다른 아이들에게 '방해'되지 않기 위해 노력한다. 이런 일상의 분위기에서 억눌린 자기 생각을 표현하는 일도, 생각을 나누는 일도 자유롭지 않아 보인다. 물론 모든 학교가 그런 것은 아니다. 이런 학교와 입시를 변화시키기 위해 많은 사람이 노력하고 있고 어느 정도의 성과도 있지만 갈 길은 아직 멀다. 변화의 과도기라 할지라도 분명 우리 아이들이 자유롭게 설 자리는 그리 많아 보이지 않는다.

　교실에서부터 억눌려져 있다면 행동이나 생각은 자유롭지 못할 것이다. 평등한 권리를 스스로 찾지 못하고, 자유로운 권리를 자신도 모르게 스스로 억누를 것이다. 이런 상태가 자연스럽게 아이의 삶에 녹아든다면 아이의 앞으로의 삶은 어떨까? 자주 접하는 '장애인 노동력의 착취' 기사를 보면 억눌려 있을 아이들의 모습이 떠올랐다. 만약 노동자로 정당한 대우를 주장하고, 부당함을 자유롭게 말할 수 있다면 그런 일들이 일어났을까? 많은 고민이 머릿속을 스치고 지나갔다.

답답해 보였다. 아이들이 학교 나오는 게 재미있었으면 좋으련만 때로는 그렇지 못한 것만 같아 보였다. 나라도 통합학급에서 그렇게 억눌려 있다면 학교생활이 재미없을 것만 같았다. 그래서 특수학급에서의 시간만이라도 즐거웠으면 좋겠다고 생각했다. 나와 만나는 시간이 즐거우면 학교 나오는 것이 조금이라도 즐거울 것만 같았다. 그래서 특수학급에서 배우는 즐거움이 세상을 헤쳐나가는 작은 기폭제가 되기를 바랐다. 그런 모습이 커진다면 분명 세상에 자기 생각을 말하고, 나누며 즐겁고 재미있는 삶을 살 수 있는 힘이 되리라고 생각했다.

"내년에도 했으면 하는 체험학습이나 새로 해보았으면 하는 활동을 자유롭게 적어보자." 커다란 칠판 가운데에 여러 의견이 모인다. 내용 중 가능한 것들과 불가능한 것들을 추려 의견들을 정리한다. 무리가 있어 보이는 활동은 아이에게 의견을 직접 묻는다. "지웅아 차이나타운에 가고 싶은 이유가 뭐야?", "짜장면이랑 탕수육이 너무 먹고 싶어서요.", "다른 친구들도 네 의견에 동의했니?" 아이들은 웅성웅성하며 토론 내내 답답했던 마음을 풀어낸다. "지웅 형이 자기가 가고 싶다고 무작정 넣은 거예요." 상황이 너무 재미있다. "우리가 하는 활동은 함께해야 하는 것이어야 해. 그래서 안 되겠구나. 너무 멀기도 하고" 지웅이는 실망감을 보였다. 하지만 인생은 하고 싶은 것만 하며 살 수 없다는 것도 알아야 한다. 내년을 계획하는 우리의 줄타기는 분명 표현하고 협의해 결정하는 과정이었다. 아이들을 위하는 마음으로 교사 혼자 알아서 결정해야 하는 사항은 아니다. 즐거운 학급은 교사 혼자 만들어나갈 수 없기 때문이다. 이렇게 학급 운영과 관련된 사항을 아이들과 함께 의견을 나누어 결정한다. 배우고 싶은 수업 내용을 묻기도 한다. 마찬가지로 주제별로 과목에 묶을 수 있는 것들을 정해 다음 해 수업 내용에 반영할때도 있다. 이런 과정에서 지나온 한 해를 자연스럽게 돌아보게 된다. 그러면 기대감으로 내년을 바라볼 수 있고 그 기대감은 우리의 시작을 벌써부터 설레게 한다.

자유롭게 생각한다. 모두 평등하게 의견을 표현한다. 서로의 선택을 들어보고 더 나은 방향을 정하며 의견을 모아 우리가 앞으로 할 것을 결정한다. 그러면 결과가 좋든 싫든 함께 한 선택이기에 즐겁다. 중요한 것은 시작부터 결과까지 전 과정을 함께 한다는 것이다. 그런 과정이 아이들의 앞으로의 삶에 가장 중요한 힘이 될 것이라 믿는다.

그렇게 겨울의 초입 우리는 함께 선택한 강화도로 역사 기행을 갔다. 우리는 여행 계획부터 모든 것을 함께 나누고 결정했다. 이동 방법, 식사 메뉴, 식사 담당, 방문할 여행지 등을 함께 정했다. 정해진 방법으로 강화터미널에 도착했고 첫 번째 일정에 들어갔다. 강화를 느낄 수 있는 첫 식사를 정해야 했고, 각자 주변의 맛집을 검색했다. 그리고 서로 의견을 모아 '밴댕이'를 먹자는데 합의했다. 밴댕이 가게가 즐비한 시장 안에 들어서 한 가게를 선택했고 밴댕이 정식을 주문했다. 우리 중 누구도 밴댕이가 어떤 음식인지 몰랐다. 나도 이름만 들어봤지 처음이었다. 우리의 선택 기준은 평소에는 먹을 수 없는 음식이었고 그 음식이 밴댕이였으며 모두 거기에 동의했다. 하지만 우리의 선택은 결과적으로 망했다. 밴댕이는 굉장히 비린 음식이었고, 우리는 모두 그 비린 맛을 즐기지 못했다. 밴댕이 무침, 튀김 등 갖가지 음식에 손도 제대로 대지 못한 채 미역국만 한 그릇씩 싹 비우고 서둘러 음식점을 나왔다.

결정에 따른 결과를 함께 경험한다. 결과가 좋았는지 나빴는지 함께 나눈다. 책임을 져야 하는 부분에 대해서도 함께 생각한다. 나는 서둘러 나왔어도 그게 그냥 너무 좋았지만 이내 장난기가 발동했다. 밴댕이 집에서 나온 나는 한 친구를 응시한다. "누가 밴댕이 먹자고 했어?" 결정에 따른 책임은 우리 모두가 져야 했지만 그렇게 누군가를 나무라는 행동도 늘상 있는 사람 사는 모습일 것이다. "(다 같이) 강화에서 유명한 음식을 먹어보자고 했잖아요." 선택에 따른 결과는 나와 너 그리고 우리의 몫이라는 것을 아이들이 이해했을 것이다. 그렇게 시작한 우리의 여행은 함께 정한 고려궁지, 평화전망대, 고인돌 유적, 마니산 등등의 관광지로 이어졌다. 저녁은 김치찌개와 광어회로 한옥에서 오순도순 모여 앉아 나누어 먹었다. 저녁 메뉴 역시 아이들의 선택이었으며, 음식 조리 역시 각자의 역할에 따라 이루어졌다. 중간중간 잔소리하는 것이 나의 소소한 역할이었다. 저녁을 먹은 후 얼마 지나지 않아 선생님은 먼저 잠을 자주는 센스를 보여준다. 아이들을 저들끼리 베개 싸움을 하고 보드게임을 하며 즐거운 추억을 만들어 갔다. 역사 기행이 끝나고 한 평가에선 모든 경험이 우리의 놓칠 수 없는 이야깃거리였다. "야, 사실 다음 날 아침에 마니산 올라갈 때는 정말 올라가기 싫더라. 너무 힘들지 않았냐?", "그래도 내려와서 마지막에 다 같이 오리정식 먹을 땐 너무 좋았어요." 같이 생각하고 같이 결정했기에 모든 순간이 소중한 추억이 되어 아이들의 머릿속에 기억될 것이다. 그렇게 함께한 모든 결정은 우리의 최고 선택들이었다. 다만 우린 모두 입을 모아 이야기했다. "다시는 밴댕이 안 먹어." 책임을 공감하는 우리의 평가회는 소중한 추억을 공유하는 시간이었다. 그렇게 어른이 되었을 때 기억할 소중한 추억으로 삶의 한 페이지가 되었다.

아이들은 일상에서 민주주의를 느낄 수 있어야 한다. 누구나 가진 자유와 평등이라는 권리로 자신의 의사를 표현하고, 선택하며, 결정해야 하고, 그에 따른 책임을 경험해야 한다. 이런 과정이 아이의 삶 안에 스며들어야 한다. 그런 경험이 사회로의 자발적 참여를 이끌 것이며, 삶에 생기를 불어넣어 줄 것이다. 그래서 한발 더 나아가 보았다. 아이들에게 직접민주주의란 무엇이며 정치란 무엇인지 알려주고 싶었다. 민주주의는 바로 우리 곁에 있어야 하고, 정치는 누구나 할 수 있는 쉬운 것임을 인식해야 한다고 생각했다. 이런 일상의 민주주의가 집에서도 함께 일어나고 있을까? 이를 위해서 어떤 노력을 기울여야 할까?

민주주의가 추구하는 시민성*을 크게 세 가지라고 한다. 첫째는 책임지는 시민, 둘째는 참여하는 시민, 셋째는 사회정의를 추구하는 시민이다. 그런데 과연 이런 시민성을 우리 학생들도 갖출 수 있을까? 나는 의구심을 담아 고민하기보다 실천하고 실행할 문제라고 생각했다. 민주주의의 시작은 거창한 무엇이 아니다.

세 가지 시민성이 모든 사람에게 다 나타날 수 없듯 장애 학생에게도 모든 것이 다 발현되지 않을 수는 있다. 하지만 민주주의라는 것이 우리의 일상 안에서 실현되어야 하는 것이라면 시민성 역시 가져야 할 중요한 덕목이다. 이를 위해 가장 필요한 것은 생각을 자유롭게 표현하는 것이다. 어떤 형태로든지 생각이나 의사를 표현하는 행위 자체에 주목해야 한다. 무엇이든 표현하는 것이 중요하며 동반되는 긍정과 칭찬은 표현에 대한 자신감을 심어줄 것이다. 맞지 않는 표현이라며 가로막거나 무안을 주어서는 안 된다. 아이를 살펴보자. 질문에 눈치 보며 본인의 의사를 숨기고 피한다면 아이는 이미 일상에서 일정 정도의 억압을 느끼고 있다는 방증일 수도 있다. 자기 생각을 표현하도록 하는 것이 모든 것의 시작이다. 표현 방법이 제한적이라면 대체할 방법을 모색해 볼 수 있다. 스마트폰은 이를 보완할 수 있는 중요한 도구이다. 표현을 유도하기 위해 몇 가지 선택지를 주는 것도 좋다. 그리고 그 선택에

---

* 이대성, 이병희, 이지명, 이진희, 최종철, 《민주학교란 무엇인가》(교육과실천, 2020), pp.34-39. Joel Westheimer(2015)의 견해임.

대한 책임을 같이 느껴보는 경험을 점점 늘려가야 한다. 선택한 음식이 맛있었는지? 선택한 옷을 입고 거울을 보며 잘 어울리는지? 선택은 자유지만 그 후의 결과에 대한 책임은 자신에게 있음을 인식하게 해야 한다. 이를 받아들이고 수긍하는 것 역시 자신의 몫이 되어야 한다. 책임 있는 시민성은 여기에서부터 시작한다. 이를 통해 정직, 성실, 절제, 근면과 같은 가치를 배울 수 있을 것이다.

선택이 차츰 많아진다면 자신의 권리를 주장할 수도 있다. 모든 인간은 자유롭고 평등하며 이는 반드시 지켜져야 하는 권리임을 알게 해야 한다. 자유와 평등이 무시당한다면 의사를 명확하게 표현해 권리를 찾아야 한다. 힘든 일이 생기면 주변 사람들한테 도움을 요청할 수도 있어야 한다. 사회의 규칙을 어기면 그에 따른 책임을 져야 한다는 것도 적극적으로 가르쳐야 한다. 그래서 학교에는 규칙(학생인권조례)이 있고, 사회에는 법이 있다는 것을 가르친다. 기분이 나쁘다면 이유를 말할 수 있어야 한다. 원하는 것에 명확한 의사를 표현할 수 있어야 한다. 그래서 스스로 규칙을 정하고 지키는 연습 역시 필요하다. 하지 말아야 할 부정적인 것보다 해야 할 긍정적인 것을 기준으로 집에서 지켜야 할 규칙을 아이와 함께 정해보자. 그것을 지켜지지 않았을 때 뒤따르는 책임도 지도록 시도해주면 좋겠다.

주변 사람을 도와줄 수 있는 마음도 필요하다. 표현이 자기의 생각을 드러내는 것이라면 도움은 상대방의 생각을 살펴야 하는 일이다. 표현이 나의 자유라면 도움은 상대방의 자유를 살피는 것이다. 이를 위해 아이와 함께 봉사활동에 참여할 수 있다. 어느 해 지역의 복지관과 연계하여 한 달에 두 번 봉사활동에 참여했다. 꾸준히 참여하는 것을 목표로 했으며, 임대아파트에 사는 어르신들을 위한 도시락 배달이 주 활동이었다. "우리들도 언젠가는 이렇게 나이를 먹어 할아버지 할머니가 될 거야. 그때 우리처럼 누군가가 관심을 갖고 도와준다면 좋겠지!" 권리를 주장하고 함께 나누는 마음은 사회의 현안에 함께 참여하는 시민의 모습일 것이다.

사회를 비판하고 정의를 추구하는 시민성은 어떨까? 조성지(2020)가 연출한 장애인 인권 영화 〈장애인 왜 배워야 하나〉에서 인터뷰 참가자 임태종 씨는 "우리가 배웠기 때문에 우리 주권도 찾고, 지하철 엘리베이터도 우리가 만들었잖아요. 딴 사람들은 가만히 있으면 그런 것 안 만들어줘요."라고 이야기했다. 배움에 대한 그의 생각은 많은 것들을 보여주었다. 그는 자기 생각을 분명하고 자유롭게 이야기하고 있었다. 아이들이 민주주의와 정치를 이론으로 배워야 하는 것은 아니다. 필요한 것은 그것이 가지고 있는 의미와 가치이다. 민주 시민으로서 자신의 권리를 자유롭고 평등하게 표현하는 힘. 그것이 민주주의와 정치의 핵심이다. 이러한 시민성을 가지고 있다면 아이는 스스로 삶을 결정하는 힘을 가질 것이며, 사회를 변화시킬 힘을 가질 수 있을 것이다. 임태종 씨는 이어 말했다. "배우는 건 끝이 없어요. 나이 먹었다고들 안 배우는 건 아니에요. 일하면서도 같이 공부했으면 좋겠어요." 혼자서는 분명 우리 사회를 바꿀 힘이 부족할 것이다. 하지만 그가 걷는 배움의 길에는 동료가 있었다. 동료와 함께 민주 시민으로서 세상을 살피고 변화를 위해 함께 노력하고 있는 것이다. 그것이 그가 보여준 민주주의의 가치이자 우리 아이들이 가지고 있어야 하는 시민성이라는 생각이 들었다. 그렇게 교사로서 내가, 부모로서 우리가 일상에서 민주주의를 만날 수 있는 토대를 만들어 준다면, 우리 아이들이 자신이 살아갈 사회를 변화시키는 사람이 되어 주지 않을까? 그것이 우리 아이들이 자신이 살아갈 사회의 정의를 실현할 수 있는 시민으로서 성장할 수 있게 하는 작은 실천일 것이다.

역사 기행으로 그해 우리는 일상에서 민주주의와 정치를 만났다. 촛불로 온 사회가 시끄러울 때 우리 반도 시끄러웠다. 우리 반 학생들이 사회의 문제에 관심을 갖고 자기 생각을 이야기할 수 있는 어른으로 자라고 있다는 생각에 흐뭇했다. 자신의 생각을 자유롭게 표현하고 그것을 우리의 일상에서 나누는 것이 좋았다. 우리 반 기명이는 자기 생각을 동영상으로 제작하기도 했다. 시민으로서의 성장하고 있는 모습이기에 다음 날 녀석의 생각을 적극 지지해주었다. 동영상 속의 기명의 모습은 그 어느 때보다 생기있고 당당해 보였기 때문이다.

자기 생각을 표현하고, 스스로 생각해서 선택하고, 그에 따른 책임을 지는 삶은 중요하다. 자유와 평등을 생활로 익혀야 부당함에 맞서 자신의 권리를 주장할 수 있다. 우리 아이들은 사회의 시민으로 성장해야 한다. 따뜻한 마음을 가진 그러면서도 주체적인 어른으로 성장해 주길 간절히 바란다.

코로나 시대가 보여준
아이들의 가능성

"선생님 집에 있기 심심해요. 수업해 주세요."

어느 날 오후 우리 반 단체 채팅방에 메시지가 올라왔다. 코로나가 길어지며 아이들도 원격수업에 이력이 났나 보다. 아이들은 실시간 수업을 부담스러워하기도 했지만, 어느 순간 간절히 원했다. 아이들은 강의 영상을 보는 것만으로는 교육을 받는다는 느낌이 약했던 것이다. 누군가와 교감하고 실제로 소통하는 것도 필요했다. 또 자신에 맞게 배우고 싶은 것이었다.

"선생님 바쁜데…, 알았어. 들어오고 싶은 사람은 지금 회의실로 접속하도록."

원격으로 실시간 수업을 하면 화면에 아는 얼굴들이 있고 서로 편하게 이야기를 주고받을 수 있었다. 아이들은 그래서 실시간 수업을 원했고, 재미있어했다. 아이들은 코로나 시대에도, 온라인 교육 환경에도, 비대면 수업에도 잘 적응하고 있었다. 다행이었다. 코로나로 한 해를 보내면서 나도 아이들도 힘들었지만, 그래도 중요한 가능성을 확인했다.

2020년 개학을 앞두고 우리는 단 한 번도 상상해보지 못한 펜데믹을 맞았다. 코로나19 바이러스가 전국을 휘감았다. 등교가 미뤄지고 미뤄지다가 온라인 개학으로 결정되었다. 사상 초유의 상황이 어느 날 갑자기 찾아왔고, 모두에게 혼란을 안겨주었다.

무엇보다 가정이 가장 혼란스러웠을 것이다. 정해진 시간에 온라인으로 출석하고 수업을 듣도록 챙기는 일만으로도 여간 부담스러운 것이 아니다. 여기에 종일 집에서 지내는 아이의 식사는 물론 학습의 작은 부분부터 일상의 생활 태도까지 어쩔 수 없이 아이에 대한 모든 책임이 가정에 돌아갔다. 집에서만 지내야해서 생기 있는 활동을 하기 어려운 탓에 아이들의 에너지는 축축 처졌다. 이를 지켜보는 부모의 답답한 마음은 그지없었을 것이다. 종일 컴퓨터나 스마트폰과 붙어 생활하는 아이들을 어쩔 수 없이 바라보며 과연 이것이 맞는 것인가? 어떻게 해야하는 것인가? 밀려오는 걱정에 고민이 늘었다. 아이들 역시 마찬가지였다. 저마다 혼란을 겪으며 적응해야만 했다. 영상을 보고 있자니 집중하기 어려웠고, 때로는 지루해하기도 했다. 공부에 대한 의지가 더 필요했으며, 서로 다른 학습 플랫폼에 적응도 필요했다. 하지만 때로는 편했을 것이다. 가정에서 하고 싶은 스마트폰을 원 없이 할 수 있었으니….

학교의 혼란도 마찬가지였다. 코로나 팬데믹으로 온 세계가 멈추자 당장 어떻게든 학생들을 만날 방법을 찾아야만 했다. 그토록 멀게만 느껴졌던 미래 교육의 모습이 갑자기 물밀 듯이 밀려왔다. 비대면 원격수업은 그렇게 우리 앞에 갑자기 와버렸다. 교사들은 익숙지 않은 스마트 기기들을 배워 수업 영상을 준비했다. 줌(zoom.us) 등으로 실시간 온라인 수업을 준비하고, e학습터, 구글 클래스룸, 밴드 등 수많은 학습 플랫폼들의 사용법을 익혀야만 했다. 플랫폼이나 기기 사용법 등을 익히는 게 아이들에 대한 걱정보다 우선이었다. 학교와 교사들은 온라인 수업에 대한 준비와 능력이 부족한 상황에서 '우리 아이들이 온라인 수업에 참여할 수 있을까? 가능할까? 의미가 있을까?' 수많은 의문을 품었다. 특히나 특수교육은 더 그랬다. 많은 이들은 장애 학생이 온라인 수업에 적응할 수 있을지, 또 배움이 일어날지에 대해 회의적인 시각을 드러냈다.

코로나19 이전에 우리 사회와 교육의 주요한 화두는 인공지능이니, 4차 산업혁명이니 하는 것들이었다. 미래 사회에서는 많은 직업이 사라질 것이라는 전망이 나왔다. 불확실한 미래를 대비해 창의성을 길러야 한다는 등 갖춰야 할 온갖 역량들이 난무했다. 곧 다가올 미래에는 수업도 온라인으로 이뤄지고, 인공지능이 학습자의 수준에 맞춘 교육을 가능하게 한다는 전망도 가득했다. 모든 아이의 수준에 맞춰 교육이 가능하다니…, 그런 개별화된 교육은 우리 아이들에게 가장 필요한 것이었다. 그러나 미래교육의 청사진에 우리 아이들에 대한 고려는 잘 보이지 않았다. 오히려 우리 아이들에게 미래교육은 어떻게 가능하고, 아이들은 어떻게 수용하고 적응할 수 있을지 회의와 의문이 많았다.

하지만 아이들은 적응하고 있다. 모두는 아니지만 온라인을 잘 활용하고, 원격 수업도 잘 참여하고, 스스로 해결하며 학습하는 능력을 드러내기도 했다. 오히려 비대면 온라인 수업에서 역량을 발휘하는 친구들도 있었다. 교실이라는 답답한 대면 환경보다 온라인을 편하게 여기고, 텍스트나 영상을 통한 의사소통이 잘 맞는 친구들도 있는 것이었다. 아이들에게 맞는 환경은 모두 다를 수 있고, 또 아이들은 환경에 적응하는 능력이 분명히 있다는 것을 확인하는 과정이었다. 장애 학생이 원격 수업 안에서 배움이 일어날 수 없다는 생각이 많았지만, 그것은 편견일 뿐이었다.

나는 코로나 시대를 겪으며 우리 아이들의 원격 교육의 가능성을 확인했다. 다양한 분야를 배우며 자신의 기술과 기능을 높이는 평생 교육의 가능성을 보았다. 사실 그동안 나는 아이들이 중·고등학교를 마치면 곧장 사회로 내보내기에 부족해 보이고, 조금만 더 가르칠 수 있었으면 하는 안타까움이 계속 있었던 터라 반갑고 기뻤다.

하지만 이런 기대감만큼이나 아이의 미래를 위해서 준비해야 할 것들이 많다. 코로나로 발견한 우리 아이들의 가능성은 미래의 삶을 위한 준비 과정이 없다면 무용지물이 될 것이다. 원격 교육을 통해 살펴본 아이들의 가능성을 자신만의 역량으로 끌어올려야 할 필요가 있다.

코로나로 인한 세상의 변화와 코로나 이후 펼쳐질 세상, 예측 불가능한 미래를 생각하면 우리 아이들은 어떤 삶을 살아가게 될 것인지 가늠할 순 없다. 변화가 어떤 모습을 드러낼지 잘 모르겠다. 하지만 중요한 것은 배움을 즐거워하고, 스스로 무엇인가를 배우려 하며, 이를 위해 노력하려는 마음이라고 생각한다. 시대는 언제나 변하고, 변화에 맞춰 제대로 배우고 익혀야 할 것들은 늘기 마련이기 때문이다.

기대 수명의 증가로 평생 계속 새로운 것들을 배워야만 하는 사회가 되고 있다. 이런 사회가 우리 아이들에게 예외가 되지는 않을 것이다. 그러니 각자가 필요한 시기에 원하는 교육을 받는 사회로 변화될 것은 분명하다. IT 기술과 결합한 교육이 늘 것이고, 지역의 다양한 기관들의 평생학습 프로그램도 다양해질 것이다. 우리 아이들도 평생 계속 배우고 익혀야 할 시대가 된 것이다. 이때 필요한 능력은 이런 온라인과 에듀테크에 적응하고 잘 활용하는 것이 될 것이다. 사실 지금도 온라인에는 좋은 교육과정과 콘텐츠가 많다. 찾아보면 각자의 수준에 맞는 것들도 많다. 현장의 진짜 전문가가 하나하나 기술의 핵심을 가르치는 영상도 많다. 온라인에는 그 어느 학교보다 훌륭한 선생과 교육 프로그램, 콘텐츠가 넘친다. 코로나 시대에 유튜브를 보며 홈트레이닝을 하고, 요가를 하고, 요리를 하고, 그림을 그리고, 악기를 배우는 사례는 차고 넘친다. 우리 아이들도 조금만 지원하면 온라인을 통해 좋은 기술을 배우고 역량을 키울 수 있다.

흔히 교육 격차의 가장 큰 원인으로 '자기주도적 학습능력'을 꼽는다. 더 많은 원인이 있겠지만, 원격 수업을 통해 그 능력이 잠재되어 있다는 것을 충분히 확인할 수 있었다. 교사로서 내가 키워 줄 수 있는 능력 역시 '자기주도적 학습능력'이라고 생각했다. 아이들 스스로 무엇인가를 배우고, 그것을 배우기 위한 노력한다면, 그렇게 자신의 삶을 주도적으로 이끌어 살아갈 수만 있다면 아이들의 삶은 행복하지 않을까? 원격 수업을 통해 내가 본 아이들의 가능성은 그런 맥락과 맞닿아 있었다. 배우는 것을 즐거워하는 것, 그것이 원격 교육에서도 유효하다는 것, 때로는 원격수업 상황에서 더 큰 장점을 발휘할 수 있다는 것, 원격 수업의 한계점도 있을 수 있겠지만 그럼에도 아이들은 분명 다시 적응해 나가는 것, 그래서 무엇이던 가능해 보였다.

아이들의 가능성을 보며 나는 이제부터 원격 교육을 기반으로 한 배움의 기회를 늘려갈 계획을 세우고 있다. 앞으로 분명 2020년의 팬데믹 상황보다 학교에 가는 날은 늘 것이다. 만나서 함께 원격 교육을 결합한 배움의 기회 역시 늘려갈 생각이다. 아이들과 IT 기술과 온라인 미디어를 어떻게 활용하고 배울지 직접 시도할 생각이다. 나는 가정에서도 부모님과 아이들이 충분히 할 수 있고 또 해봐야 한다고 생각한다.

아이들과 함께 원하는 음식을 찾아 재료를 구입하고 영상을 보며 각자의 속도대로 요리해볼 것이다. 좋아하는 음악과 그 음악의 안무가 나오는 영상을 보고 다 함께 강당에 모여 춤 연습을 해볼 것이다. 그래서 가능하다면 축제 때 멋들어진 우리만의 무대를 만들어볼 것이다. 스트레칭이나 요가 영상을 보고 집에서 따라 할 수 있는 운동을 함께 나누어볼 것이다. 영상을 보며 따뜻해 보이는 목도리를 만들어 주변 사람들에게 감동의 선물을 나누어줄 것이다. 원격 방과 후 학교를 운영하여 다양한 그림책을 같이 읽어볼 것이다. 그래서 원격 교육에 대한 아이들의 적응력을 향상시킬 것이다. 이를 통해 나도 성인기의 배운다는 것의 즐거움을 느껴볼 것이다. 그리고 배움은 멈추지 말아야 한다는 것을 직접 느껴볼 것이다. 평생교육이 얼마나 중요한지 함께 고민해볼 것이다. 이를 위해 평생교육 사이트를 적극적으로 활용해볼 것이다. 그리고 코로나가 거의 끝나가는 무렵에는 아이들과 지역의 문화센터를 찾아 직접 배워볼 수 있는 것들을 함께 찾아볼 것이다. 그래서 아이들이 가지고 있는 가능성을 또 다른 자신만의 강점이 될 수 있도록 그 역량을 한 발 더 발전시키도록 할 것이다. 그것이 코로나로 놓칠지 모를 교육의 본질을 찾아가는 것이라고 생각한다.

우리 아이들이 가진 역량은 천차만별이다. 나는 분명 원격 수업을 통해서 아이들의 가능성과 개별적인 능력과 관심사를 키울 좋은 방향을 찾았다고 생각한다. 교사와 부모가 다양한 시도를 계속한다면 좋은 기회가 될 수 있을 것이다. 이제는 그 가능성을 아이의 미래 역량으로 키워 내야 한다. 이는 변화되는 사회에서 모든 아이에게 필요한 삶을 위한 교육이자 학교와 가정이 함께 추구해야 할 근본적인 역할이라고 생각한다.

선물

스마트폰,
손에서 놓을 수 없다면

"핸드폰 주세요."

우리 아이들에게 스마트폰은 가장 중요한 친구다. 학생들의 하교 풍경은 비슷하다. 하교할 때면 누구 하나 빠질 것 없이 맡겨 놓은 스마트폰을 가장 먼저 찾는다. 종례 인사보다도 스마트폰을 받는 것이 중요하다. 아이들은 서둘러 스마트폰을 켜고 각종 알림이나 문자를 확인한다. 이미 스마트폰이 학생들 삶의 많은 부분을 지배하고 있다. 집에서도 마찬가지일 것이다. 특별한 일이 없는 이상 대부분의 시간을 스마트폰과 함께한다. 스마트폰만 바라보고 있는 아이들을 보면 어른들은 답답하다. 스마트폰중독이나 게임중독이라는 말이 흘러나오면 남 얘기 같지 않아 걱정된다. 잔소리도 해보지만, 그것도 잠시 여전히 손에는 스마트폰이 붙어 있다. 코로나 시대는 이를 더 부추겼다. 스마트폰이 학교, 교사, 수업과 연결고리가 된 터라 손에서 떨어트려 놓을 수도 없다. 잔소리로 아이들과 스마트폰의 관계를 바꾸기는 역부족인 상황이다.

우리는 학생들이 스마트폰을 보다 효율적인 도구로 사용하도록 많은 노력을 기울인다. 모르는 자료를 찾아 검색하고, 사진을 찍어 추억을 만들고, 영상을 촬영하는 등 다양한 방법으로 스마트폰을 활용하도록 가르친다. 그런데 학생들의 스마트폰 사용 습관과 패턴을 바꾸는 데 도움이 되었을까?

어른들은 아이들이 스마트폰으로 게임중독이 되지 않을까 걱정할 만큼 주로 게임을 할 것이라는 생각이 일반적이다. 그러나 막상 아이들의 스마트폰 사용을 살펴보니 가장 큰 부분을 차지하는 것은 동영상 시청이었다. 아이들은 어른들의 예상보다 훨씬 많은 시간을 동영상을 보는 데 쓴다.

"신○일은 어렸을 때 공부도 못하고 왕따도 당했대요. 근데 지금은 유튜버가 돼서 돈 벌어요."

"짬뽕을 먹다가 국물을 벽에다 뿌리는데 정말 웃겼어요."

"유튜브에서 만난 친구랑 이야기하면 돼요. 고민도 들어주고 재미있고 이야기도 잘 돼요. 그래서 학교 친구 필요 없어요."

자극적이다 못해 황당한 주장까지 서슴없이 하는 아이들이 많다. 흔히 유튜브로 대표되는 동영상을 소비하는 아이들 문화에 어른들이 주의를 기울이고 함께 고민해야 하는 이유다.

아이들은 영상을 보면서 특별한 생각을 하지 않게 된다. 한참 지식과 정보를 익히고 체계적으로 분석 정리하면서 뇌를 써야 할 시기지만 영상을 볼 때는 특별한 생각이 필요 없다. 글을 읽을 때는 계속 단어와 의미를 파악하기 위해 집중력이 요구되는 반면 이미지가 흐르는 동영상은 제작자가 만든 흐름을 따라가게 된다. 의식적으로 생각을 하지 않아도 된다. 더 큰 문제는 그런 정보들이 때로는 왜곡되고, 자극적이라는 것이다. 생각 없이 흐름만 따라간다면, 그리고 유사한 영상을 지속해서 보게 된다면 아이들의 사고와 반응에 영향을 끼칠 것은 자명하다. 세상을 다르게 받아들일 뿐 아니라 사람 사이의 관계와 매너가 왜곡되기도 한다.

때로는 온라인과 오프라인의 세상을 동일하게 취급한다. 어떤 학생은 시도 때도 없이 어제 본 영상이 생각난다며 수업 시간 중간중간 웃음을 참지 못한다. 생각이 필요한 과제를 할 때도 집중력은 떨어진다. 진지해야 하는 수업 분위기에서도 "킥킥"대며 웃는다. 한 학생은 혼자서 거의 매일 같이 눈앞에 보이지 않는 상상 속의 여주인공과 대화를 주고받는다. "오빠가 지켜줄게. 조금만 기다려." 그 학생이 주로 보는 영상은 편집된 드라마나 영화의 영상이다. 이 학생들에게는 유튜브로 본 영상들이 삶의 많은 부분을 지배하고 있다.

더 큰 문제는 아이들이 좋아해서 클릭하는 영상이 분석되어서 비슷한 영상들이 실시간으로 업데이트된다는 것이다. 가만히 누워 있으면 비슷한 주제와 패턴, 자극이 담긴 영상이 수시로 추천된다. 만화를 좋아하는 한 학생은 유튜브가 계속 날라다주는 비슷한 만화를 연이어 새롭게 확인할 수 있다. 학생은 수업 시간에 그 만화 이미지가 나오면 표정부터 달라졌다. 얼굴에는 웃음꽃이 활짝 피고, 만화 주제가를 큰 목소리로 따라 부른다. 늘 스마트폰으로 좀비 영화를 보는 학생도 있다. 고집이 세고 의사소통이 조금 힘든 학생이었는데 그 학생에게는 스마트폰이 세상의 유일한 친구였다. 그래서 어쩌면 가공된 영상으로 만나는 영화 속 신기한 세상이 심심한 일상을 달래줄 무엇이었는지 모른다. 트로트를 좋아하는 한 학생은 특정 가수의 팬으로 관련 영상을 수도 없이본다. 점심시간에 그 가수의 노래를 듣는 학생의 표정은 대부분 밝다. 게임 영상은 이미 학생들이 가장 좋아하는 구독 목록 중의 하나가 된지오래다. 영상을 통해서 배운 게임 기술들은 자신들의 꿈을 프로 게이머로 만들기도 한다. 이렇듯 유튜브는 취향에 맞는 영상을 늘 새롭게 업데이트해준다. 학생들은 늘 보는 영상이지만 새로 업데이트된 것들이자신들의 취향을 저격하기에 빠져나올 수 없다.

　동영상 플랫폼과 동영상을 제작해 돈을 벌려는 사람들은 접속자(아이들)의 시간과 클릭을 붙잡기 위해 온갖 노력을 기울인다. 치밀하게 설계된 그들의 시스템은 매 순간 자극적인 볼 것을 만들어내고, 업데이트해 아이들을 유혹한다. 아이들은 손안의 스마트폰에서 그 거대한 유혹에 넘어가기 쉽다. 좋은 영상도 많이 있겠지만, 왜곡된 세상을 보여주거나 단순히 자극을 소비하는 영상들도 많다. 그 영상들에 아이들이 포로가 되도록 방치할 수 없는 상황에 와 있다.

부모님들은 아이가 스마트폰으로 주로 찾는 관심 영역과 보는 영상이 무엇인지 알고 있을까? 쉽게 머리에 떠올릴 수 없다면 한 번쯤 물어야 한다. 요새 재밌는 영상은 무엇인지? 온라인에서 어떤 것이 핫한 이슈인지 물어보면 아이들이 어떤 영역에 흥미가 있고, 어떤 사람의 견해나 이슈, 활동에 주목하고 있는지 알 수 있다.

좋은 영상과 나쁜 영상을 아이가 스스로 구별하고 평가할 수 있으면 좋겠지만, 부족하다면 가르쳐야 할 대목이다. 아이와 함께 이야기를 통해 기준을 세우는 것은 중요하다. 조심해야 할 것은 이 과정도 간섭하고 통제하려는 태도를 보이면 역효과가 크다는 것이다. 부모가 일방적으로 '이것은 나쁜 것, 봐서는 안 되는 것'이라고 정한다고 될 일은 아니다. 아이에게 묻고 의견을 들으면서 함께 최소한의 기준만을 만드는 것이 좋다. 아이들도 일반적으로 좋고 나쁜 기준을 갖고 있어서 '야한 것, 욕이 많이 나오는 것, 술과 담배가 보이는 것, 누군가를 때리는 것' 등에 대해 나쁜 것이라는 판단을 할 수 있고, 이를 기준으로 제시할 수 있다. 이런 기준은 아이들과 수업 시간에 함께 만든 우리의 기준이기도 하다. 분명 집에서도 아이와 함께 기준을 만들 수 있다. 그에 맞춰 부모는 아이의 생각에 동의해주고, 지킬 수 있도록 격려해줄 수 있다. 혹 우연히 보게 되었더라도 한두 차례의 실수로 여기고 기준을 되새길 수 있도록 지원해 주었으면 좋겠다. 스스로 영상에 대해서 평가해보고, 자제할 수 있는 역량은 미디어의 홍수 시대에 가장 필요하고 중요한 역량 가운데 하나다.

아이의 SNS나 유튜브 등의 '좋아요'나 구독 목록을 함께 볼 수 있다면 좋다. 생각 이상으로 아이들의 구독 목록은 꽤 많다. 종류도 종류지만 앞서 이야기한 것처럼 유튜브는 사용자의 구독 패턴을 분석해 새로운 것을 제시하기에 비슷한 부류의 목록은 계속 늘어난다. 때때로 함께 구독 목록을 확인해보고, 영상을 함께 보면서 정한 기준에 따라 냉정히 평가해보는 경험이 필요하다. 필요하다면 좋은 유튜브 채널을 함께 검색해보고 긍정적인 영향을 줄 수 있거나 학생의 흥미나 적성에 맞는 영상을 골라 보는 것도 좋을 것이다.

유튜브 시청 시간을 줄이는 것 역시 필요하다. 영상 시청은 학생의 생활패턴을 바꾸는 주요한 요인으로 작용한다. 밤늦게까지 또는 새벽녘까지 영상을 시청하면 다음 날 학교생활이나 이후 사회생활에도 지대한 영향을 미친다. 그러다 보면 학교나 사회생활보다 집에서 보내기를 원하게 되고, 일상과 사회적 관계가 훼손되기 시작한다. 과도하게 제약하기보다 유연하게 사용 시간 등의 기준을 만드는 것은 필요하다. 가령, 밤 10시나 11시 등 시간을 정해 이후에는 사용을 제한하거나, 유튜브 시청 시간 역시 하루에 1~2시간 정도로 함께 정해 규칙을 만들고 지키는 연습이 필요하다.

이제 스마트폰은 일상필수품이다. 스마트폰 자체에만 초점을 맞춘다면 문제를 풀기 어렵고 아이와의 갈등의 골이 깊어질 수 있다. 다른 접근법도 고민해보아야 한다. 정보를 수동적으로 받아들이는 역할에서 스스로 생산해내는 역할도 고민해볼 수 있다. 이미 많은 아이는 1인 방송을 꿈꾸고 있다. 앞으로 무엇을 하고 싶으냐는 질문에 크리에이터라고 말하는 아이들이 상당히 많다. 이미 아이들에게 스마트폰은 자신을 표현하는 도구이기도 한 것이다. 문제는 이 역시 아이들이 많이 보는 영상에 크게 영향을 받고 있다는 것이다. 게임 영상을 찍고 싶다는 아이, 엽기적인 행동을 통해 조회 수를 늘리겠다는 아이, 방송 정지를 당해도 새로운 아이디로 다시 방송하면 된다고 말하는 아이들이 생각 이상으로 많다. 이미 스마트폰이 아이의 일상이기에 보다 나은 삶의 질과 연결될 수 있는 고민 역시 필요하다. 1인 방송으로 아이의 삶에 긍정적인 영향을 미칠 수 있는 방송도 한 번쯤 시도해볼 만하다. 일상생활을 담은 브이로그를 활용해 보면 어떨까? 유명한 셀럽들처럼 조용히 등산하는 영상, 요리하는 영상, 취미 생활을 하는 영상 등을 찍어보는 것은 어떨까? 영상을 보는 입장에서 직접 찍고 올리는 입장이 되어 본다면 아이의 생각은 달라질 것이다. 영상을 제대로 촬영하기 위해 어떤 노력이 필요한지. 편집은 얼마나 힘든 것인지, 콘텐츠가 얼마나 중요한지, 사람들이 내 영상을 왜 좋아하고 싫어하는지 등 짧은 경험 속에서 얻어지는 지식과 기술, 생각은 다양할 것이다.

우리 아이들은 이미 어릴 때부터 디지털 환경에 노출된 채 살아왔다. 스마트폰으로 세상을 만난다는 것은 그들에게 이미 익숙하고 자연스러운 풍경이다. 이들에게 인터넷 환경, 동영상 콘텐츠, 스마트폰은 세상을 바라보고 생각을 형성할 수 있는 가장 중요한 수단으로 자리를 잡았다. 다만 이를 바라보는 학부모와 교사는 아이들의 이런 인식을 미처 따라가지 못하고 있을 때가 많다. 스마트폰 사용을 완전히 제한하는 것은 가능하지도 않다.

스마트폰을 사용하는 시간과 사용 또는 소비하는 콘텐츠의 기준에 대해 함께 의논하고 합의해 기준을 정하지 않는다면, 또 아이 스스로가 동의하지 않는다면 스마트폰은 이러지도 저러지도 못하는 괴물이 될 수 있다. 중요한 것은 함께 의견을 적극적으로 나누는 것이다.

아이에게는 '생각하는 힘'과 '좋고 나쁜 것을 선별하는 힘'이 있다. 아이의 그 힘을 믿는 것이 출발이다. 아이는 스스로 기준을 세우고, 긍정적으로 사용할 수 있다. 어른들이 할 일은 아이가 스스로 생각하도록, 스스로 원칙과 기준을 세우도록, 세운 기준에 맞게 행동하도록 옆에서 돕는 것이다. 아이는 이제 곧 어른이 될 것이고, 곧 복잡한 사회와 세상에서 스스로 판단하고 행동하며 살아야 하기 때문이다.

선물

일상을 책임지는
연습

자폐성 장애가 있던 남숙이는 몹시 어렵게 취업에 성공했다. 사회에 첫발을 내디딘 것이다. 의사소통에 제한이 많고 자신만의 세계가 너무 강한 친구라 걱정이 많았지만, 이제 자신의 노동으로 돈을 버는 어른이 되었다. 남숙이의 업무는 청소였지만, 사업장의 매니저는 예뻐했고 적극적으로 필요한 지원을 하기로 약속했다. 나는 학교의 교사 단톡방에 당당하게 남숙이의 취업을 자랑했다. "서울대에 합격한 것도 학교에서는 중요하지만 남숙이가 취업한 것도 엄청난 일입니다. 비록 1년의 한시적인 일이지만 남숙이와 그의 어머니에게는 정말 소중한 시간이 될 겁니다. 서울대에 합격한 친구만큼 남숙이도 선생님들의 축하를 받고 싶습니다." 나는 그만큼 남숙이의 취업이 좋았고 자랑스러웠다.

졸업하면 직업을 가지고 사회 안에서 자신의 역할에 최선을 다하며 사는 것은 모든 부모가 바라는 이상적인 모습일 것이다. 우리 아이들이 어른이 되고 행복한 삶을 살려면 번듯한 일이 필요하다. 여전히 일자리는 부족하고 취업은 어렵지만 다행히 장애인을 고용하는 사업체들은 꾸준히 늘어나고 있다. 바뀌어야 할 현실의 문제는 수두룩하고 더디고 만족스럽지 않지만 시스템과 제도는 그래도 조금씩 변하고 있다. 직장 내에서도 장애인에 대한 인식 역시 많이 개선되고 있는 것도 사실이다. 이제는 졸업과 동시에 취업하는 사례도 늘고 있다.

취업하고 돈을 버는 것은 중요하다. 이를 위해서는 자신의 역할과 책임을 분명히 알고 일상을 책임지는 능력이 무척 중요하다. 취업을 하더라도 정작 자신의 역할과 책임을 지는 연습이 충분히 되어 있지 않으면, 스스로 판단하고 행동하고 그에 대한 책임을 져야 하는 사회인으로서 첫출발부터 난관에 부딪힐 수밖에 없다. 사회에 나간 학생들의 결과를 보면 중·고등학교 시절에 일상을 독립적으로 준비하는 것이 얼마나 중요한지 느끼게 된다.

고등학교를 졸업한 지 9년쯤 된 나의 첫 제자는 음식을 가공해서 학교 등에 납품하는 지역의 작은 중소기업에 다니고 있다. 입사한 지 1년 정도 지났을 때 녀석에게 전화가 왔다. "월급 받아서 뭐 해? 맛있는 것 좀 먹으러 다니고 그러니?" "카메라 사서 사진을 찍어요." 사진 찍는 것을 워낙 좋아하던 녀석이었다. 입사한 지 3년이 지났을 무렵에는 너무 힘들다는 전화도 걸려왔다. "같이 일하는 아줌마들이 뒤에서 자꾸 욕해요." 흔히 말하는 직장 내 왕따를 당하고 있는 것으로 보였다. 걱정이 되어 회사에 전화를 해봤지만 깊숙이 개입할 수 있는 문제가 아니었다. 다행히 그로부터 2년 정도 지난 어느 스승의 날 밥을 사주고 싶다고 연락이 온 것으로 보아. 잘 참아내고 견디어 낸 것 같아 보였다.

막 취업을 해 돈을 벌기 시작한 대희는 걸어서 갈 수 있는 출근길인데도 늘 택시를 이용했다. 어느 날은 덥고, 어느 날은 춥다는 이유로 매일 같이 택시를 이용한다. 월급의 3분의 1이 택시비로 쓰인다. 대희는 부모님께 카드를 빼앗겼고, 다시 걸어서 출퇴근했다. 때로는 친구가 차고 다니는 손목시계를 터무니없는 돈을 주고 받아오기도 했다. 어머니는 속상해하셨다. "친구가 많이 없으니까 그 친구하고라도 친하게 지내려고 터무니없는 돈을 주고 시계를 받아온 것 같더라고요. 그래서 더속상해요." 대희의 안타까운 모습이 눈에 그려졌다.

세 명의 모습에서 나는 아이들이 스스로 판단하고 책임지는 연습이 얼마나 중요한지 새삼 느끼게 되었다. 해야 할 업무와 책임의 경계를 스스로 판단하는 준비가 필요하다는 생각이 들었다. 또한 번 돈을 모으고, 쓰고, 잘 관리하는 능력 역시 중요하다는 생각이 들었다. 어떻게 해야 할까? 스스로 판단하고 책임지는 일, 금전을 관리하는 일은 장애가 있건 없건 누구에게나 힘들지도 모를 일이기에 충분한 연습이 필요해 보였다.

나는 이런 과정에 대한 연습을 요리 수업에 많이 녹여 냈다. 먹는 것이 아이의 삶에 가장 중요한 문제이기도 하지만 직접 요리하는 과정 자체가 스스로 판단하고 책임을 체감하고, 금전 관리 등을 연습할 수 있는 좋은 활동이라고 생각했다. 그래서 단순히 음식을 조리하는 일에 초점을 맞추지 않았다. 음식 조리와 관련된 모든 과정을 경험할 수 있도록 했다. 재료 구매를 시작으로 음식 조리와 상차림의 전 과정을 함께 해보는 것이다.

가령 김치찌개를 끓이는 과제라면 우선 김치찌개를 끓이는 방법을 아이와 같이 정리하고, 레시피에 따라서 필요한 재료를 적는다. 이때 아이에게 마트에서 재료를 정확하게 사오는 미션을 준다. 이미 있는 김치와 기타 재료를 뺀다면 보통 필요한 것은 찌개용 돼지고기와 양파 정도일 것이다. 사야하는 재료의 양은 가족 수 혹은 한 끼 식사가 기준이다. 필요한 재료와 적당한 양, 비용을 고려하여 미션을 수행해야 한다. 돼지고기는 찌개용이 필요하지만 종류는 매우 많다. 또한 양파는 망에 들어 있는 것도 있지만 깐 양파도 있다. 필요한 양에 따라 망의 크기와 양파의 개수가 달라질 것이다. 재료가 1인분인지 2인분인지 확인을 해야 하며, 비용 안에서 구입할 수 있어야 한다. 처음에는 재료를 사는 과정 자체에서부터 어려움을 겪을 수 있으며, 도움을 요청하는 방법이 미숙할 수도 있다. 마트 점원과의 의사소통에 어려움을 보일 수도 있다. 나 역시 김치찌개 요리 수업을 하면서 재료 구매에만 오전 시간을 모두 사용한 적도 있었다. 하지만 이런 상황에서 아이는 계속해서 스스로 생각하며 판단한다. 재료의 양과 종류, 비용을 관리하는 방법을 배워 나간다. 또한, 도움을 요청하는 방법도 함께 배울 수 있다.

조리의 과정 역시 의미가 깊다. 요리법대로 재료가 다 준비되면 좋으련만 그렇지 못한 경우가 더 많다. 다시마와 멸치로 육수를 우려내야 하는데 다시마가 없다면, 돼지고기는 밑간을 하라는데 다진 마늘이 없다면, 돼지고기는 참기름으로 볶아야 되는데 집에는 들기름만 있다면, 국간장이 떨어졌다면 간은 어떻게 해야 하는지, 조리의 과정에서 발생할 수 있는 수많은 상황을 아이는 생각하고 판단해서 대처해야 한다. 우리는 그냥 아이의 옆에서 필요한 적절한 도움만 주면 된다. 밑간에 후추를 사용할 수 있다. 들기름도 참기름도 없다면 식용유도 있다. 국간장이 없다면 소금이나 양조간장, 굴소스 등도 사용할 수 있다. 꼭 정해진 대로 할 필요가 없고 주어진 상황 안에서 대체할 수 있는 적절한 것들이 많다는 것을 아이가 느끼기만 해도 된다. 아이는 고민하고 판단해서 대처하면 된다. 이렇게 요리가 완성된다면 맛에 대한 아이의 생각은 요리하는 내내 스스로 선택한 결과이고, 책임감과 맞닿아있을 것이다.* 맛있을까? 맛이 없을까? 부모님이 좋아할까?

상차림부터는 이해와 배려가 기반이다. 상차림 자체가 자신만을 위한 행위가 아니라 함께 음식을 나누어 먹는 사람을 위한 행위이다. 그래서 상차림 역시 중요한 마무리 과정이다. 직접 음식을 덜어주는 것도

---

* 나는 이 경우 맛이 생각처럼 안 나왔을 때는 MSG를 과감하게 사용하라고 이야기한다. 재료를 구입하고, 정성스럽게 요리를 하며 상까지 차리는 과정에서 제일 중요한 것이 맛이며, 맛이 안난다면 아이들을 쉽게 실망한다. 요리라는 행위 자체가 어려운 일이지만 아이들이 어려워서 쉽게 포기 하지 않기를 바라는 교사로서 나름의 철학(?)이다.

필요하다. 필요한 그릇과 숟가락 등을 챙겨보는 것도 필요하다. 자신이 만든 음식을 다른 사람과 함께 나누어 먹는 경험은 아이에게 큰 성취감을 줄 것이다.

이러한 과정을 거치면서 아이는 판단하고 책임지는 연습, 금전을 관리하는 연습이 자연스럽게 일어난다. 재료 구매를 위한 수많은 판단과 생각, 그리고 중요한 금전 관리, 조리를 위한 적절한 적응 그리고 책임, 상차림을 위한 타인의 이해, 이렇게 요리의 전과정은 아이의 사회생활에 필요한 능력을 연습해볼 수 있는 좋은 경험이라고 생각한다. 또한 가정에서도 아이와 충분히 함께 해볼 수 있는 활동으로서 손색이 없다.

어떤 교육 활동이던 우리 아이들에게는 부족한 것들이 많을 것이다. 누구의 대학입학보다 자랑스러웠던 제자 남숙이도 충분히 준비되어 있지 않았다. 남숙이는 취업 5개월 뒤 일을 그만두어야만 했다. 매장의 금고에 손을 대기 시작했고, 그 모습이 CCTV에 그대로 잡힌 것이다. 남숙이는 돈으로 무엇을 하는지 이해하고 있는 아이가 아니었다. 며칠 뒤 남숙이는 혼자 퇴근하면서 그 돈으로 편의점에서 과자를 샀다고 한다. 정확히 이야기하면 샀다기보다 가지고 있는 돈을 다 주고 과자를 들고 나왔다고 했다. 어렵게 잡은 취업과 사회생활의 기회가 날아간 것이다.

아이에게 돈에 대한 개념을 알려주기는 여간 힘든 일이 아니다. 그래서 어렸을 때부터 돈에 대한 개념과 관리 방법에 대해서 지속해서 함께 고민해야 한다. 용돈 관리부터 시작하는 것이 필요하다. 일정한 기간을 정해 용돈을 주자. 되도록 직불카드가 좋다. 요즘 대부분의 거래는 카드로 이루어진다. 우리 아이들 역시 여기에 적응해야 한다. 직불카드는 사용 한도를 조절할 수 있고 어디에 사용하는지 쉽게 파악할 수 있다. 또한 교통 카드 등 다양한 기능을 추가할 수 있기 때문에 활용 범위가 높다. 용돈을 카드에 직접 넣어주고 카드를 통해 필요한 물건을 사는 경험이 많이 주어져야 한다. 사고 싶은 물건은 용돈 등을 모아 살 수 있도록 유도하자. 갖고 싶은 것을 쉽게 얻는다면 돈에 대한 생각도 쉬워진다. 돈이라는 것은 모아서(벌어서) 필요한 곳에 적절하게 사용해야 한다는 것을 분명히 인식시켜야 한다. 그래서 돈을 벌기 위해서는 직업이 필요하고, 직업을 유지하기 위해선 책임감이 필요하며, 책임감을 위해선 노력이 필요하다는 것을 깨달아야 한다.

직장 생활을 통해서 번 돈의 일부는 꼭 자신을 위해 사용할 수 있어야 한다. 노동에 따른 보상을 받아야 노동의 가치가 커진다. 즐겁게 직장 생활을 하며 사람들과 잘 어울린다면 일을 한다는 것 자체로도 보상이 될 것이지만, 그에 따른 금전적 보상 역시 삶의 일부로 매우 중요한 의미를 가진다. 하지만 많은 성인 장애인들은 노동에 따른 보상이 제한적이다. 부모가 전적으로 관리하는 경우도 있으며, 가정 경제에 중요한 수입원으로 쓰일 수도 있다. 반대로 오로지 아이의 결정에만 맡겨 허투루 쓰이는 경우도 많다. 가치의 보상은 모든 사람의 삶에 가장 중요한 동기이다. 열심히 일했다면 잘 쓰는 일도 아이의 삶에 중요한 행복 요소라는 것을 잊어서는 안 된다.

나의 첫 제자처럼 아이들 모두가 취업하고 스스로 자신의 일상을 잘 영위하면서 살아가길 원한다. 아마 이 부분은 부모님들의 바람이 더 크고 절실할 것이다. 이를 위해서는 많은 준비가 필요하다. 아이들의 수준과 상황에 따라 다를 수 있지만 한 단계 한 단계 임무를 만들고 도전하는 과정은 필요하다. 그 준비는 학교에서만 하기에는 제약이 너무 많다. 부모님이 함께 가정에서, 지역사회에서 해야 할 도전이자 준비다. 날마다 할 수 있는 것이기도 하다. 우리 아이들 모두가 그렇게 스스로 일상을 책임지며 즐겁게 세상 한가운데서 살아갔으면 좋겠다.

Q & A

1. 중학교에서 고등학교에 진학할 때 생각해봐야 할 것은 무엇인가요?

특수학급으로의 진학이라면 고등학교 입학에서 가장 중요한 것은 집에서 학교까지의 거리이다. 보통 학부모와 학생의 희망 학교를 1~3순위로 적어 낸다. 하지만 장애인 등에 대한 특수교육법 제 17조 1항에 따라 배치 시 장애 정도, 능력, 보호자의 의견 등을 종합적으로 판단하여 거주지에서 가장 가까운 곳에 배치되는 것을 원칙으로 하고 있다. 따라서 다니게 될 고등학교 특수학급의 학급 운영 방향이나 비전이 어떠한지를 미리 살펴보는 것이 중요하다. 사전에 고등학교 특수교사와 상담을 해보는 것도 좋다고 생각한다. 이를 통해서 어디에 초점을 맞추어 교육 활동이 진행되는지 살펴보고, 아이의 진로와 직업 교육을 위해서 어떤 노력이 필요한지 미리 점검해 봐야 한다. 교사와 학부모, 학생이 모두 함께 고등학교 3년이라는 시간을 미리 설계해보는 것이 가장 중요한 일이라고 생각한다.

학부모의 선호에 따라 일반계 고등학교와 특성화 고등학교의 선택을 고민하는 경우도 있다. 고등학교에는 대입의 영향으로 수업 형태나 학교 분위기에 '학생 간의 경쟁'이 살아 있다. 즉, 일반계 고등학교든 특성화 고등학교든 많은 학생들은 고등학교를 졸업하고 대부분 대학입학을 목표로 하고 있다. 학교마다 차이는 있지만 이런 영향 때문에 고등학교에서는 많은 부분 특수학급에서 이루어지는 수업이 주를 이루는 경우가 많다. 따라서 학교를 선택할 때 이러한 경쟁적인 분위기가 학생들의 생활에 얼마나 많은 영향을 미치고 있는지 살펴보는 것도 중요한 기준 중에 하나라고 생각한다.

특수학급과 특수학교 사이에서 고민하는 경우도 많다. 이때 가장 중요한 것은 아이가 학교를 다니면서 얼마나 행복할지에 대한 고민이다. 특수학교의 가장 큰 장점은 다양한 교과목을 가진 선생님들에 의해서 전문적인 교육을 받을 수 있다는 것에 있다. 단점이라면 비장애인과 함께 할 수 있는 부분들이 적어진다는 점이다. 특수학급의 경우는 많은 학생들과 부대끼면서 갈등이 있든 없든 그 안에서 함께 성장해 나갈 수 있는 기회가 많다는 점에 있지만 가장 큰 단점은 학급을 운영하는 교사의 역량에 따라 특수학급의 모습이 천차만별이라는 점이다. 무엇보다 중요한 것은 아이가 다니게 될 학교에서 얼마나 행복을 느낄지를 고민해보는 것이다.

2. 고등학교에서 신경 써야 할 것은 무엇인가요?

보건복지법상 장애로 등록이 안 되어 있다면, 가장 먼저 해야 할 일은 장애 등록이라고 생각한다. 고등학교의 경우 지역의 복지관, 장애인고용공단, 장애인개발원 등이 지역사회와 연계하여 다양한 체험학습 프로그램을 운영한다. 프로그램 참여의 첫 번째 조건은 대부분 장애 등록이다. 장애 등록으로 인해 행여나 낙인 효과를 우려하는 부모님도 많이 있지만, 아이의 미래를 위해선 현실적으로 장애로 등록되어 있는 것이 훨씬 좋은 사회적 안전망을 구축하는 길이다.

또한 지역의 다양한 기관과 연계하여 다양한 직업 평가를 받아 놓는 것도 중요하다. 보통 지역의 복지관, 장애인고용공단, 통합형 직업교육 거점학교, 진로직업특수교육지원센터 등과 연계하여 시행되는 경우가 많다. 하지만 그 수요가 워낙 많고, 직업 평가를 할 수 있는 인력 역시 부족하다. 따라서 직접 유관 기관에 문의해 일정 등을 확인해 두는 것도 좋다. 직업 평가의 목적은 아이의 취업과 삶의 질 향상에 요구되는 재활서비스에 대한 계획을 수립하기 위한 것이다. 따라서 가능하다면 조금이라도 어릴 때 실시하는 것이 좋다.

3. 고등학교 졸업 이후 직업 교육을 받을 수 있는 곳은 있나요?

전공과, 복지관 직업교육 프로그램, 장애인고용공단 등을 생각해볼 수 있다. 전공과는 고등학교 이후 1~2년 동안 자립생활훈련과 직업재활훈련을 받을 수 있는 곳이다. 보통 특수학교나 고등학교에 설치되어 있다. 전공과를 선택할 경우 운영하는 교육과정에 따라 일상생활 적응에 초점이 맞추어졌는지, 직업생활의 적응을 위한 것인지 살펴 선택하는 것이 좋다. 전공과는 고등학교 이후 제도권 내에서 교육을 받을 수 있는 공교육이지만, 분명한 목표점을 가지고 있어야 한다고 생각한다. 따라서 전공과의 목적에 부합하도록 독립적인 생활을 가장 큰 목표로 두어야 한다.

각 지역의 복지관에서 운영하는 직업교육 프로그램이나 장애인고용공단의 교육훈련 프로그램도 있다. 지역 복지관의 직업교육 프로그램은 거주하는 지역에서 가까워 꾸준히 참여할 수 있는 장점이 있지만 지역마다 프로그램의 다양성에 차이가 있다는 점이 아쉽다. 또한 장애인고용공단에서 운영하는 직업능력개발원, 맞춤형훈련센터, 발달장애인훈련센터 등도 이용할 수 있다.

하지만 복지관과는 다르게 대도시를 중심으로 훈련센터가 위치하고 있다.

4. 대학에 갈 수 있나요?

　장애인을 위한 대입 전형 등이 있다. 학교마다 전형의 이름이나 선발 방법은 다르지만 보통 장애인 특별전형이라고 부른다. 전형에 따라 어떤 장애를 가지고 있는지를 나누어 선발하는 경우도 있어 학교별로 확인이 필요하다. 많은 경우 감각장애 학생을 선발하지만 학교별로 장애를 구분하지 않는 경우도 있다. 따라서 준비만 잘 되어 있다면 대학 진학도 가능하다.

　대학 진학을 위해서는 학교생활기록부가 가장 중요해 보인다. 대학마다 다르지만 수능 최저기준을 적용하는 곳은 많지 않다. 대부분 학교생활기록부나 자기소개서 등 서류를 통해 전형이 이루어진다. 따라서 1학년 때부터 학교생활기록부에 신경을 쓴다면 대입에서 유리할 것이다. 하지만 무엇보다 대학진학에 있어 가장 크게 고려해야 할 부분은 고등교육을 충분히 감당할 수 있는지 여부이다.

　물론 장애인 등에 대한 특수교육법에 따라 학교는 장애 학생 지원센터를 설치하여 운영한다. 이를 통해서 물적 지원이나 교육보조인력 배치, 취학 편의지원, 정보접근 지원 등을 제공한다. 따라서 진학을 고려한다면 아이에게 필요한 지원에 얼마나 부합하는지 미리 살펴야 할 것이다.

선물

5. 꼭 취업을 해야 하나요?

우리가 취업을 고민하는 이유는 노동을 통해 개인적, 사회적으로 가치를 인정받으며 스스로 성장하도록 하기 위해서이다. 하지만 우리가 놓인 현실은 아직 녹록하지 않다. 또한 취업을 하더라도, 여러 가지 이유 때문에 그만두는 일도 비일비재하다. 따라서 취업을 할 수 없는 상황이거나 일을 그만두게 될 경우, 가정 안에 머물러 있어서는 안 된다. 노동이 사람들에게 삶의 가치를 부여하지만, 장애인에게 일상의 싸이클이 있는 생활 역시 삶의 가치와 행복을 느끼게 해줄 수 있는 충분한 기재라고 생각한다. 자신만의 루틴에 따라 즐겁게 생활하는 것 역시 우리 아이들이 느낄 수 있는 행복일 것이다. 따라서 장애인활동보조인 등과 함께 일주일 단위의 생활 스케줄을 계획해보는 것을 권하고 싶다. 이때는 지역의 복지관에서 운영하는 프로그램을 적극적으로 활용하면 좋다. 여건이 된다면 장애인고용공단의 다양한 직업훈련 프로그램이나 여가생활 프로그램을 활용해 보는 것도 좋다. 중요한 것은 특정 스케줄에 따라서 하루하루 자신의 일상을 유지하는 것이다.

4장

오늘도 나뭇가지마다
리본을 묶는다

김석주

스물여섯 살 자폐성 장애 청년의 엄마이고, 십여 년 동안 장애 학
생들과 함께해온 음악치료사이고, (사)한국자폐인사랑협회 소속
활동가입니다.

아들로 인하여 사랑을 배우고 성장해온 삶과, 부모를
떠나서도 사회 속에서 당당하게 존중받고 살아갈 장
애인의 미래를 글과 강의를 통해 전하고 있습니다.

오래된 일기들을 다시 꺼내 보며 잊었던 아픔들, 얽히고 풀어진 관계들, 그리고 창틈 사이 실낱같던 희망이 오후의 햇살처럼 길 위로 퍼져나가던 순간들이 떠올랐습니다.

내가 걸어온 이 길이 유일하거나 최적의 코스는 아니겠지만, 뒤에 오는 사람들을 위해 리본을 묶고 싶었습니다. 힘들면 쉬었다 가도 됩니다. 다만 장애 자녀 손잡고 나섰으니, 자갈길도 꽃길도 마저 가보자고 말해주고 싶습니다.

생은 누구에게나
낯선 여행

1970년 어느 봄날, 한국의 부산에서 김 씨 성을 가진 집에 내가 태어날지 나도 부모님도 세상의 누구도 알지 못했다. 전쟁의 역사와 경제적 풍랑을 겪어낸 부모님 아래서 자란 고운 처녀와 또 다른 파란만장한 우여곡절들을 겪어낸 시부모님 아래서 장성한 푸른 청년이 만나 새로운 생명을 잉태할지 아무도 알지 못했다.

생이란 누구에게나 그러하다. 계획에도 없고 예상하지도 못했던 낯선 길을 걸어가는 여행과 같다. 완전히 순조롭거나 풍족한 생도 없고, 거칠고 무겁기만 한 생도 없다. 그 가운데 장애를 가지고 태어나는 이는 조금 더 불편하고 조금 더 어려운 길을 경험하게 된다. 그리고 곁에는 오래 또는 잠시 함께 걷는 가족들이 있다.

장애 자녀를 둔 부모들은 자녀보다 하루만 더 늦게 죽는 게 소원이라고 말한다. 세상에 홀로 남겨질 자녀의 미래가 암담하고 서글프게만 여겨지기 때문이다. 장애인의 생은 왜 이렇게 슬픈 것으로 통칭되어 버릴까. 그 안에도 꽃이 피고, 열매가 맺히고, 바람에 흔들리고 성숙하는 희로애락의 경험들이 찬란한데, 어째서 사랑이라는 이유로, 가족이라는 이름으로 한 생의 결론을 단정 지어버릴 수밖에 없을까.

스물다섯 해 동안 자폐성 장애 아들과 살아왔지만, 나는 아직도 그를 다 알지 못한다. 독특하고 난해한 아들을 알고자 함께 울고 웃고, 안고 뒹굴고, 기뻐하고 아파한 시간 속에서 가족이 함께 성장하고 있음을 어렴풋이 느낄 뿐이다. 내가 떠나고 난 뒤 남겨질 아들의 미래가 어떠할지 알지 못한다. 다만 인식도 지원도 척박한 사회의 현실을 경험한 만큼, 조금 더 준비해줘야 하고, 조금 더 많은 이들에게 알려야 하고, 그저 기다리기보다 주도적으로 변화를 이끄는 것을 내 남은 시간의 과제로 여기고 있다.

그러나 미래의 절실한 과제 때문에 지금의 소중한 순간들까지 덮어버리진 않기를 원한다. 24시간 돌봄과 지원이 필요한 아들이라 남편과 딸, 시부모님까지 온 가족이 시간을 나눠 그 역할을 빽빽하게 이어가는 나날들이지만, 그 가운데 일상의 작은 즐거움들 그리고 가족들 각자의 생활과 취향을 지켜주고 싶다.

딸은 강아지와 산책을 즐기고, 남편은 주말마다 족구팀에서 운동하고, 시어머니는 교회에서 장구와 오카리나를 배우며, 시아버지는 노인회관에 바둑을 두러 가신다. 그리고 나는 치료사 일과 장애인단체 활동

가운데서도 혼자 심야극장에 가고 코인노래방도 간다. 아들 또한 드럼을 연주하고, 로봇을 조립하고, 주말마다 지하철을 타고 부산 곳곳의 맛집을 탐방한다.

장애의 어려움은 신체와 정신의 일부로 늘 머물지만, 우리네 삶에는 그 외의 많은 것들도 함께 존재한다. 말로 표현하지 못하는 아들도 가족들이 자신에게만 초점을 두고 희생하기를 원하지 않을 것이다. 내가 내 부모나 남편, 자식들이 나만 바라보기를 절대 원하지 않듯이 말이다.

따로 또 같이 함께 있는 순간을 즐기고, 다 알지 못하는 그대로 서로의 다름과 자유로움을 인정하고, 서로를 필요로 할 때는 언제든 곁에 머물러주는 것, 여느 건강한 가정이 그러하듯이 장애 가정도 그런 평범한 일상을 누리기를 소원한다. 아직 온전히 누리지 못하기에 간절히 소원한다. 이는 나만의 소원은 아닐 것이다.

내가 고군분투의 경험을 꺼내놓는 이유는 더 많은 사람과 함께 나누면 보다 널리, 보다 바람직하게 과제를 풀 수 있으리라는 기대 때문이다. 장애 자녀를 키우는 지난함 속에도 보석처럼 아름다운 순간들이 곳곳에 숨어있음을 보여주고 싶기 때문이다.

덤불 속 길을 처음 걸을 때는 막막한 두려움만 앞서겠지만, 한 사람 두 사람 함께 걷는 이들이 많아지면 그 길은 평평하고 널찍해질 것이다. 먼저 이 여행을 시작한 나는 다른 부모님들이 낯선 길에서 방향을 잃지 않고, 더 많은 사람들의 발걸음이 이어지길 바라는 마음으로 오늘도 나뭇가지마다 리본을 묶는다.

사랑,
첫걸음

1996. 11. 5. 비 온 후 갬

새벽 5시 55분 아들 낳음. 코가 크고 얼굴이 붉다. 맏며느리로서 역할을 다한 것 같아 약간의 안도감. 생각보다 진통이 아팠다. 하지만 짧은 시간 순산하여 감사하다.

1996. 11. 7.

퇴원하는 오후, 포경수술이 많이 아팠던 모양이다. 눈물이 글썽글썽한 얼굴로 나를 맞았다. 첫 감동, 첫사랑, 불쌍한 생각에 가슴이 찡했다. 친정엄마에게 맡기지 않고 내 품에 안아 남편의 티코를 타고 왔다.

선물

1996. 12. 13. 맑고 포근함

요즘은 계속 하루 한두 번 예쁘게 노란 똥을 옆으로 새지 않게, 기저귀 안에 소복이 싸 낸다. 기저귀 갈려고 다리를 들면 뿌지직 뿌지직 서너 번을 누고 오줌 한두 방울을 마지막으로 끝내는 모습이 사랑스럽다.

완전히 하나가 된 사랑이란 어떤 걸까? 영빈이와 함께 있으면 30분만 안 봐도 보고 싶고, 24시간 늘 함께 있어도 지겹지 않고, 오히려 더 가까이 있을 수는 없을까 애탈 지경이다. 집안일과 영빈이 뒤치다꺼리가 피곤하긴 하지만, 그것이 마음마저 지치게 하진 못하는 것 같다.

몇 년의 공백

몇 년간 육아일기를 쓰지 못했다. 연년생으로 둘째 딸아이를 낳았고, 아들은 일곱 살 때 자폐성 장애 1급 영구진단을 받고 장애전담 어린이집에 입학했다. 착석도, 언어적 소통도 거의 되지 않아 검사 자체가 이뤄지지 않았고, 강박증으로 목욕이나 옷 갈아입기를 거부하고, 낯선 장소에 갈 때마다 극심한 울화를 보여 약물을 복용해야 했다. 이미 두 살 때부터 아들의 다름을 짐작하고 치료실을 전전했었기에 장애진단은 그저 의례적인 과정이었다.

2002. 8. 13. 새벽. 며칠 내내 비

일곱 살이 되어도 아직 두세 살 아기처럼 옹알이로 이야기하고, 유치한 장난밖에 걸 줄 모르지만 맑고 순한 눈망울은 여전히 사랑스럽다.

이제 또 아침이 오면 언제나처럼 그 순한 얼굴로 내 가슴에 파고들 것이고 나비처럼 방안을 콩콩 날듯이 뛰어다니겠지.

"벽지를 왜 찢니? 장난감 던지지 마!"

야단치는 소리와 고집 피우는 소란들이 한바탕 있을 것이고,

"영빈이가 숟가락 갖다 놨구나! 착하다~"

"응까 했니? 똥도 참 이쁘게 눴네!"

여전히 칭찬과 포옹의 정겨움도 오고 가리라.

2003. 11. 5. 여덟 번째 생일

영빈이가 같은 반 여자 짝지를 좋아하는가 보다.

선생님께선 영빈이에게 시력이 약해 먼 거리를 보는 것이 어렵고 걸음도 무척 느린 짝지 손을 잡고 같이 걷게 해주셨다. 다른 아이들의 손이라면 재빨리 뿌리치고 혼자서 날쌘돌이처럼 쌩쌩 뛰어다녔을 텐데, 짝지 손만 잡으면 영빈이는 걷는 속도를 늦추고 계단을 오르내릴 때도 친오빠처럼 부축하는 시늉까지 해 보였다. 그리고 자진해서 짝지 책가방을 둘러메기도 한다. 교실에서도 셔틀버스에서도 둘은 엉덩이를 꼭 붙이고 나란히 앉고 영빈이가 먼저 내릴 때가 되면 짝지는 오빠 가지 말라고 울며 매달리기도 한단다.

때때로 지인들에게서, 자폐아도 사람을 좋아하느냐는 질문을 받는다. 어린이집에서 내가 만난 중증의 어떤 자폐아도 애정을 느끼지 못하는 아이는 없었다. 모두 선생님을 사랑하고, 친구들을 사랑하고, 엄마를

선물

사랑했다. 단지 눈으로, 말로, 몸으로 표현하는 것이 너무나 서툴러서 보통 사람들이 잘 알아채지 못할 뿐 아이들은 계산하지도 않고 두려워 하지도 않고 그저 사람 그대로를 사랑한다.

사랑, 그 아픈 걸음

사랑은 그저 행복한 것이 아니었다. 막힌 소통, 벅찬 노동, 잠 못 이루는 불안, 지독한 고독의 소용돌이였다.

마트에 다녀올 때면 셔틀버스에서 잠든 두 아이를 양팔에 안고 10kg이 넘는 장바구니를 손에 움켜쥐고 걸었다. 놀이터에서 사방으로 뛰어다니는 큰 아이를 쫓는 와중에 작은 아이가 그네에서 떨어져 다치기도 했고, 작은 아이를 돌보는 사이 쏜살같이 찻길 쪽으로 사라진 큰 아이를 찾아 헤매기도 했다.

아들은 낮과 밤을 구분 못해서 새벽에 일어나 쿵쿵거리며 밖으로 나가자고 고집했고, 한번 시작된 울음은 30분이 넘도록 이어져 뼈마디마다 피멍이 들도록 바닥에 뒹굴고 몸부림치며 진이 다 빠져서야 그쳤다. 대낮에 큰길 가운데서 울음이 터져 뒹구는 아이를 달래다 보면 묶은 머리채가 산발로 헝클어졌고 찻길 쪽으로만 가지 않도록 막고 앉아 울음이 그치기를 망연히 기다려야 했다.

"쯧쯧, 엄마가 애도 안 달래고 뭐 하나…"

그럴 때 행인들의 수군대는 소리를 들을 때면, 그 순간 지진이라도 나서 갈라진 땅속으로 아이와 둘이서 영원히 사라지기를 바랐다.

오래된 빌라 3층 조그만 우리 집은 해마다 벽지와 장판을 갈아도 온통 찢어져 있는 벽과 덜렁거리는 문손잡이, 고장 난 변기에 고장 난 수도꼭지로 폐허가 되었다.

아들이 TV의 전원 버튼을 뜯는 것부터 시작해서 스피커를 부수고 분해하는 데에 집착하는 걸 감당할 수 없었다. 고장 내는 것보다 브라운관이 떨어져 깨어질까 봐 염려되어 TV를 없앴고 그 이후 다시 사지 않았다. 오디오는 CD플레이어에서부터 시작해, 카세트 뚜껑을 부수고 부속 하나하나씩을 다 뜯어냈다. 열 대가 넘는 전화기를 분해하기도 했다. 상자나 바구니를 밟고 올라서서라도 벽에 걸린 액자들을 다 손대어 유리를 깨고, 가위만 보이면 전기선들을 잘라버려서 세탁기, 보일러, 컴퓨터 선까지 땜질하지 않은 게 없었다.

명절 때 선물로 들어온 상자들은 아들 눈에 보이는 데로 뜯겼다. 참치통조림은 죄다 뚜껑이 열리고, 비누와 치약은 일일이 포장이 뜯어졌다. 중요한 물건들을 몰래 신속히 장롱 위쪽으로 숨겨놓지 않으면, 아차 하는 순간에 박살이 났다.

그럼에도 아들을 이해하려고, 지능이 있으니 호기심도 있는 것이라고, 그렇게 품으려고 늘 마음을 다졌다.

'내가 좀 더 맞춰주지 못한 것이지, 내가 좀 더 빨리 치우지 못한 것이지, 내가 예상을 하고 대처했어야 하는데, 심심해서 자꾸 엉뚱한 데 손을 대는가보다, 뭘 하면서 놀아줄까, 내가 좀 더 인내해야 할 때인가보다'

그러나 적절히 이완되지 못한 긴장감은 무시로 툭툭 끊어지곤 했다.

'왜 이러고 살아야 하지? 나도 집을 근사하게 꾸미며 친구들에게 자랑하고 싶고, 아이들과 맘 편히 여행하고 싶고, 내 능력껏 일도 하고 싶고, 집에서 편히 낮잠 자보고 싶어. 여기서 도망가고 싶어'

아이야, 나의 아이야

장애전담어린이집에 입학 후, 학부모들은 몇 명씩 당번을 정해 대기실에서 기다리며 같이 점심을 해 먹고, 적응하지 못하는 자녀들 뒷바라지를 했다. 동병상련으로 같은 고민을 나누며 고독을 조금씩 덜었고, 숙련된 특수교사들 덕분에 아이들은 조금씩 성장하는 기쁨을 주었다. 전혀 예상치 못했던 장애의 세계, 소수의 사람만이 경험하는 낯선 곳에서 부모들은 아이들과 같이 울고 웃고 성장했다. 그리고 졸업식 날, 나는 부모님들의 마음을 대신해서 아래의 편지글을 낭독했다.

나의 첫아기. 네가 태어난 다음 날, 신생아실에 조심스레 문을 열고 들어가 보았지.

'어느 아기일까, 간호사가 내 아기를 잘 찾아 나오실까?'

가슴 두근거리며 서 있자니 조금 전까지 앙앙 울어 젖힌 듯 눈가와 발그레한 두 볼이 촉촉이 젖어,

'엄마, 지금껏 어디에 가 있었어요? 나 혼자 두고 어디 있었어요?'

마알간 눈빛으로 말하며 너는 내 가슴에 쏘옥 들어왔단다.

'첫눈에 반한다'라는 표현을 난 그때 처음으로 느껴보았어. 곁에 있는 네 아빠와 외할머니에게 엄마는 소리쳤단다.

"이 아이 좀 봐요. 너무 잘 생겼죠?"

엄마는 엷은 비늘처럼 허연 딱지들이 눌어붙은 너의 앙상한 다리를 차마 꽉 잡지 못해, 처음엔 기저귀도 갈지 못했단다. 배내옷도 헐렁헐렁하게 포대기 속에 쑤욱 파묻혀 꿈틀거리는 너의 작은 몸이 얼마나 신기하던지…

그런데 언제부터였을까? 너에겐 아무 잘못이 없는데 다른 아이들처럼 말하지 못한다고 야단치고, 너 때문에 힘들다고 하소연하고 끝없이 울어대는 너를 붙들고 주저앉아 같이 우는 못난 엄마의 모습을 보였던 것이…

하지만 아이야, 나의 아이야.

너는 찡그린 엄마의 얼굴이 환한 미소로 바뀔 때까지 그 작은 손으로 주름 하나하나를 다 펴주었지. 너의 엉덩이를 때리는 엄마의 손이 포옹으로 바뀔 때까지 꼭 매달려 절대로 떨어지려 하지 않았지. 그리고는 언제나 말없이, 그저 마알간 눈빛으로 이야기했지.

'엄마, 남들의 눈으로 나를 보지 마세요. 이 세상 모든 사람이 나를 이해하지 못해도, 엄마는 알잖아요. 내가 얼마나 착한 마음을 가졌는지, 나의 작은 능력으로 얼마나 열심히 세상을 배우려 하는지, 엄마와 아빠와 함께 웃으며 얼마나 행복하게 살고 싶어 하는지…'

그래, 넌 이제 키도 크고 발도 커다란 어린이가 되었지만, 여전히 그

촉촉하고 마알간 눈빛으로 이 못난 엄마를 사로잡는구나. 그래, 그렇고말고. 넌 잘 생기고 자랑스러운 내 아들이란다. 세상 어디에 내놓아도 부끄럽지 않을 훌륭한 내 아들이란다.

너는 나에게 사랑이 무엇인지를 가르쳐주는 스승이란다.

아이와 함께 성장하기

결혼은 누구에게나 아름다운 꿈이다. 어릴 때 읽은 동화들의 말미에 왕자와 공주가 결혼하여 행복하게 살았다는 문구는 당연한 듯이 무의식에 심어지기도 했다. 그러나 전혀 다른 삶의 방식과 기질을 가진 남녀가 만나, 편히 먹고 잘 새도 없이 아기를 낳고 돌보는 현실은 엄청난 과업이 된다. 게다가 언어와 행동, 발육 모든 면에서 느린 장애 자녀를 키우는 일은 또 다른 혼란과 갈등을 일으킨다.

처음엔 장애를 인정하지 않으려는 거부감, 빚을 내서라도 돈과 시간을 퍼부어 완치시키려는 집착, 그 과정에서 부부 간이나 조부모까지 서로를 탓하는 원망, 분노, 그리고 건강한 아이에 대한 꿈을 내려놓아야 하는 좌절과 슬픔까지 온갖 감정의 풍랑에 흔들리게 된다. 장애 자녀를 받아들이는 일은 말기암 진단을 통보받는 심정적 고통과 그 크기와 양상이 비슷하다. 몇 년에서 몇십 년까지 편안하게 수용하게 되기까지 사람마다 가정마다 시간은 다르지만, 누구나 그 고통의 과정을 거친다. 아이의 장애는 결코 부모의 성격이나 환경 탓이 아니므로, 이 과정을 숨기거나 외면해서 자신을 고립시키지 않기를 바란다.

치료실에서든 어린이집에서든 인터넷으로든 아이의 약함을 드러내고 나눌수록 동병상련의 위로와 정보를 얻을 수 있을 것이다. 때로는 잘못된 정보와 방식으로 흔들리기도 하겠지만 점점 옥석을 가리게 되고, 또 가족과 지인들에게 좌충우돌 도움을 주고받으면서 힘을 얻을 수 있을 것이다. 아이가 서툰 걸음으로 넘어지고 다치면서 달리게 되듯이, 부모 또한 그렇게 자란다. 평범한 아이는 그냥 부모로 충분하지만, 특별한 아이는 더 깊고 강한 부모를 필요로 한다. 그렇다. 사랑은 쌍방향이어서, 아이와 부모는 서로를 성장시킨다. 느리지만 성장하는 그 경이로운 순간과 시간을 누리기 바란다.

전학,
특수에서 통합으로

　한 해 유예한 아들과 연년생 딸이 같은 시각 다른 장소에서 초등학교 입학식을 했다. 남편은 멀리 있는 특수학교로, 나는 동네의 일반 초등학교로 나눠서 참석했다.

　'오빠는 아침마다 크고 노란 버스를 타고 학교에 간다. 엄마가 오빠의 손을 잡고 데려다주는 동안, 나는 혼자 밥 먹고 옷 갈아입고 횡단보도를 건너 학교에 걸어간다. 아마도 오빠의 학교는 우리 집 왕자처럼 잘생기고 말 안 듣는 아이들만 다니는 궁전 같은 곳일 거다. 궁금하다.'

　딸은 아기 때부터 말썽 한 번 부리지 않고 오빠에게 온 가족의 관심과 걱정이 온통 쏠리는 현실을 그대로 받아들이며 자랐다. 2학년이 되자 오빠의 특수학교를 궁금해했고, 방문했던 날 저녁 울먹이며 말했다.

　"그 학교에는 왜 약한 아이들만 모여 있어요? 온 가족이 오빠 한 명

돌보기도 힘든데, 거기 선생님은 어떻게 한꺼번에 오빠 같은 아이들을 여러 명이나 가르쳐요? 그 학교에는 왜 운동장이 없어요? 아이들은 마음껏 뛰어놀아야 하는데, 온종일 교실에만 두는 거예요?"

그리고 계속 말했다.

"우리 반에는 삼십 명의 건강한 친구들이 있어요. 오빠가 우리 학교에 오면 한 명씩 돌아가면서 돌봐줄 수 있을 거예요. 내가 친구들에게 오빠 돌보는 방법을 가르쳐줄게요."

특수학교 담임선생님은 딸아이를 만났을 때 꼭 껴안아 주었다. 일반 학교로의 전학을 의논하니, 성공확률은 반반이라고 말씀하셨다.

"아직 단체생활에 혼자서 적응하기는 어려울 거예요. 물건 파손이나 이탈, 그리고 호기심과 집착이 섞인 행동들이 있어서 그 부분을 전학할 학교에 자세히 적어드릴게요. 희망이라면 여기 특수학교의 작업 치료 교구들을 고등부 수준까지 영빈이가 마스터한 거예요. 일반 학교에 가서 그 재능을 살려주면 좋겠어요. 혹시 적응에 실패하면 그때 다시 돌아오면 되니까 용기를 내보세요."

어린 딸이 제안한 것이 통합교육의 정석이었다. 실제로는 얼마나 많은 변수가 놓여 있을지 모르지만 우리는 일단 부딪혀 보기로 했다. 가뭄에 비가 오기를 간절히 원하면 우산을 들고 나서는 게 믿음이므로….

전학, 그리고

아들은 3학년이 되어 딸과 같은 학교, 같은 학년에 학급만 달리 배정받았다. 며칠간 나는 학교 주변에서 머물며 아들의 적응을 몰래 지켜보았다. 급식 시간에 복도 한쪽에 서 있자니 눈인사만 나눴던 옆 반 선생님께서 "걱정 마세요. 아이가 잘 해낼 겁니다."라고 격려하셨고, 또 다른 선생님께선 부침개를 들고 와 내게 권해주셨다.

점심 후, 아들은 운동장에서 놀았다. 친구들과 어울리진 못하고 혼자서 다녔지만 축구하는 아이들 틈에 들어가 공차는 흉내도 내고, 우스꽝스러운 장난을 하는 아이를 보곤 싱긋 웃기도 하며, 이리저리 껑충껑충 돌아다녔다.

교실에서 한 여학생은 화이트데이에 사탕을 주었다.

"책상에 둔 건 영빈이 거고요, 이건 아줌마 드리는 거예요."

아이들은 차별적 시각이 아니라 순수한 관심으로 아들의 장애를 알고 싶어 했다.

"영빈이는 목이 아픈 거지요? 그래서 말을 잘 못 하는 거지요?"

"영빈이는 외국인인가요?"

"머리가 아프다던데, 수술을 했나요?"

딸은 나보다 더 많은 몫을 찾아서 했다. 하교 후 오빠의 빈 교실을 찾아가 미니 빗자루로 청소해주기도 하고, 점심시간엔 오빠네 반 친구들에게 수시로 조언도 해주었다.

"우리 오빠야를 데리고 갈 땐 등을 밀면 안 돼. 그러면 싫어해. 부드럽게 허리를 두르고 가던지, 손을 잡고 가야 해."

오빠한테 신경 쓰지 말고 너는 너희 반에서 즐겁게 지내기만 하면 된다고 줄곧 일렀지만, 복도에서 누가 우는 소리만 들려도 오빠네 교실에 달려가 보고, 담임선생님에게도 종종 가서 인사드리고, 특수반 교실에도 찾아가 이런저런 이야기를 나누었다.

운동장 전체조회 때 대열에서 이탈해 빙빙 돌아다니는 아들을 교문 밖에서 몰래 보고 있노라니, 조회를 마친 후 교실로 들어갈 때 딸아이가 자기네 반에서 살짝 빠져나와 두세 걸음 오빠 뒤에 바짝 붙어 서서 지키는 모습이 안쓰러워 가슴을 쓸어내렸다.

보이지 않는 의미

매주 목요일 5교시는 학년 전체 체육 시간인데, 나는 그 시간에 아들의 도우미로 함께 참여했다. 운동장에 나오면 마치 고삐 풀린 야생마처럼 사방으로 뛰어다니는 아들을 담임선생님께서 다루기 힘들어하시기에 돌봄을 자원하였다.

아들은 긴 시간 줄을 맞춰 규칙도 모르는 여러 가지 경기에 참여하는 동안 지루함도 달래고, 긴장도 해소하려는 듯 상황과 전혀 상관없는 말들을 했다.

"소 보고 싶어요!"

"레슨교재 독주곡집!"

"삼 뜨거워요!"

"색칠놀이 불러요!"

그러다가 아이들이 줄지어 달려가면, 곧장 그 뒤를 폴짝거리며 따라 갔다. 그럭저럭 줄도 잘 맞추고 따라하는 듯하더니, 어느 날 불쑥 전체 를 지휘하는 선생님이 계신 단상 위로 올라가 버렸다. 곧장 달려가 아 들을 내려오게 했지만, 전체 학생과 교사들의 이목이 쏠렸고 그 정도쯤 은 별일 아니라는 듯이 나는 배시시 웃고 말았다. 즐기는 경지까지 이 르렀던 것일까? 그러나 곧 허무함이 덮쳤다.

'이렇게 서 있는 나와 아들의 존재에 도대체 무슨 의미가 있을까?'

성장의 발견

아들은 4학년 첫 시험에 이름 석 자만 써내서 모든 과목 빵점을 받 았다. 담임선생님은 아들이 과학 시간에 비이커에 든 실험용 주스를 마 셨는데 황산이나 염산도 마시면 어떡하냐, 급식 시간엔 먹다 남은 음식 을 국통에 다 부어버려 친구들이 국을 못 먹었다, 그리고 백지 시험지 를 보이며 어떻게 가르쳐야 될지 모르겠다고 난감해하셨다.

"매일 영빈이가 조금씩 할 수 있는 것을 공책에 만들어서 보내겠습 니다."

나는 매일 국어 3장, 수학 3장, 한문 1장씩 과제를 내주었고, 선생님 께선 하루도 빠짐없이 그 문제들을 모두 풀게 하고 검사하고 고쳐서 보 내주셨다.

공책을 따로 만들어준 이유는, 학습에 대한 기대보다도 긴 수업 시간 동안 엉뚱한 장난이나 돌발행동을 줄이고 혼자서 무어라도 할 수 있게 하기 위함이었다. 아들은 수업 중에 자신의 공책 문제를 당장 가르쳐달라고 고집을 부리기도 했는데, 점차 차례를 기다릴 수 있게 되었다.

공책엔 수업과 조금이라도 연계되는 내용을 골라서 엮었다. 시각적인 집중력을 유도하도록 수열이나 도형을 적절히 반복하고 확대해 퍼즐을 맞추듯 구성했다. 예를 들면, 수열을 좋아하는 특성을 이용해 구구단의 중간중간에 괄호를 넣고, 곱셈을 거꾸로 하면 나눗셈이 되는 규칙으로 문제를 배열했다. 그리고 그 아래 쉬운 생활 문제를 붙였다.

'아빠에게 돈 1,000원을 받고, 할머니에게 500원을 받고, 엄마에게 200원을 받았다. 모두 얼마를 받았나요?'

저울을 배울 때는 바나나, 오렌지, 사과 등 아들이 좋아하는 과일을 올려 눈금의 숫자를 읽게 하고 그 모양을 공책에 그려주었다. 분수는 피자와 수박을 자르면서 1/2, 1/3을 구분하게 했다.

요즘에는 특수교사가 원반의 수업자료를 제공해주기도 하나, 그 당시는 특수반 학생이 열 명이 넘어 개별 학습 자료를 요구할만한 상황이 못 되었다. 원반 교사도 아들에 대한 인지능력을 파악하기 어려워했으므로, 그 가운데서 내가 해줄 수 있는 최선의 방법이었다. 다행히 담임선생님께서 호응해주어 한 학기 동안 국어 6권, 수학 7권, 한문, 과학, 일기장, 알림장 각 1권씩 20매 공책을 모두 채웠다.

첫 학기가 끝날 즈음 담임선생님은 내게 말씀하셨다.

"헌신하는 어머니에게 제가 졌습니다. 내 늦둥이 아이 키우는 마음으로 가르칠게요. 요즘엔 수학문제 답을 한자로 千七百이라고 써내서 신기하고 기특해요."

군이 일반 학교에 보내서 어려운 수업에 앉혀두는 것이 무슨 의미가 있을까 되물었던 내게 그 학기는 마음을 다잡게 해주었다.

장애 너머 배움의 본능

아이들에게 공부란, 밥을 먹지 않으면 배가 고파 허덕이듯이, 본능적으로 배우고 알고 싶어 견딜 수 없는 즐거움 중의 하나다. 과하게 억지로 먹이지만 않는다면 적절하게 유도하는 학습은 즐겁고 행복한 놀이가 된다. 아기가 엄마의 표정과 소리를 탐색하고 모방하듯, 또 시키지 않아도 무언가를 만들고 움직이고 새로운 것을 찾아다니듯이, 아이들은 새로운 상황 속에서 탐구와 창작, 반복과 확장을 하며 자신의 세계를 넓혀간다.

장애아도 마찬가지다. 신체나 감각 발달의 불균형으로 세상을 탐색하는 방법이 조금 다르고 속도가 느릴 뿐이다. 초등 학령기에도 구강 자극이 필요한 아이는 물고 빨고 뜯는 행위를 통해 사물을 탐색하고, 책상을 두드리고 혼잣말하는 아이는 청각 자극을 통해 사물과 신체의 연결을 경험한다. 상대방의 말을 그대로 따라 하는 반향어는 어휘를 메아리처럼 반복해 익히는 방법이기도 하고, 때로는 수긍의 의사표현이기도 하다. 문자와 숫자에 집착하는 아이는 보이지 않는 추상적 언어들의 혼돈 속에서 시각적 규칙을 통해 안정감을 느끼고 자신만의 방식으로 언어체계를 만들고자 시도하는 것이기도 하다. 팔다리를 흔들고 폴짝폴짝 뛰는 상동행동을 통해 감각을 조율하는 와중에도 주변의 움직임을 관찰하고 다음 날 그 행동을 모방해내기도 한다.

모든 사람은 각기 발달의 정도와 속도가 다르다. 장애와 비장애는 사회적 통계의 경향을 나타내는 것일 뿐, 특수교육이나 일반교육의 대상을 선 긋듯이 나눌 수 없다. 개별과 집단의 유기적 관계 속에서 효과는 늘 달라진다. 부모와 교사는 이 경이로운 생명력 앞에 딱딱하게 굳어진 관념을 풀어 일상과 학습, 장애와 비장애를 연결하고 조율하는 역할 속에서 아이들의 성장을 발견할 수 있다.

흔들림 속
길을 찾아

　가족들이 애쓰듯, 친구들도 오빠를 애써 돌봐주리라 기대했던 딸은 4학년으로 올라가고 시간이 지날수록 혼란을 느꼈다. 수업 시간에 복도를 통해 들려오는 오빠의 괴성, 친구들의 아우성, 쉬는 시간에 여러 명이 한꺼번에 달려와서 묻는 말들, 놀림들로 점점 지쳐갔다.

　"아이들이 오빠를 이해하지 못해요. 내 목에 오빠 설명서를 코팅해서 걸었으면 좋겠어요. 너무 힘들어서 일일이 다 말해줄 수가 없어요."

　새 학급에 적응이 어려웠던 아들의 혼잣말과 상동행동을 비웃음으로 오해한 반 친구들이 복도에서 집단폭행을 했고, 운동장에서 다른 학년 선배에게도 구타를 당했다. 그런 상황이 되자 딸을 위해 전학을 권유하는 주변 의견들도 있었다. 그러나 실패한 통합교육, 폭력적인 친구들과 무책임한 교사들의 모습을 그대로 안고 떠난다면, 이상을 꿈꾸었던 딸에게 남는 건 현실에의 좌절뿐이라는 생각이 들었다. 그래서 말했다.

"엄마가 학교를 바꿔줄게. 전교생과 선생님들이 오빠를 정확히 알고 사랑하도록 바꿔줄게. 넌 그저 기다려 주렴."

그 당시 장애이해교육은 필수가 아니었고, 심지어 특수교사조차 외모에서 표시가 나지 않는 아들을 장애인이라고 밝히면 더 놀림당하지 않겠냐며 우려를 말하는 지경이었다. 아들의 문제행동들을 무수히 나열하며 전학을 권할 때, 내가 직접 아들의 행동 중재를 하겠다 말하고, 여러 날 동안 교실 앞 복도에 지키고 서 있었다.

아들이 여자 화장실에 들어간다길래 화장실 표지판의 색을 빨강과 파랑으로 붙여서 구분하게 해주었다. 복도 정수기에 입을 대고 마신다길래 아들의 컵에 이름을 써서 끈으로 달아놓았다. 수업 시간에 자꾸 밖으로 나간다길래 어려운 수업에 지루해하지 않도록 스티커북과 색칠하기, 그리고 글자 따라쓰기 국어공책, 수열과 도형 맞추기 수학공책을 직접 만들어서 매일 준비해주었다.

복도 곁 계단에 앉아 아무렇지 않은 듯 책을 읽으며 버티는 시간은 가슴엔 아들을 품고 등에는 방패를 두르고 무수한 눈총을 막아내는 듯한 고통이었다. 혀를 끌끌 차면서 아들을 모욕적으로 비난하는 교사들도 있었다. 그럴수록 나는 전사처럼 더 단단히 무장하고, 감정을 삭였다. 나의 목표는 그들과 싸워 이기는 것이 아니었다. 내가 없을 때도, 아무도 보지 않을 때에도 내 아들이 인격적인 존중과 교육을 받는 것이었

선물

다. 나는 묵묵히 그들 앞에서 아들을 대하는 법을, 어떤 문제도 풀어낼 답이 있음을 보여주었다. 2주일이 지났을 때, 학년 부장 선생님께서 아들의 담임과 특수교사, 그리고 비난하던 교사들을 호통치며 말씀하셨다.

"교육은 학교의 몫입니다. 누가 어머니를 학교에 나오도록 시켰습니까? 학생의 잘못은 교사의 책임입니다."

나의 방패전은 그렇게 일단락되었다. 그리고 대장 노릇을 하며 아들을 집단폭행했던 남학생을 만났다. 직접 보니 그저 개구쟁이 어린아이였다.

"왜 영빈이를 때렸니?"

"나를 보고 자꾸 웃었어요. 그거 비웃는 거잖아요."

"너하고 놀고 싶어서 웃은 거야. 말을 못 하니까 그렇게 관심을 보인 거야."

"영빈이 말 못 해요? 싸움도 할 줄 몰라요? 왜 맞고만 있어요?"

세상에 나쁜 아이는 없다. 무지와 편견 속에 방치된 부조리한 사회가 있을 뿐이다. 그래서 나는 학급에 장애이해교육을 부탁하고 학교신문에 아들의 특성과 서로 성장할 수 있는 대안들을 편지글로 실었다.

< 난 조금 다른 아이야 >

형님, 누나, 동생, 그리고 친구들 모두 안녕!

내 이름은 강영빈이야. 복도나 운동장에서 이미 나를 본 친구들도 있을지 모르겠어. 얼마 전에 난 범어사의 스님들처럼 머리카락을 잘랐는데, 친구들은 날 보며 "마빡이, 마빡이다!"라고 웃어댔지. 내가 왜 빡빡 깎았는지 궁금하지? 가르쳐줄게.

난 겉으로 보기에는 키도 크고 몸도 건강하지만, 내 머릿속에는 태어날 때부터 이유를 알 수 없는 어려운 문제가 있대. 그건 '말아톤' 영화의 초원이형이나 수영선수 진호형 같은 발달장애라는 거야.

그래서 나는 너희처럼 말도 잘 하지 못하고 노래도 잘 부르지 못해. 하지만 말이 안 들리거나 노래를 모르는 건 아냐. 나는 어렸을 때부터 들은 노래의 가사들을 거의 다 기억하고 있어. 엄마가 노래를 부르다 중간에 멈추면, 나는 바로 뒤의 가사 첫 글자를 말할 수 있단다. 그러면 엄마는 잊었던 가사를 기억해내고 계속 이어서 불러주시지. 그렇게 한 글자씩 띄엄띄엄 부르거나 음음~ 하고 고음 불가의 소리는 낼 수 있는데, 자연스럽게 부르진 못해.

나의 뇌는 마치 바이러스가 침투한 컴퓨터처럼, 기능이 잘 되다가도 어떤 게임만 하려고 하면 갑자기 여러 화면이 한꺼번에 튀어나오고 그러다가 다운되어서 꼼짝없이 멈추어버리는 상태와 비슷하단다. 컴퓨터 바이러스는 백신으로 치료할 수 있다지만, 나의 뇌는 아직 의

선물

사 선생님들도 원인을 찾지 못해서 약으로도 수술로도 고칠 수가 없대. 다만 나의 행동들을 보고, 뇌 속의 어떤 신경들이 잘 연결되지 못하는지를 추측해서 한꺼번에 여러 정보를 입력하지 않고, 차례대로 하나씩 입력해 넣어주면 좀 더 쉽게 세상을 이해할 수 있고, 또 나 자신을 더 잘 표현할 수 있게 된대.

예를 들면, 노래를 단번에 따라 부르진 못하지만, 한 글자씩 천천히 따라서 읽는 것을 자꾸 반복하다 보면, 좀 더 자연스럽게 이어지고 나중엔 한 곡을 끝까지 부를 수 있단다. 그래서 난 이제 숫자송을 부를 수 있어. 아직은 소리가 작고 발음이 어눌해서 중얼거림처럼 들리겠지만, 그렇게라도 부를 수 있는 게 정말 기뻐.

그리고 '엄마'라는 말보다, '1,2,3,4' 숫자들과 'A,B,C', '가,나,다' 글자들을 먼저 읽을 정도로 기억력은 참 좋았대. 하지만 생활이나 공부에 응용하는 데에 어려움이 많아서, 엄마는 '3'이라는 숫자의 뜻을 가르치려고 과자를 줄 때마다 "세 개는 3", 계단을 오를 때도 "하나 둘 셋, 3" 이라고 말씀하셨어.

너희들의 뇌는 연결이 잘 되어 있어서 하나만 가르쳐도 열을 아는데, 나의 뇌 속 신경들은 하나를 제대로 알려면 열 번 이상의 반복과 경험이 필요하대. 그동안 그렇게 열심히 배워서 이제 시계도 읽을 수 있고 구구단도 외울 수 있고, 핸드폰으로 아빠에게 문자메시지도 보낼 수 있게 됐어.

그런데, 요즘 내 생애 가장 어려운 문제를 갖게 됐단다. 나는 이 문제 때문에 골치가 아파서, 머리카락을 하나씩 뽑으며 마음을 진정시키려고 했는데, 너무 많이 뽑아버리는 바람에 엄마는 내 머리카락을 다 깎고 모자를 씌워주셨어. 그래서 마빡이 스타일이 된 거야.

그 골치 아픈 문제가 도대체 뭐냐고? 그건 말이야, '너희들과 노는 방법'이야. 운동장 조회 때 줄을 서는 것이나, 음악에 맞춰 율동하는 것들은 흉내 내기가 쉬운 편인데, 쉬는 시간에 너희들이 잡기놀이 하며 몸을 부딪치거나 씨름하듯 뒤엉키고 간지럼 태우는 모습들은, 내 눈에도 참 재미있어 보여 따라하고 싶지만 자연스럽게 하는 게 너무 어려워.

내가 용기를 내어 너희 중의 한 명을 툭 쳐보았는데, 그 아이는 나를 더 세게 치더구나. 나는 단지 같이 웃으며 장난하고 싶은 거였는데, 내가 무얼 잘못한 걸까? 그래서 고민하다가, 나도 그 아이처럼 세게 다른 아이를 쳐보았어. 너희들과 어울리려면 그렇게 세게 쳐야만 하는 것인지도 모르겠다는 생각이 들었거든. 하지만, 이번에도 역시 느낌이 이상해. 복도에서 만난 똑똑해 보이는 형님들도, 친구들도 나를

　　　　　　　　　　　　선물

더 세게 더 세게 때리기만 하고, 선생님께도 야단 듣고, 집에 가서 엄마에게도 혼만 났어.

아, 도대체 너희들과 어떻게 놀아야 하지? 난 말도 잘 못 하고, 카드 놀이도 할 줄 모르고, 공차는 것도 서툴러서 놓치기만 하는데…

어른 중엔 나 같은 아이를 보고 '자폐증'이라며 사람들과 어울리는 것을 싫어하고 혼자 노는 것을 좋아하는 병이라고 말하는 사람들이 있던데, 절대 그렇지 않아. 나는 사람들을 절대로 싫어하지 않아. 머리를 길게 기르고 리본으로 묶은 여자친구를 보면 예쁘고 신기해서 만지고 잡아당겨 보고, 남자친구들에겐 '까꿍 놀이'처럼 같이 놀래키며 웃고 싶어서 툭툭 쳐봤던 거야. 그런데, 너희에겐 그게 귀찮고 아팠니? 그렇다면 미안해. 진심이야.

그런데 너희들과 어울려 노는 방법이 내게는 너무 어려워서 때로는 포기하고 나만의 세계로 도망가고 싶단다. 그래서 머리카락을 뽑기도 하고, 손으로 눈을 가리고 몸을 움츠리기도 하고, 슬퍼서 울고 싶을 땐 너무 혼란스러워서 웃음을 터뜨려버리기도 해. 너희들처럼 차근차근히 말할 수 없는 나는 어떻게 내 마음을 알려야 할지 모르겠어.

엄마는 오늘 아침 등교할 때 이렇게 말씀하셨어.

"영빈아, 공부는 엄마와 선생님이 가르쳐줄 수 있지만, 친구들과 노는 방법은 오직 친구들에게서만 배울 수 있단다. 네가 놀고 싶어 다가갔을 때 너를 때리거나 놀린 친구와 형님들을 용서하렴. 그 아이들은 단지 너의 마음을 몰라서 그랬던 것뿐이야. 네가 친구들에게 다가가는 방법을 잘 몰랐던 것처럼 말이야. 이제 곧 친구들은 너의 착한 마음을 알게 되고, 모두 너를 이해하고 노는 방법을 하나하나 잘 가르쳐주게 될 거다."

친구들아, 정말 그래 줄 거니?

그러면 말이야, 내가 혹시 또 너희를 치면 "안 돼! 아파."라고 말한 다음, 제발 싸움을 가르쳐주지 말고 부드럽게 손잡고 노는 방법을 가르쳐주렴. 나도 몇 가지 짝짜꿍 놀이는 할 줄 알거든. 그리고 아직은 공을 잘 받지 못하지만, 자꾸 너희에게서 배우다 보면 두 명이서 주고받던 걸 세 명 네 명과 같이 할 수 있게 될 거야. 나의 뇌는 너희들과 아주 조금 달라서 금세 배우진 못해도 여러 번 반복하면, 어릴 때 "하나 둘 셋은 3"이라는 뜻을 깨달았던 것처럼 여러 가지 놀이를 조금씩 알게 될 거야.

선물

나에게 너희들은 놀이 선생님, 언어 선생님처럼 배울 게 참 많은 멋진 친구들이란다.

학교신문에 편지를 실은 후, 학부모들에게서 여러 통의 전화를 받았다. 응원과 사과, 격려의 이야기들이었다.

"우리 아들이 짓궂어서 영빈이를 놀렸던 것 같다. 미안하다."

그리고 며칠 후 영빈이가 장난으로 툭 친 것을 오해하여 발길질까지 하며 심하게 구타했던 6학년 남학생을 뒷마당에서 우연히 만났다. 나는 아들에게 먼저 다가가 악수하게 하고 인사를 시켰다.

"안녕 형아, 나는 강영빈이야. 사이좋게 지내자."

어눌한 말이 채 끝나기도 전에, 그 학생은 아들을 덥석 끌어안았다.

"나는 네가 단지 내 아들을 때리지 않거나 피하는 것을 원하지 않는다. 아들의 장애를 제대로 이해하기를 바란다. 너는 똑똑하고 지도력 있는 아이니까, 이 학교의 모든 약한 아이들을 앞장서서 도와주고 보호해 주기를 부탁한다."

고개 숙여 눈시울을 붉힌 학생의 등을 토닥여 주었다.

폭행의 대장 노릇을 했던 반 친구는 이후 아들의 보디가드가 되어 주었고, 아들이 운동장에서 혼자 뛰다가 넘어져 다쳤는데도 친구들은 누가 때린 상처냐면서 의기투합하여 현장 조사를 다니기도 했다. 그리고 아들의 말 한마디, 낙서 한 장의 발전에도 손뼉 치며 앞다투어 칭찬해주었다.

아들의 빵점짜리 시험지를 보며 틀린 답이라도 써냈다는 것을 기뻐하는 나에게, 아이들은 자신의 50점, 60점 시험지를 들고 와서 자랑하기도 하였다. 나는 그 아이들의 발전도 기꺼이 칭찬했다. 가장 약한 자를 품는 사회에서는 아무도 소외되지 않는다. 모두가 타고난 그대로의 다양한 기질과 능력대로 존중받고, 두려움 없이 실수와 경험을 통해 성장할 수 있게 된다.

그해 가을, 여문 열매

이른 봄날엔 비와 바람과 천둥이 한꺼번에 끝없이 이어질 듯 몰아쳐 대다가 어느 순간 말갛게 갠 하늘 아래, 숨어있던 작고 화사한 꽃들이 젖은 땅을 뚫고 곳곳에서 피어난다. 그리고 길고 긴 여름을 지나 열매로 여문다.

언제나 발표 행사가 있을 때면, 아들이 자기 순서를 얼마나 잘 해내느냐보다 다른 아이들이 발표하는 긴 시간 동안 어떻게 앉아있게 할지가 걱정이었는데, 가을 학예회 날 강당에서 두어 시간 동안 보조 선생님 곁에 놀라울 정도로 의젓하게 앉아있었다. 뒷자리에 엄마와 아빠, 할아버지와 할머니가 모두 와 있는지 확인하려고 가끔 뒤돌아볼 뿐이었다.

학교에서도 집에서도 여러 날 연습했던 해바라기의 '사랑으로' 수화 율동을 아들은 반 친구들을 따라하며 끝까지 해냈다. 공연 후 다른 반 선생님들과 학부모들에게서 기립박수와 칭찬의 소리가 여기저기서 터져 나왔다.

"아이구, 영빈이가 너무 잘하네!"

그리고 교장 선생님은 특별히 아들에게 다가와 꽃 한 송이를 선물하셨다. 복도에서 운동장에서 아들을 지나치지 않고 애써 가르쳐준 전교의 선생님과 친구들, 그리고 따뜻한 마음으로 응원해준 동료 부모들이 모두 함께 기적을 일으켰다.

한 아이의 성장 아래엔 한 마을의 성숙이 먼저 있었다.

치료의 목적은
일상의 회복

아들은 두 돌이 지나도록 '엄마, 아빠'를 말하지 못했고, 까꿍과 도리도리, 잼잼을 따라 하지 못했다. 신체발육은 평균이었지만, 젖이나 우유를 먹은 후 트림을 할 때마다 벌컥벌컥 게웠고, 방문 닫는 소리나 박수 소리에도 깜짝 놀라 비명을 지르며 울어대곤 했다.

주변에서 어떤 도움도 받을 수 없었던 그때, 전봇대에 붙여진 전단을 보고 언어치료실을 찾아갔다. 자가용으로 한 시간 거리의 먼 곳이었다. 이 치료사 선생님은 언어장애의 발음교정 기법으로 박사학위를 받으신 분이었는데, 의사소통과 사회성 전반의 어려움을 가진 아들의 정서나 발달상태를 파악하기 어려워하시는 듯했다. 얼마 후 집에서 가까운 치료실을 발견하게 되어 옮기고 여러 해를 다녔다.

그 당시 인터넷에는 정보도 거의 없었고, 주변에 장애 복지나 특수

선물

교육 분야의 지인도 없었기에 그저 막막하게 도서관과 서점의 책 몇 권으로 아들을 파악해야 했다. 누가 지푸라기라도 던져주면 생사를 걸고 잡아 매달렸을 상황이었다.

가까운 치료실은 장애전담어린이집을 같이 운영했는데, 그곳에 출장 방문 오신 소아정신과 의사와 처음 상담했던 날을 기억한다. 짧은 상담 시간 동안 혹여나 아들의 상태를 놓치고 말하지 못할까 싶어 A4용지 서너 장에 아들의 관찰기록을 적어서 보여드렸다. 그때 의사는 서늘한 미소를 띠며 이렇게 말했다.

"엄마가 이렇게 예민하니 아이의 정서가 불안정한 게죠. 반응성 애착 장애네요."

너덜너덜해진 가슴을 단박에 쭉 찢어놓는 듯한 통증을 느꼈다. 24시간 잠 못 이루며 세심하게 살피고 품어 온 사랑을 전문가의 한 마디로 정죄당한 순간이었다.

자폐증(Autism)은 1943년 미국의 소아정신과 전문의 레오 카너(Leo Kanner)가 타인에게서 고립된 정서와 행동을 보이는 아동들을 관찰하면서 붙인 이름으로 20년 전까지도 얼음장 같은 부모의 양육 방식을 원인으로 해석했다. 이렇게 부모의 양육 태도를 원인으로 잘못 해석하면, 엄마의 죄책감은 끝없이 가중되며, 가족 전체가 오리무중의 혼란과 갈등에 빠지게 된다. 나를 상담했던 출장 전문의는 그 이전의 이론으로 오진을 했던 것이었다.

자폐증은 현대의학도 아직 정확한 원인을 규명하지는 못했고, 환경

오염이나 돌연변이 유전, 뇌손상 정도로 추정하고 있다. 그리고, 대부분의 부모가 장애 자녀를 키우는 어려움을 겪으면서 후차적으로 우울증이나 정서적 탈진상태에 이르게 된다. 그래서 정책적으로 장애인 가족 모두에게 정서적, 환경적 지원이 필요한 것이다.

정확한 진단과 해석은 이후 치료와 양육의 방향을 결정케 하는 것이기에 매우 중요하다. 장애진단은 질병처럼 완치를 목표로 하는 게 아니라, 개인의 특성에 맞는 교육기법과 안정된 양육환경으로 아동의 어려움을 지원하는 첫 안내표지가 된다.

그러나 안타깝게도 아직 정확한 원인 규명이 되지 않았고, 외모로도 표시 나지 않는 발달장애 아동의 부모들은 지푸라기 같은 완치의 유혹에 매달리며 무모하고 험난한 여정을 시도하곤 한다.

먼 타국에 침을 맞으러 가기도 하고, 비싼 한약을 사서 먹이기도 하고, 해외에서 영양제를 구매하기도 하고, 청각치료와 뇌파치료, 제대혈 치료, 해독요법까지 단 1%의 가능성이라도 있다면 무작정 매달려 본다. 그러나 몸에 좋은 치료는 딱 몸에 좋은 것까지만 비용을 들이고 기대해야 한다. 피로할 때 물 한 모금, 비타민C 한 알만 먹어도 금세 상쾌한 기분이 되는데, 면역력을 증가시키는 한약이나 영양제가 건강이나 정서에 왜 효과가 없겠는가? 당연히 있다. 그러나 컨디션이 안정되어 교육의 집중 효과 정도는 얻을 수 있겠지만, 자폐를 완치하는 치료법이라고 홍보하며 과비용을 들이고 의존하게 한다면 그것은 현혹이고 사기다.

자폐증 자체의 치료제는 아직 없으며, 소아정신과 약물도 감기에 해열제, 진통제 등 원인치료가 아닌 증상을 완화하도록 처방하는 것과 마찬가지의 대증요법이다. 근거에 기반한 치료란, 객관적으로 검증 가능하고 예측할 수 있어야 하며 결과에 대한 반론과 확인이 모두 가능해야 한다. 즉 효과 뿐 아니라 부작용에 대해서도 데이터를 함께 제시해야 한다. 예를 들면, 자폐인의 행동문제에 주로 사용되는 아빌리파이정의 경우 "자폐성 장애 소아 환자에게 유지요법은 평가되지 않았습니다. 유지요법의 필요성을 결정하기 위해 정기적으로 재평가되어야 합니다."라고 설명서에 공개되고 '위약 대조 임상시험에서 나타난 반응' 등을 비교수치로 기록하고 있다. 또한 그 부작용으로 자살성향 증가, 고초열, 근강직, 자율신경 불안정, 급성 신부전증, 고혈당증, 당뇨, 정맥혈전증 등이 나타날 수 있다고 보고한다. 이 모든 정보는 약물치료 시 정확한 관찰 기록을 위해 장애 당사자 뿐 아니라 의사와 보호자와 교사 등 주변인에게 공유되어야 한다.

똥, 강박, 약물치료

아들은 일곱 살 때부터 약물치료를 시작했다. 신체발육이나 대소변 가리기는 평균연령에 맞게 성장했는데, 어느 날 친척들이 모인 자리에서 화장실을 다녀온 아들의 윗옷 끝자락에 대변이 조금 묻은 적이 있었다. 셔츠 자락이 길어서 화장지로 닦는 중에 실수로 묻은 것이었다. 그때 친척 한 분이 "어머나, 이 아이 똥 묻었다"라고 소리쳤고, 여러 사람이 같이 웅성대며 쳐다보았다. 상황은 윗옷을 갈아입히는 것으로 간단히 처리되었지만, 아들은 그 순간을 오래도록 기억했다. 단지 당황한 것이었는지, 수치심을 느꼈는지는 모르겠으나 아무튼 놀란 이후 대변보기를 거부하는 것으로 나타났다. 변기에 앉기를 거부했고, 대변이 마려운 것을 참다가 옷에 찔끔찔끔 싸곤 했다. 그리고는 옷 갈아입기도 거부했다. 거실에 신문지를 깔아주고 어디서든 편하게 눠도 괜찮다고 타일렀지만, 아들의 대변과 옷 벗기 거부는 몇 달이나 계속되었고, 잠이 들었을 때야 미지근한 물수건으로 몸을 닦고 옷을 갈아입힐 수 있었다.

시간이 지나도 나아지지 않아 소아정신과에 가서 상담을 하고 강박증 완화 약물을 처방받았다. 그리고 이주일쯤 지났을 때 신기하게도 화장실 거부가 사라졌다. 기질적으로 갖고 있던 강박증이 특정 상황에서 발현되어 행동으로 이어진 것이어서 약물의 효과가 즉시 나타난 것이었다. 이후 2~3년쯤 복용하다가 중단해보았는데 양말의 무늬 줄이 어긋나면 열 번 넘게 고쳐 신는다든지, 문 여닫기를 반복한다든지 등교나 일상생활이 불가능할 정도의 여러 가지 강박행동이 나타나 약물을 다시 복용해야 했다.

약물치료로 눈에 띄는 효과를 보게 되면, 이후 지나치게 약물에 의존하거나 남용하게 될 수도 있다. 반면에 약을 무조건 거부해서 행동문제를 악화시키는 경우도 종종 있다. 자폐성 장애인의 많은 수가 선천적인 호르몬 불균형이 있기에 적정약물을 잘 쓰면 드라마틱한 효과를 얻을 수도 있고 과하면 독이 될 수도 있는데 이 균형은 보호자의 정확한 관찰에 의해 좌우된다.

강박증 외에 주의력결핍, 충동성, 수면장애 등 여러 가지 증상과 관련된 약물을 동시에 처방받게 되면, 각 약물의 효과나 부작용을 정확히 파악해내기가 어렵다. 적어도 6개월 이상의 기간에 하나의 약물만 복용하며 시간대별 증상의 강도나 횟수를 기록해야 효과를 객관화할 수 있다. 별 효과가 없다면, 다른 약물로 바꿔서 다시 또 6개월 이상 관찰해 의사와 소통해야 한다. 적절한 약물과 용량을 찾으려면 몇 개월에서 몇 년이 걸릴 수도 있고, 또 약물 없이 일관된 행동중재만으로 호전되는 예도 있다. 이 과정에서 의사가 환자의 일상을 보지 못하므로, 24시간 같이 지내는 보호자와 교사가 정확한 관찰기록을 공유하고 소통하는 것이 중요하다.

치료의 효과는 완치가 아닌 완화

보건복지부와 교육부에서 허가된 언어치료, 감각통합치료, 음악치료, 미술치료 등도 질병을 고치는 치료가 아니라 증상을 완화 또는 개선하는 요법일 뿐이다. 더 엄밀히 말하면 개인맞춤형 교육적 지원 또는 도구를 활용한 교육적 중재라는 표현이 더 적합한데, 최근 보건복지부에서는 '치료' 대신 '언어재활', '음악재활' 등의 용어로 변경하여 관점을 바꾸는 과도기 상태에 있다.

행동치료도 최근 행동중재나 긍정적 행동지원으로 용어를 바꾸고 있는데, 이는 장애인의 행동을 바꾸려는 시도 이전에, 주변인의 태도와

언어 반응습관을 점검하고 도전적 행동의 원인을 파악하여 긍정적 대체행동으로 지원하는 것을 강조하고 있다. 마찬가지로 언어치료는 '의사소통지원'으로, 음악과 미술은 '예술중재지원' 등으로 인식해야 한다.

이 길고 막막한 여정에서 길을 잃거나 넘어지지 않기 위해 중요한 것은 정확한 정보, 적절한 비용, 가족의 분담, 교육과 양육의 균형, 그리고 자녀의 눈높이와 욕구에 맞는 과유불급의 속도와 양 조절이다.

비 오는 날 질퍽한 산길을 함께 걷고, 놀이터에서 그네를 한 시간이고 두 시간이고 실컷 타고, 보도 위를 지그재그로 함께 달리는 놀이는 최고의 감각통합치료다. 사과를 깨어 물며 "아이셔" 찡그린 감탄사로 아이를 웃게 하고, 강아지를 쓰다듬으며 '사랑'을 보여주고, '원숭이 엉덩이는 빨개' 노래를 주고받는 순간들이 살아있는 언어치료다. 자극과 기회로 무궁무진한 일상 속 배움에서 인위적으로 세팅된 치료실 내의 교육은 하나의 작은 모델일 뿐이다. 지푸라기 같은 완치의 유혹이나 인위적 모델에 의존해 돈과 시간을 과도하게 낭비하는 시행착오를 줄이고, 일상 속에서 성장과 행복이라는 그 튼튼한 밧줄을 먼저 잡으면 좋겠다.

철인 경기 같은 치료 투쟁을 하느라 소외되었던 가족들, 남편과 비장애 자녀와의 일상과 유연한 관계를 회복하면 장애의 독특한 특성도 함께 수용할 수 있다. 나누고 부딪히고 견디고 기뻐하는 매 순간들 속에서 함께 성장할 수 있다.

문제에는
답이 있다

언어를 알아들을 수 없고, 타인과 자신의 경계를 알 수 없고, 사회의 질서와 규칙을 이해할 수 없는 자폐성 장애인은 보이고, 들리고, 만지는 감각만으로 세상을 배워야 한다.

아들이 대여섯 살 때, 이웃분이 오셔서 말씀하셨다.

"이런 아이한테는 세 가지를 주면 안 된다. 불, 칼, 끈."

그분이 가시자마자, 나는 도마와 칼을 꺼냈다.

"오이부터 썰자."

그리고 주전자를 올리고 가스레인지 불을 아들의 손으로 켜게 했다.

"만져 봐. 뜨겁지? 아프지?"

칼날에 손을 베이고, 뜨거운 물에 데고, 돌부리에 걸려 넘어져 봐야 아픔이 무엇인지, 위험이 무엇인지, '조심하라'는 말이 무슨 뜻인지 알 수 있다. 그즈음부터 아들과 나의 전쟁 같은 모험, 온몸으로 부딪히는 실험적 학습은 오래도록 계속되었다.

두 돌 때부터 언어치료실에 데리고 다녔지만, 아들은 아홉 살이 될 때까지도 자발어를 표현하지 못했다. 대신에 어눌한 발음으로 가, 나, 다, A, B, C… 문자를 따라 읽었고 가사를 주고받으며 노래를 부를 수 있었다.

길을 걸을 땐 바닥에 주저앉아 맨홀 뚜껑을 만지곤 했는데, 더러우니 손대지 말라고 늘 말리다가 어느 날 아들의 손가락 움직임을 가만히 살펴보니 TYTYTYTY… T, Y, 알파벳 모양 비슷한 문양이 있었다. 그래서 시장바구니를 곁에 두고 같이 주저앉아 맨홀 위 흙먼지를 손가락으로 훑으며 알파벳을 읽어주었다. 그 순간 아들은 미소 지었다.

가위질을 시작하면서는 종이뿐 아니라 벽지와 장판도 오려서 네모, 세모, 숫자 모양을 만들었다. 한번 시작된 집착은 다른 대체행동으로 전환되기까지 오랜 시간이 걸리므로, 집 벽과 바닥에 시멘트가 군데군데 드러난 채로 몇 년을 지내야 했다.

그리고 아들은 가전기기의 빛과 소리, 움직임에 굉장한 자극을 받았다. 음악이 흐르는 오디오, 날개가 빙빙 돌고 바람이 나오는 선풍기, 벨소리가 울리고 사람 목소리가 들리는 전화기들을 켜고 끄고 플러그를 끼우고 빼기를 반복하다 급기야는 가위로 전선을 자르기까지 했다. 가윗날은 펑펑 터졌으나, 손잡이가 플라스틱이라 다행히 감전은 되지 않았다. 그러나 가위를 싱크대 위에 숨겨두어도 의자를 받히고 올라가 기가 막히게 찾아냈고, 컴퓨터, TV, 보일러까지 전선을 다 잘라버렸다. 그럴 때마다 심장이 펑펑 터지고 간이 녹아내리는 느낌이었다.

소아정신과 전문의에게 상담하니 이렇게 답하셨다.

"위험한 행동은 엄하게 벌해야 합니다. 손을 묶어서라도 멈추게 하세요."

위험과 잘못을 이해하지도 못하는데 처벌만으로 해결이 될까 싶은 의문이 들었지만, 전문가를 믿고 아들이 전기선에 가위를 대려할 때 손수건으로 엄하게 손을 묶었다. 그러나 아들은 그 순간 강한 자극을 받아 스스로 자신의 손을 묶는 집착행동만 하나 더 늘었다.

특수교육학과 교수님에게 자문을 구하니 이렇게 답하셨다.

"포만법을 써봅시다. 집안의 고무줄, 빨랫줄, 리본, 모든 줄을 다 모아서 자르게 해보세요. 질려서 그만두도록요."

그러나 전기선 외에 일절 관심 없는 아들은 다른 어떤 줄도 자르기를 거부했다. 아무리 전문가라도 아이의 단편적인 행동만을 보고 답을 낼 수는 없는 것이었다.

그럼 누가 문제를 풀 수 있을까?

24시간 같이 생활하는, 아이의 기질과 습관과 행동의 이유를 가장 잘 아는 양육자에게 해결의 열쇠가 있다. 치료사, 특수교사, 외부 전문가는 양육자가 가진 답을 끌어내도록 체계적이고 구체적인 질문들로 분석할 수 있을 뿐이다. 몇 가지 경우의 해법이 도출되면 그것을 실생활에 적용하고 시행착오를 겪는 긴 시간의 인내도 양육자의 몫이다. 현장에서 찾지 못하는 답은 바깥 어디에서도 풀 수 없다.

아들은 왜 전기선을 잘랐을까? 자극, 강박, 반항, 여러 가지 이유가 떠올랐으나 풀리지 않는 부정적인 관점을 우선 내려놓고 '사물에의 호기심'이라는 긍정적인 동기에 초점을 맞춰 보았다. 호기심은 건강한 아동이 가지는 바람직한 욕구이나, 그것을 실현하는 과정에서 남과 나의 소유 구분이나 위험에 대한 인지가 부족해 충동이 시작되었고, 대체해 해소할 방안 없이 주변에서 안 된다고 말리기만 하니 집착적으로 강화된 것이었다

우선 위험을 어떻게 이해시킬지에 골몰했다. 전선을 자를 때마다 아들과 함께 뺀치로 껍질을 얇게 벗기고 구리선을 이어서 검정테이프로 붙이는 작업을 했다. 그리고 선을 연결한 후 멈췄던 기기가 다시 작동되는 것을 보여주며 벽의 콘센트에 플러그를 꽂으면 불처럼 뜨겁고 바람처럼 큰 힘이 생긴다는 것을 반복해서 말했다.

선풍기 선을 자른 후에도 아들은 미풍, 약풍, 강풍 버튼을 누르며 왜 날개가 멈춰버렸는지 의아한 표정을 지었다. 구리선을 연결한 후 다시 돌아가는 선풍기를 보여주니 순간 눈빛이 반짝였다. 벽에 플러그를 꽂으면 선을 통해 바람의 힘이 나오는 정도까지는 이해한 것 같았다. 그러나 여전히 위험성은 알지 못했다.

어느 날 오디오를 분해하고 내부 장치인 납땜판을 잡다가 아들의 손바닥에 점점이 납땜 무늬대로 얇은 화상을 입었다. 그제야 '뜨겁다'는 말을 인지했다. 그 후로는 코드를 뺀 후 선을 자르고 검정테이프로

선물

감아 다시 플러그에 꽂기를 시도했다. 다행히 가윗날이 터지는 일은 멈추었다.

전학 온 일반 학교에서 그즈음 '지능로봇 조립'이라는 방과후 수업이 개설되어 함께 참여해 보았다. 아들의 언어지능은 서너 살 수준이었지만 동작지능이 좋은 편이어서 퍼즐이나 도형 맞추기, 기타 작업교구 활용능력이 잘 발달되어 있었다. 이전부터 문구점의 오백 원, 천 원짜리 조립품이나 과학상자도 충분히 경험한 터였다. 다만, 보조교사 없이 그룹수업에 적응하기는 어려웠기에 개인지도를 택했고, 일주일에 한 번씩 강사가 집으로 오면 아들과 내가 함께 수업을 받고 평일에 작업을 반복했다.

지능로봇 프로그램 안에 아들이 원하는 거의 모든 것들이 들어있었다. 전기 플러그 대신 건전지를 넣고 리모컨을 누르면 자동차도 되고, 선풍기도 되고, 크리스마스트리도 되어 반짝이고 움직이고 빙빙 돌아갔다. 움직임의 속도와 각도, 순서를 아들이 원하는 대로 만들고 바꿀 수 있었다. 언제든지 얼마든지 분해하고 다시 끼워 움직이고 멈추게 할 수 있었다. 그제야 자신이 분해해도 되는 물건과 안되는 물건의 구분을 받아들였다.

'엄마는 결코 너를 막는 사람이 아니야. 네가 원하는 모든 것을 주고 싶어. 하지만 너의 물건이 소중하듯이 다른 사람의 물건도 소중하단다.'

아들은 자신의 호기심을 인정하고 채워주려고 대체물을 끊임없이 제공하고 크고 작은 약속을 한 번도 어기지 않은 엄마를 신뢰했고, 금지의 영역들을 조금씩 받아들였다.

재능은 계속 발전되어 일반중학교에서 2년 연속으로 과학의 날 조립대회 전교 1등상을 받았고, 학교 대표로 부산시 교육청 대회에 나가 장려상을 받기도 했다. 그 대회 처음으로 발달장애 학생이 참가하는 거라 낯선 곳에서의 기다림과 언어소통이 어려운 특성을 고려해서 앞번호로 배정받았고, 구두발표 대신 시연과 포스터로 평가해 주었다. 전자공업계 고등학교 입학 후에는 전국 장애인 기능경진대회에 참가해 수상하였다.

반전과 미완, 풀어가는 즐거움

고교졸업 후 재능이 직업으로까지 연결되지는 못했다. 의사소통의 어려움과 5세 수준의 사회성을 가진 장애 특성을 적절히 지원할 수 있고 적성을 발휘하고 성장시킬 기업을 아직 찾는 중이다. 아들의 재능은 취미로 평생 즐길 수만 있어도 좋다고 여기며 느긋하게 바라보고 있다.

어릴 때 분해하고 파손했던 가전기기들이 이제는 아들의 손에서 수리되고 정리된다. 여름이 끝날 때면 선풍기 날개를 풀어 닦고 다시 끼워 덮개를 씌운 후 창고에 보관하고, 겨울이 되면 시키지 않아도 온풍기를 꺼내고 안방과 동생 방까지 전기장판을 깔아 이불을 펴준다. 12월에는 트리를 꺼내 오색 전구를 켜고 그 불빛 아래 잠이 든다.

최근 몇 년 동안은 지하철 노선안내도의 변경된 역명 스티커가 제

선물

대로 부착되어 있는지 일일이 확인하려 주말마다 지하철을 타고 다닌다. 스티커가 누락된 곳의 사진을 찍어 부산교통공사 홈페이지에 민원 넣는 일을 매주 빠짐없이 하고 있는데, 교통공사에서 아들을 우수고객으로 선정해주어 교통카드 상품까지 받았다. 강박적 집착이라고만 여겼던 일이 한편에서는 쓸만한 모니터요원의 역할로 인정받은 것이다.

이유 없는 행동은 없다. 문제의 답은 사건의 현장 바로 거기서 아이의 마음을 읽어주는 가장 가까운 이들이 풀어낼 수 있다. 이 복잡한 세상에서 온몸으로 부딪히며 배워가는 아이의 어려움을 낱낱이 낱낱이 헤아려줄 사람들이 필요하다.

청년,
푸르고 시린 봄

아들은 고등학교 졸업 무렵 특수학교 전공과에 응시해 낙방했다.

불합격 공지를 보자마자 부랴부랴 부산 전 지역 복지관들에 전화를 돌렸다. 늘 희망적이기만 하고 현실감각이 느린 엄마라서 전공과에 떨어지리라는 예상도 안 하고 다른 대비책도 준비해놓지 않았다가 발등에 불 떨어져서 알아보니, 복지관마다 이미 대기자들이 꽉 차 있었다.

실패, 불합격, 실연, 실직 등의 경험은 가슴 한가운데가 뻥 뚫어져 찬바람이 휙휙 지나가는 듯한 시린 통증을 느끼게 한다. 쓸모없는 존재라고 낙인 찍히고, 남들보다 못한 존재라고 공인되는 것 같고, 설 자리와 앉을 곳이 사라지고, 내일부터 당장 갈 곳도 할 일도 없어져, 그렇게 삶으로부터 소외당하는 싸늘한 현실을 온몸으로 느끼게 된다.

이 세상에 풀 한 포기, 개미 한 마리도 존재 이유가 있다는데 20년이나 보석을 세공하듯 성장한 사람 한 명의 가치는 누구에게 물어봐야 할까.

지나간 순간들이 주마등처럼 스쳤다. 매일 밤 젖을 토해내어 질식할까 싶어 한밤도 손끝을 놓지 못하고 잠재우던 아기 때, 차가 위험하다는 말을 못 알아들어 교통사고로 두 달을 깁스했던 일곱 살 때, 어눌한 발음으로 "가. 보. 자"라는 자발어를 처음 했던 아홉 살 때, 집안의 모든 기기를 분해하고 학교의 정수기 꼭지를 복도마다 모두 바꿔 끼우고, 장난과 폭력을 구분 못 해 이 아이 저 아이에게 맞고 다니던 초등학교 때, 그 와중에도 숨은 재능 찾아서 키워주니 한자 6급 자격증도 따고, 로봇 대회에서 전교 1등도 하고 부산시 장려상도 받았던 중학교 때, 그리고 학교캠프 때마다 엄마 찾아 울까 싶어 온 가족이 근처에서 밤을 지새웠는데 어느 해 드디어 "엄마, 안 보고 싶었어요!"라고 용기 있게 외치던 때….

소아정신과에서 평생 24시간 보호가 필요한 최중증 장애라고 영구 진단을 받던 날도 나는 울지 않았다. 성장시킬 수 있다고, 자립시킬 수 있다고 믿었으므로 진단명 따위에 연연하지 않았다. 길바닥에서 온몸을 뒹굴며 울어서 뼈 마디마디마다 피멍이 들고, 지나가는 사람들이 혀를 끌끌 차며 애 하나 못 달래는 어미라고 손가락질할 때도 그저 기다렸다. 울음이 그치면 곧 말간 미소로 품에 안기는 아이에게 한 번도 실망하지 않았다.

그렇게 약한 아들 하나 사랑으로 품고 잘 키우기만 하면 되는 줄 알

왔다. 야생 정글 같은 거친 학교만 잘 견뎌내면 되는 줄 알았다. 그런데 희망만을 품고 달려온 20년, 푸르게 성장한 청년 앞에 거대한 사회는 크기도 방향도 알 수 없는 서늘하고 짙은 안개로 자욱했다.

지역 복지관의 주간보호센터와 직업재활장을 여러 군데 알아보았으나 대부분 많은 대기자로 일정이 막연했다. 그리고 대기 신청을 하려고 상담하는 내용은 여섯 살 때 장애전담어린이집에서 받았던 질문들과 하나도 다르지 않았다. 왜 이들은 20년 동안이나 나와 아들에게 똑같은 질문을 반복하며 똑같은 기록들만 남기고 있을까?

"출산은 자연분만이었나요?"

"치료는 무엇을 받았나요?"

"복용하는 약물이 있나요?"

학교에서는 영유아 때부터 발달장애 조기개입을 강조하고, 특수교육대상 학생들에게 학기마다 개별화교육계획안을 작성하여 학과목뿐아니라 개인별 행동특성과 개선방안 등을 기록, 평가해 왔다. 그리고 치료실과 병원에서 온갖 검사와 기록들을 무수히 남기며 세심하게 약물을 조절하고, 숨은 능력들을 최대한 끌어내어 여러 영역에서 촘촘한 성과들을 쌓아왔다. 그렇게 20년 동안 공들여 이룬 개인의 일대기는 어디로 증발시켜 버리고, 또다시 '자폐'라는 한 단어로 기록을 다시 시작하려는 것인가?

"아들은 한자 자격증을 가지고 있고, 지능로봇대회 수상경력이 있습니다. 설명서를 보고 전 과정을 혼자서 조립할 수 있고, 컴퓨터로 주

선물

어진 프로그램을 입력할 수 있습니다."

"식사는 혼자 할 수 있나요? 용변처리는 가능한가요? 자해나 공격성, 이탈 행위는 없나요?"

"네, 없습니다. 그런데 복지관에서 직업훈련은 능력별로 시키나요, 자격증 과정은 있나요?"

"종이백 접기 등 단순작업들입니다. 아드님의 다른 특이사항은 없나요?"

"발음이 어눌해서 문자로 소통합니다. 심심할 때면 몸을 좌우로 흔드는 상동행동이 있습니다."

"아, 상동행동요? 다른 이용자분들이 따라 할까 걱정되네요."

십여 군데를 방문해 똑같은 대화들을 하고 나니 미래에 대한 암울한 의문이 물밀 듯이 몰려왔다. 성인기 발달장애인 70%가 낮에 갈 곳이 없다는데, 그들은 모두 어디에 있을까?

그나마 몇 안 되는 기존 주간보호센터나 새로 형성된 주간활동서비스도 양적, 질적 지원이 부족하다. 소수 발달장애인들은 대학으로 진학하거나 취업을 하지만 8시간의 단순 반복 노동을 6개월 이상을 견디는 이는 드물다. 최선을 다해 적응하고도 11개월의 인턴십 종료로 여기저기를 떠돌다 지치는 경우도 많다. 그리고 아무 곳에도 가지 못하고 방치된 성인들은 점점 퇴행하여 가족 모두가 걷잡을 수 없는 나락으로 떨어진다.

어디에도 보낼 데가 없어서 발을 동동 구르던 몇 달 동안, 내 아들

하나만 잘 키워서 미래가 보장되는 게 아니라는 것을 머리에 망치로 맞은 듯 통감했다. 혹여 부모가 사고나 질병으로 세상을 먼저 떠난다면 보석처럼 섬세하게 세공된 아들의 파란만장한 성장 일대기는 그저 '말 못하고 무능한 자폐인'이라는 한 장짜리 의미 없는 기록으로 덮어버리는 현실을 두렵게 절감했다.

그제야 초등학교 때 전교의 교사와 학생, 학부모들이 모두 변화되고서야 장애 학생 한 명이 건강하게 성장할 수 있었던 것처럼, 한 마을을 넘어 한 지역사회 전체가 변화되어야 내 아들이 어느 곳에 가더라도 개인의 스토리를 가진 인격체로서 존중받을 수 있음을 깨달았다.

그때부터 장애인언론에 칼럼을 기고하며 사회에 문제를 제기했고, 강연회를 다니며 함께 뜻을 모으자고 호소했다. 20여 년간 자폐성 장애 아들을 키우며 겪은 시행착오와 10여 년간 음악치료사로 일한 경험이 내겐 책임질 빚이 되어 몇 년 전부터는 부모활동가로 봉사를 겸하고 있다. 갈 길은 멀고 안팎으로 거대한 벽들에 부딪혀 상처와 혼란을 겪기도 하지만, 지금껏 그래왔듯 아들에 대한 사랑, 그 심장은 변함없이 강하고 뜨겁게 뛰고 있다.

시려도 꽃 피는 청춘

특수학교 전공과에 떨어졌던 날, 나는 밝은 소리로 말했다.

"아들아, 특수학교는 버스 타고 가야 되니까 멀미 나서 안 좋다. 네가 좋아하는 지하철 타고 갈만한 복지관을 골라보자. 너는 어디에 가든 그곳을 빛낼 거니까, 너의 능력을 알아보는 곳을 우리가 선택하자. 어때?"

"네, 좋아요!"

아들은 이 세상 누구도 알지 못했던 유일하고 독특한 보석으로 여전히 빛났다.

그 후 몇 달의 공백기 후에 지하철로 혼자 다닐 수 있는 복지관에 자리가 났고, 그다음 해부터는 지하철을 환승하여 조금 더 멀리 가는 발달장애전문 복지관에서 다양한 프로그램 서비스를 받고 있다. 뷰티 수업으로 면도와 의복관리를 배우고, 승마와 볼링을 하고, 자기결정권과 성인후견제 등 법과 정책을 배우고, 난타와 가죽 수공예, 집밥 요리 등 원하는 수업을 선택하여 받으며 즐겁게 성장하고 있다.

비장애인들이 노년기까지 평생교육과 취미활동을 하고, 직업을 통해 수입을 관리하고, 친구들과 주말을 보내고, 연인을 만나고 사랑하듯이 장애인들도 그저 평범하고 당당하게 삶을 영위하도록, 세상에 유일한 하나의 인격체로 존중받도록 실천하는 동료들을 만나며 힘을 얻게 되었다. 푸르고 따스한 봄, 꽃 피는 청춘을 다시 그려본다.

긴 여행,
가족을 넘어 사회로

"집에서는 자폐성 장애 아들과 살고, 직장에서는 음악치료사로 장애 학생들을 만나고, 나머지 시간엔 장애인단체에서 활동하고 있습니다."

외부에 강의를 나갈 때면 이렇게 나를 소개한다. 온종일 장애의 세계 속에서 살아온 25년, 지치지 않고 포기하지 않고 걸을 수 있었던 힘은 어디에서 나왔을까? 사랑은 원천이나 그것만으로는 부족하다. 신념은 나침반이나 그것으로도 부족하다.

이 길은 마라톤일까, 등산일까? 그보다는 여행이 맞을 것이다. 전혀 예상치 못한 세계에 불시착한 그날부터 시작된 낯설고 두렵고 한편으로는 신기하고 아름다운 여행. 정상을 향한 성취나 극복, 극기가 아니라, 그저 먼 길 다니는 동안 먹을 것과 쉴 곳, 함께 걸을 사람만 있으면 충분한 여행 말이다. 길을 잃기도 하고, 둘러가기도 하고, 넘어지기도

선물

하는 그 긴 여정 속에 함께 부딪히고 즐길 사람이 가장 필요하다. 내게는 그들이 가족이었다.

그러나 처음엔 나도 홀로인 듯 막막했다.

지인들이 집에 들르면 밥상 위를 덮치는 아들 때문에 물 한 잔 대접하기도 쉽지 않았고, 집안의 가전들이 부서지고 벽지와 장판이 찢어져 있는 것을 보고 당황하고 동정하고 때로는 지적에 비난까지 하는 이웃들을 흔쾌히 맞을 수가 없었다.

남편은 집에 오면 흙빛으로 일그러져 있는 아내의 얼굴을 피해 퇴근 시간을 점점 더 늦추어갔다. 시부모님은 손자의 장애를 종교적 열심으로 치유하자며 훈계로 짐을 더하셨고, 친정부모님은 자폐증이 무언지도 모르셔서 딸의 힘듦을 엄살로 여기고 더 강한 책임만을 강조하셨다.

나 또한 그런 줄 알았다. 내가 태교를 잘못했던 걸까, 어릴 적부터 군것질을 많이 해서 내 체질이 나빴던 걸까, 술·담배도 안 했는데 즐겨 마시던 커피가 원인이었을까 싶기도 했다. 내가 인성이 모자라서 이렇게 힘들고, 신앙이 약해서 이런 고통을 겪는 건가 자책했다. 그러면서 자다가 비명을 지르며 깨어나곤 했고, 길을 걸으면서도 울컥 터지는 눈물들을 감당할 수가 없었다. 아침에 눈 뜨는 것이 두려웠고, 세상의 비난이 쏟아지는 바깥으로 아이를 데리고 나가는 것이 무서웠다.

그러던 어느 날, 아이 진료 목적으로 다니는 소아정신과에 남편이 시간을 내어 함께 상담을 하러 가게 되었다. 남편은 아이 문제를 이야기하다 지나가는 말처럼 물었다.

"집사람이 스스로 우울증인 것 같다고 자꾸 말합니다. 제가 보기에는 남들보다 좀 예민한 것 같은데요."

"장애아를 키우는 모든 어머니가 우울증을 겪게 됩니다. 모르셨나요? 아버님께서는 하루에 몇 시간이나 아이를 떼어서 아내를 쉬게 해주십니까?"

의사의 한마디에 남편은 충격을 받은 듯 더는 말을 잇지 못했다. 그날 남편은 시부모님께 며느리가 얼마나 힘들고 위험한 상태인지를 알렸고, 정년퇴직 후 한가로운 일상을 보내시던 두 분은 우리 집 가까이 이사를 오셔서 매일 두세 시간씩 아들을 데려가 돌봐주기 시작하셨다. 시부모님은 아들의 울음을 달랠 수 없다는 것을 이제야 아셨고, 남편은 잠시도 손을 놓을 수 없는 아이를 처음으로 홀로 겪어보게 되었다. 그 이후로 가족들은 내게 어떤 훈계도 조언도 하지 않았다. 오직 쉬라고만, 먼 친구라도 만나서 놀다 오라고만 말씀하셨다.

쉼

하루에 단 몇 시간이라도 아들을 돌보는 긴장감에서 해방되니 청소든 빨래든 한 가지 일에만 집중할 수 있었고, 시장 볼 때 천천히 물건을 고를 수 있었고, 일어서지 않고 끝까지 앉아서 밥을 먹고 마음 편히 커피까지 마실 수 있었다. 그저 아이 둘 양손에 이끌려 휘청거리지 않고 홀로 길을 걸을 수 있어서 좋았고, 동네 옷가게를 몇 군데나 둘러볼 수 있는 여유가 좋았다. 누구를 만나거나 특별한 외출을 해서가 아니라, 그

선물

저 혼자 바람결을 느끼고 햇살 아래 가만히 앉아있는 것만으로 편안하게 숨을 고를 수 있었다.

힘

그제야 아이의 사랑스러움이 다시 생각났다. 긴 울음이 그친 후 마알간 얼굴로 품에 안기던 측은함, 세상의 언어를 이해하지도 말하지도 못하니 얼마나 답답할까 싶은 안타까움, 금지와 복잡한 규칙으로 가득한 도시에서 영문도 모르고 받는 억압들, 그 고통이 하나하나 헤아려졌다.

그때부터 틈나는 대로 책과 인터넷과 선배 부모들과의 교류를 통해 아이의 문제들을 풀어가기 시작했다. 강박적 행동을 부드럽게 완화할 여력이 생겼고, 낯선 상황에서 나타날 불안감을 예측하고 차츰 접근하게 할 방법을 알게 되었다. 금지보다는 대안을 제시하고, 영양과 체력관리, 다양한 시도를 지치지 않고 해낼 수 있었다.

꿈

시부모님은 지금까지도 한결같이 매일 두세 시간을 아들과 함께 보내주신다. 2006년부터 활동지원 서비스를 이용하면서, 아들은 학교를 마친 후 활동지원사와 오후를 보내고 시댁에서 저녁 식사를 하고 남편이 퇴근길에 집으로 데려오는 일과가 지금까지 이어지고 있다.

나는 그즈음부터 음악치료사로 일을 시작했다. 아들이 말보다 노래에 더 반응하는 걸 보면서, 소통하기 위해 음악치료를 공부했는데 지인의 추천으로 자연스레 직업으로까지 연결되었다. 아들의 학교에서 집단폭행 사건이 일어나고 수시로 학교를 드나들어야 했던 그 해를 지나고, 5학년 때 자원해 맡은 담임교사 덕분에 안정적으로 적응하던 시기였다. 혹시라도 학교에서 호출이 오면 당장 달려가야 하는 상황을 고려해 오후 시간만 파트타임으로 일했는데, 신기하게도 그 이후 불시에 호출당하는 일은 한 번도 없었다.

타인의 어려움은 같은 어려움을 경험해 본 이가 가장 잘 이해할 수 있다. 40분의 음악 치료시간 내내 울기만 하는 아이, 3초도 착석이 되지 않는 아이, 물건을 집어 던지는 아이, 피아노 위에 올라가고 창문에 매달리는 아이, 한 순간도 긴장을 놓을 수 없는 아이들이었지만 전기선을 자르고 찻길에 뛰어들고 길바닥에 뒹굴어 온몸이 피멍으로 물들었던 내 아들만큼 힘들지는 않았다. 이미 충분히 놀라고, 충분히 아파하고, 충분히 좌절해본 경험이 감정의 내성을 만들었기 때문일 것이다. 간혹 너무나 발달이 느려 눈에 띄는 향상을 보여주지 못하거나, 복합적인 이유로 정확한 예측을 하기 어려운 아이를 만날 때면 나의 공부와 기술이 부족해 미안할 따름이었다.

부모님들과 상담할 땐 무엇보다 주 양육자인 어머니에게 쉼이 필요하다고 강조하며 가족들 간의 시간 분담을 권유했다. 그리고 3초 착석하던 아이가 10초 동안 앉아서 '곰 세 마리' 노래에 집중할 수 있는 게 얼마나 대단한 성장인지, 타인의 눈이 아닌 오직 자녀의 눈높이에서

지지하기를 바랐다. 오랫동안 만나온 몇몇 학생들은 최중도 장애를 가졌지만 부모님의 감탄과 지지가 늘어나는 만큼 조금씩 꾸준하게 성장했다.

집에서는 장애 자식을 돌보고 밖에서는 장애 학생들을 가르쳐 온 지난 십여 년은 혼자서 자신이 얼마나 힘든지도 모르고 가족의 이해조차 받지 못하고 지냈던 결혼 초 몇 년보다 힘들지 않았다. 사람을 지치게 하는 건 일이 아니라 외로움과 막막함, 혹은 억울함으로 고립된 마음이다. 곁에 있는 이와 소통할 수 있고, 기꺼이 일을 나누고, 같은 방향으로 걸을 수 있다면 이 산을 저 산으로 옮기는 것도 거뜬하지 않겠는가.

치료사로서 훈련된 객관성과 균형감은 집에 와서 아들을 대할 때도 이어져서 관계는 훨씬 안정적으로 유지되었다. 그 남은 에너지로 언론에 칼럼을 기고하고, 강연을 다니며 발달장애의 특성을 이해시키고, 정책을 제안했다. 부모 노후나 사후에 방치될 게 훤히 눈에 보이는 현실, 아무도 대신 나서서 우리 자녀들의 미래를 책임져 주지 않는다는 것을 알기에 내가 받은 사랑, 내가 얻은 지식, 내가 겪은 경험을 틈나는 대로 쓰고 말하고 실행해야 한다는 또 다른 책임을 느꼈다.

그래서 3년 전부터는 부산지역의 자폐성 장애인 단체 리더로서 활동을 시작했다. 아들은 이제 엄마가 없어도 타인과 시간만 잘 분담되면 하루를 건강하게 보낼 수 있고, 가족들은 그 분담을 기꺼이 감당하며 나의 바깥 활동을 지지해주었다.

나는 이렇게 '쉼'을 얻고 살아갈 '힘'을 회복하였다. 무거운 짐을 홀로 질 때는 탈진하지만 여러 명이 나눠질 때는 오히려 삶의 원동력이 된다는 것도 알게 되었다. 즉 장애가 개인의 짐이 아니라 사회적 지원으로 적절히 나눠 질 때 구성원 전체를 건강하게 성숙시키는 긍정요인으로 바뀔 수 있음을 경험하고 있다.

완전한 사랑, 이별의 준비

10년, 20년이 지나도 사랑은 변하지 않았다. 오히려 더 강해지고 더 여물어졌다. 스물다섯 된 아들을 보며 이제는 완전한 사랑을 꿈꾼다. 그것은 이별을 준비하는 것이다. 정신연령은 아직 대여섯 살 아기 같지만 몸은 어엿한 청년이 되었고, 표현 못하는 그 안에 다른 여인과 친구들, 새로운 사회에의 호기심, 혼자만의 공간과 비밀들을 갖고 싶지 않겠나.

요즈음 엄마가 바깥일로 바빠 퇴근 시간이 늦어져 한두 시간씩 혼자 있는 동안에도 아들은 불안해하거나 심심해하지 않고 음악을 듣고, 라면을 끓여 먹고, 가까운 가게에 가서 과자도 사 먹을 수 있게 되었다. 세탁기를 돌리고 빨래를 널고 개고, 전기 솥에 밥을 짓고, 과일을 깎아 먹는 정도는 곁에서 시키면 할 수 있다. 그리고 겨울에는 온풍기를 켜고, 여름에는 선풍기를 꺼내고, 잠잘 때 보일러 온도를 높이는 것들도 일정을 기억해서 해낼 수 있다.

누군가 곁에서 변덕 많은 춘삼월 날씨에 맞게 내복을 입어야 할지 벗어야 할지 일러주고, 채소 반찬과 신선한 음식을 챙겨주고, 약속을 정하고 상황에 따른 변경 이유를 설명해주고, 개인 신상 서류들을 챙겨줄 수만 있다면 아들은 엄마를 떠나 살 수 있을 것이다.

평소 다니던 전철을 타고 출퇴근하고, 주말에는 노래방과 극장도 가고, 식당에선 터치스크린으로 음식을 시켜 먹고, 엄마가 보고 싶을 땐 전화해서 약속을 정하며, 그렇게 멀리 떨어져 각자의 생활을 즐기며 사는 날을 꿈꾼다. 혼자 살든, 친구와 살든, 여인과 살든, 자신이 사랑하는 사람을 선택하고 엄마가 알지 못하는 많은 일을 경험하며 타인들 속으로 떠날 날을 꿈꾼다.

이것이 내 사랑이다. 오늘도 떠나보내는 연습을 한다.

1. 비장애 형제자매와 같은 학교로 보내도 될까?

"아직 나 자신에 대해서도 알지 못하는데 어떻게 오빠를 이해할 수 있겠어요?"

딸이 고등학생이 되던 해 어느 날 신중하게 꺼낸 말이다. 초등학생일 때는 그저 착한 마음으로 오빠에게 양보하고 순응했지만, 사춘기를 지나면서 오빠와 별개로서 자신의 존재를 인식하고 이를 드러내기 시작했다. 단지 건강하고 똑똑하다는 이유만으로 아직 다 자라지도 않은 자신이 오빠에게 무조건 양보하거나 돌봐주거나 책임져선 안 된다는 것을 자각하고 표현한 것이다.

이것이 건강한 자녀의 표현이다. 힘들면 힘들다, 싫으면 싫다, 스스로 원한 것이 아닌 의무와 희생으로 조연의 자리에 머물게 해서는 안 된다.

학교 선택도 장애 형제를 위한 목적이라면 철저히 배제하고, 비장애 형제자매에게 최적의 환경을 마련해주는 관점이어야 한다. 같은 학교에 갈 수도 있고, 다른 학교에 갈 수도 있다. 다만 어디에서든 장애 자녀와 별개로서 온전히 나래를 펴고 세상을 경험할 수 있도록 안전한 환경과 자율성을 지켜주어야 한다.

부득이한 사정으로 같은 학교에 다니게 된다면 장애 자녀의 문제를 비장애 자녀에게 맡기지 말고, 담임과 특수교사가 전적으로 해결하여 사회를 믿을 수 있게 해야 한다. 장애 형제 걱정 말고, 자신만의 생활을 누리라고 말해

쥐도 대부분 무거운 책임감을 무의식으로 얹고 지낸다. 어리고 약한 성장기에 그 무게가 지나치지 않도록 보호해주기 바란다.

장애 형제를 존재 그대로 수용하고, 독특한 가치를 발견하고, 타인들 앞에서 당당하게 밝힐 수 있는 것은, 가정에서 평등하게 대하고 존중하는 부모의 자연스러운 습관을 통해 형성된다. 개인마다 그런 자연스러운 습관의 형성 시간은 다 다르다. 자녀의 연령과 기질을 고려하여 가능한 한 솔직하게 선택의 과정들을 소통하고 지지하면 어느 길로 가든 성장의 기회가 될 것이다.

2. 특별한 재능은 어떻게 발견하고 키워줘야 할까?

아들의 재능은 총체적인 행동의 문제들을 풀어나가는 과정에서 자연스럽게 발견됐다. 음악에 관심을 보인다고 기존의 교육기법으로 악보를 읽히고 반복적인 연습을 시도하거나, 그림에 관심을 보인다고 소묘의 선과 획, 음영을 연습시키는 방식이 아니었다.

장애가 있든 없든 모든 아이들은 식욕과 마찬가지로 배움의 욕망을 타고난다. 그것은 대체로 집안의 물건을 어지럽히거나 위험한 시도들을 통해서 나타나며, 만지고 두드리고 오리고 그리고 뛰고 뒹구는 감각적인 놀이들로 표현된다. 그렇게 아이가 먼저 관심을 보이는 놀이들을 적절한 대체물들로 제공하며, 항상 반 발짝 늦게 따라가듯 아이가 원하는 방향과 속도에 맞춰 살피고 경험의 기회들을 마련해주면 된다.

단, 포만하면 식욕을 잃게 되듯이, 지나치게 많은 학습 시간과 분량을 제공하면 배움의 욕망을 잃게 할 수 있다. 부모가 경제적으로나 시간적으로 여유롭지 못해 자녀의 재능을 못 키워줄까 미리 염려하지 않기 바란다. 오히려 한가롭고 자유로운, 적절한 결핍의 환경에서 자녀 본연의 기질과 성향, 숨은 재능이 더 쉽게 드러날 수 있다. 특히 영유아기에는 일상의 사물들과 자연을 경험하는 것이 더 효과적이고 건강하다.

초등 학령기에는 발달재활 서비스나 교육청 치료지원 등을 활용해 인지와 작업, 예술 활동을 꾸준하게 경험하며 재능을 발견할 수 있고, 중·고등학교에서는 장애전형으로 학비 지원뿐 아니라 적성에 맞는 학교에 우선 배정받을 수 있다. 이러한 일련의 과정에서 신체나 감각발달의 불균형, 의사소통의 어려움 등 장애적 특성을 충분히 고려한 지도방식과 주변의 지원이 필요하다.

성인기에는 대학에 진학할 수도 있고, 직업훈련기관의 지원을 받을 수도 있다. 재능이 직업으로 직결되는 경우도 소수 있으나 수입을 얻기 위한 직업은 좋아하는 활동으로만 구성되기 어렵고 간접적으로 기능을 활용하는 경우가 많다. 그러나 재능의 계발은 직업이 아니더라도 평생의 취미와 삶의 질을 높이는 영역으로서 매우 소중한 가치를 가진다. 어려서부터 노년에 이르기까지 이 모든 활동이 즐겁고 행복한 경험으로 평생 이어지도록 환경을 지원하는 것이 부모로서의 최선일 것이다.

3. 가족들과 양육분담은 어떻게 할까?

장애 자녀가 아니더라도 초보 부모들은 누구나 양육의 방식과 분담으로 갈등을 경험한다. 이는 성 역할의 고정관념이나 가치관 차이일 수도 있고, 각자 자라온 가정환경 또는 지극히 개인적 성향의 차이 때문일 수도 있다. 다만

선물

공통점은 엄마와 아빠 둘 다 난생처음 경험하는 왕초보라는 것이다. 그렇기에 어쩌면 두 사람이 함께 백지를 펼쳐놓고 새로운 그림을 함께 그려볼 수 있는 낯설지만 설레는 기회이기도 하다. 서로 마음의 준비만으로 반은 성공한 셈이다.

다만 장애 자녀를 키우려면 부부 간의 화합뿐 아니라 아직 준비되지 못한 양가 부모님과 이웃들, 무수한 사회적 상황들까지 감당해야 하기에 그림은 좀 더 난해한 채색들이 덧대어지게 된다. 이럴 때 중재자 또는 지원자가 필요하다.

영유아기에 접하게 되는 치료사, 또는 어린이집이나 유치원의 특수교사가 좋은 지원자가 될 수 있다. 첫 상담에는 가능한 한 부모가 함께 방문하고 이후 알림장이나 정기평가서 등을 반드시 함께 읽고 나누는 것이 중요하다. 참관수업이나 학예회 등도 직장에서 휴가를 얻어 함께 참여하길 권한다. 타인들에게 자녀의 약한 모습을 드러내는 것에 두려움을 느끼는 것은 엄마나 아빠나 마찬가지다. 두 사람이 그런 순간을 함께 느끼고 나누는 것은 백 마디 잔소리보다 효과적이다.

그리고 소아정신과의 진단과 진료도 함께 또는 번갈아 가며 상담받는 것이 필요하다. 전문가의 의견은 지인들의 조언보다 짧지만 정확하고 강력하다. 장애 자녀를 키우는 양육자의 대부분이 우울증을 경험하며, 단지 개인의 성격 탓이 아님을 객관적으로 함께 알고 대처하는 과정들도 부부 간의 이해를 더욱 돈독케 한다.

치료센터나 학교, 복지관이나 장애인단체를 통해 자조모임과 교육에 참여하여 전문가와 선배들의 앞선 경험을 들으면 가족 간 갈등의 해결점, 학교나 사회에서 닥칠 어려움들을 미리 대처하고 준비할 수도 있다. 가정마다 개인마다 형편과 어려움은 다 다르지만, 엄마 외에 아빠, 조부모까지 이런 과정들에 함께 참여한다면 그 가정의 장애 자녀는 고통이 아닌 사랑의 꽃이 될 수 있다.

자녀의 장애로 자신을 탓하거나 서로를 원망하기보다는 남들이 경험하지 못한 부부 둘만의 낯설지만 아름다운 사랑의 기회로 삼을 수 있기를 바란다.

4. 성, 어떻게 바라보고 도울까?

성에 대한 걱정이나 염려보다는 아름답고 건강한 본능임을 먼저 떠올려 주시기를 바란다. 식물들이 꽃을 피우고 열매를 맺고 씨를 날리는 모든 과정이 번식을 위함이고, 동물들이 먹이를 잡고 서열 싸움을 하고, 새들이 노래를 부르고 깃털을 다듬는 모든 활동, 그리고 인류의 문화 또한 사랑과 번식의 욕망으로 창조되고 발전되어왔다.

다만 인간은 복잡한 사회 속에서 타인의 권리와 충돌되지 않도록 그 욕망의 표출에 촘촘하고 세련된 매너를 필요로 할 뿐이다. 그 보이지 않는 매너가 발달장애인들에게는 특히 배우기 어려운 것이라 주변인의 이해와 지원이 필요하다.

우선 감각자극 추구 행위와 성적인 의도를 가진 행위를 나누어서 이해해야 한다. 나이로 딱 잘라 구분할 순 없지만, 대체로 사춘기 이전 어린이들의 성기 접촉은 타인에 대한 관심이나 접근 의도 없이 신체 감각적 자극을 추구하는 경우들이다. 머리카락을 뽑는다든지, 상처의 딱지를 뜯는다든지, 상체를 앞뒤로 계속 흔든다든지, 제자리에서 폴짝폴짝 뛰기를 반복하는 것들도 모두 감각추구의 일종이므로, 이런 행동을 중재하는 것과 같은 선상에서 접근하는 것이 바람직하다. 즉 감각자극보다 더 흥미 있는 과제를 제안하거나, 부드러운 바지 대신 딱딱한 청바지를 입힌다거나, 쉬운 말이나 그림으로 예민한 신체 부위를 위생적으로 소중히 관리해야 함을 알려줄 수 있다.

사춘기 이후에는 여전히 감각자극 정도에 머무를 수도 있지만, 이성을 상상하거나 대면하여 성적인 접촉을 시도할 수도 있다. 표현이 서툴 뿐 건강한 본능의 발현임을 인정하고, 첫 발견 시 주변인이 놀라거나 야단치거나 불필요한 강한 자극을 주지 않도록 태연히 대응하는 것이 중요하다. 그리고 교육적 대처로 이성과의 접근 시 언어적, 비언어적 매너와 소통 기술을 지속해서 지원해야 하며, 신체상의 해소는 자신의 방에서 위생적으로 처리하도록 제안할 수 있다. 화장실은 공용공간이므로 적절한 장소로는 보기 어렵다.

더 나아가서는 비장애인들과 마찬가지로 연애와 실연, 출산과 육아까지 실패를 포함한 모든 경험의 권리를 사회적으로 지원받아야 할 것이다. 실제로 자립지원인 등의 도움을 받아 발달장애인 간에 결혼생활을 유지하는 경우도 있다.

5. 도전적 행동, 어떻게 풀어낼까?

"말로 해도 안 듣고, 화를 내도 안 고쳐져요."

부모님들에게서 자주 듣는 고충이다. 도전적 행동이란 신체적 자해나 타해, 기물 파손, 수업 중 이탈, 공공장소에서의 성적인 행위나 소리 지르기 등 사회적으로 수용하기 어려운 행동들이 보호자나 주변인에게 풀어야 할 과제로서 도전을 준다는 의미이다. 즉 단번에 "하라", "하지 마라"는 훈계로 바뀌는 것이 아니기에 행동의 원인을 알아내고 대처 방법을 적용하는 분석의 과정들이 필요하다. 전문적 분석 도구를 사용하여 행동치료, 작업치료, 약물치료 등 다학제간 컨설팅 협의로 지원하는 것이 가장 바람직하지만 여건상 가정에서 해석하고 적용할 수 있는 간단한 관찰 방법으로 다음을 제안한다.

행동이 반복해서 일어나는 '때, 장소, 상황, 대상' 네 가지의 횟수와 강도를 기록해본다. '때'란 특정한 계절, 아침 또는 저녁, 날씨 등이다. '장소'는 집과 학교, 치료실, 마트, 놀이터 등이다. '상황'은 수업내용, 행사, 놀이 등이다. '대상'은 교사 혹은 이웃, 가족 중 특정인 등이다. 예를 들면 "매일 오후 5시경 음악치료실에서 활동 중 치료사에게 불규칙한 짜증을 지속한다." 이 학생의 행동은 하교 후 피곤함과 배고픔이 원인이어서 수업 전 간식을 먹이는 것만으로 간단히 해결된 사례다. 이 외에도 습도가 높은 날씨나 목소리 톤이 높은 여자 교사에게 감각의 과민반응으로 도전적 행동을 나타내는 경우들도 있다.

위와 같이 관찰한 후에 행동의 전후 상황을 기록하여 원인을 찾아본다. 대개 행동의 원인 또는 목적은 다섯 가지 정도로 요약된다. '회피, 요구, 관심끌기, 감각추구, 신체적 불편'이다. '회피'란 과제가 어려워서 피하는 것이므로, 학생의 수준에 맞게 쉬운 과제로 시간을 짧게 나누어 제시하면 해소될 수 있다. '요구'란 언어적 비언어적 의사소통 기술이 부족해 울기나 떼쓰기로 욕구를 표현하는 것이므로 쉬운 그림카드나 문자, 또는 제스처를 가르쳐서 표현 기술을 도울 수 있다. '관심끌기'는 사람에 대한 관심을 얻고 싶은 정서적이고 사회적인 발전의 과정이므로 부정적 행동보다 긍정적 행동을 했을 때 더 강한 칭찬으로 대체 유도할 수 있다. '감각추구'는 신체적 안정을 위한 무의식적 행동이므로 적절한 시간과 장소를 따로 마련해 상동행동을 미리 해소

선물

케 할 수도 있고, 자해 등 위험한 행동은 헬멧이나 장갑 등 보호장치로 예방하고 청각적 예민함은 헤드셋으로 안정시켜줄 수도 있다. 그리고 '신체적 불편'은 배가 고프거나 전날 잠을 못 잤거나 약물 부작용으로 불편한 상태 등이 해당된다.

　도전적 행동은 겉으로는 당장 고쳐야 할 나쁜 습관으로 보이지만, 소통의 어려움을 가진 발달장애인들에게는 자신의 건강한 욕구를 표현하는 서툰 모습일 뿐이므로, 행동의 원인을 정확히 분석하여 바람직한 대체행동과 의사소통 기술을 지원하는 주변인의 협조가 중요하다. 행동 습관은 몇 번의 시도만으로 쉽게 바뀌는 게 아니며, 복합적인 대처법이 필요한 경우도 있어서 일관되고 안정된 인내가 관건이다. 아는 만큼 보이고, 보이는 만큼 풀어진다. 자녀를 더 깊이 알고자 하는 모든 부모님의 사랑을 응원한다.

조금 다른 아이를 키우는 분들에게 드리는

선물

초판 1쇄 펴낸날 2021년 4월 5일
초판 3쇄 펴낸날 2023년 2월 20일

지은이 이수현, 김민진
펴낸이 이후언
기획 이종필
편집 이후언
디자인 윤지은
인쇄 하정문화사
제본 강원제책사

발행처 새로온봄
주소 서울시 관악구 솔밭로7길 16, 301-107
전화 02) 6204-0405
팩스 0303) 3445-0302
이메일 hoo@onbom.kr
홈페이지 www.onbom.kr

ⓒ 김석주·박현주·부경희·한재희, 2021. Printed in Seoul, Korea

ISBN 979-11-956996-9-8 (03590)